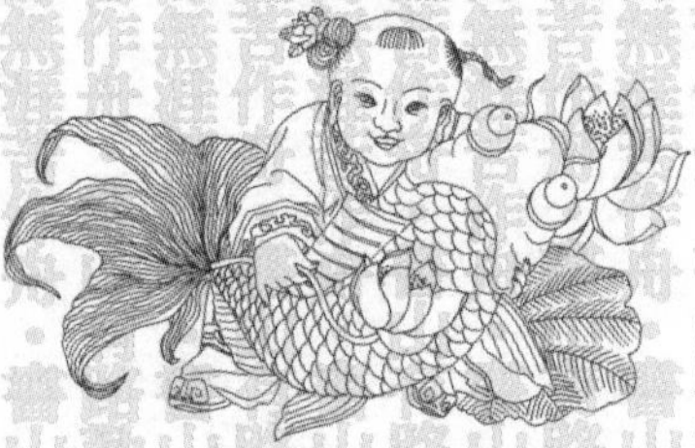

書山有路勤為徑，學海無涯苦作舟

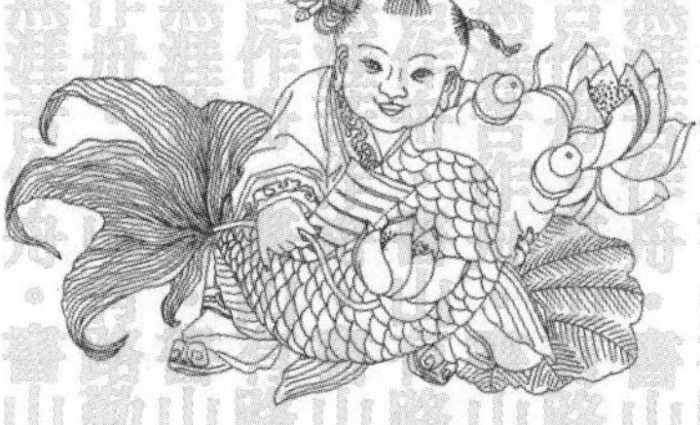

賈伯斯的創新課

比爾蓋茲的成功課

兩個海盜撬動了地球

他們用自己的癲狂，改變了這個藍色的星球。
賈伯斯和蓋茲都是美國式的英雄，
幾經起伏卻屹立不倒，互相引為最強勁的對手，卻惺惺相惜。
一個英雄的轉身，擾亂了人們的心神，
一場技術的革新，影響了人們的生活方式。

朱娜、喬麥◎編著

人們眼中的賈伯斯和比爾‧蓋茲

　　蓋茲總是把褲子提得老高，襯衫一直扣上頂。他是班上回答數學問題最快的學生。他的四年級老師*Hazel Carlson*鼓勵他這方面的天賦。在*Carlson*的同意下，*Gates*利用休息時間幫助學校圖書館管理員尋找丟失的藏書。利用這項工作，他把圖書館書架上的《世界百科全書》全部讀完。

　　賈伯斯小時候也富有好奇心，但總是沒有得到成功的應用。包括品嘗螞蟻身上的有毒部位，將一根電線插入插座內等。由於作業簡單，剛開始對老師非常不耐煩，拒絕去做他認為是浪費時間的作業，這樣導致了學校對他進行紀律處分並最終將他開除了。

——哈佛商學院

　　蓋茲和賈伯斯都出生於*1955*年，賈伯斯生於*2*月，蓋茲生於*10*月，前者屬雙魚座，偏敏感、感性，後者屬於天蠍座，偏理性，兩人的事業方向選擇完全不同。賈伯斯是右腦佈道：兜售夢想、設計為重，蓋茲是左腦征服：強調標準、技術為主。

——美國《時代》雜誌

兩人的共同點：都有偉大的願景和永不泯滅的熱情，賈伯斯要「改變世界」，蓋茲則是「讓每張桌子都擁有一個PC」。

——英國《泰晤士報》

賈伯斯和蓋茲的差別：兩人都常被媒體批評，但是賈伯斯不在乎別人怎麼說自己，可以客觀評估每個報導和細節目。而蓋茲在乎他人們心中的形象，會為負面報導生氣。賈伯斯發火可能是「做戲」，為了要達到目的或效果。蓋茲則無論喜怒哀樂都比較隨性。

——微軟創始人合夥人 保羅·艾倫

如果蓋茲賣的不是軟體而是漢堡，他也會成為世界漢堡大王。
賈伯斯是美國商業史上最卓越的創新者之一。

——股神華倫·巴菲特

這個世紀有不少偉大的創新創業者，但是能夠在多個領域（電腦、作業系統、電信、音樂、動畫）都有突破性創新的只有賈伯斯一位。

我對比爾特別敬仰不是因為他的技術，不是因為他的財富，也不是他的戰略商業頭腦，而是他這麼成功還能夠做到如此謙虛，有這樣的胸懷，對世界上用戶的福利抱著這麼大的一股期望，這是我比較感動的地方。

——創新工廠CEO李開復

英雄間的互相評價

我欣賞微軟跟他人合作的能力。當我和比爾剛剛進入這一行業的時候，我們是最前年輕的，現在我們是最老的。披頭士的歌裡這樣唱道：「你和我，擁有比漫長的公路更長遠的回憶。」

——賈伯斯

我很欣賞賈伯斯的直覺性品味，不管是選人或產品都一樣。

——比爾·蓋茲

推薦序

　　2008年6月27日，星期五，比爾·蓋茲宣佈退出微軟的日常管理，宣佈退休。2011年10月5日，星期三，賈伯斯因病逝世，享年56歲。

　　賈伯斯之後再無賈伯斯，蓋茲之後，我們或許也很難在接下來的20年內，有幸目睹IT奇才的誕生。網際網路時代最具影響力的大神都以他們的方式離開了自己的行業，離開了我們的視線，在他們「出走」的日子裡，我們是否還能體驗到身體與精神雙重震撼的快感？在這個「後英雄主義」時代，我們是否還能繼續享受他們為我們創造的「非凡的」、「革命性的」、「酷的」的原滋原味的生活情境。

　　就我個人而言，我更喜歡那個將鬍子修剪得一絲不苟的性感賈伯斯，較之蓋茲，他給我帶來更多的驚喜，像我們小時候經常做的那些有關美好的夢境一樣。當然，這並非說蓋茲因循守舊。他像羅馬帝國的皇帝凱撒一樣，走的是另一條大道。有人說，他是真正的商人，他將硬體製造商和消費者打理得服服帖帖，取得了多贏局面；也有人說，他終結了一個時代，開創了一個時代，讓人們意識到，電腦原來可以這樣玩。

　　這些都很正確，從某種程度而言，賈伯斯也是一個真正的商人，但這些其實並不重要可以說，拼搏、努力、高瞻遠矚、甚或不拘一格僅僅是創建「帝國大業」的基礎。誠如阿里巴巴董事局主席馬雲所言：「公

司想賺錢是正常的，不想賺錢是不正常的。商業是門嚴肅的學問。」我想，正是這種「嚴肅的學問」才是留給我們真正的精神財富。

我對「嚴肅的學問」是這樣理解的：它不一定有多高深，但它一定創立了新的標準；它不一定有多新奇，但它一定超乎所有人的想像。賈伯斯和比爾·蓋茲帶來的是革命。

創業、離開、回歸，再見，賈伯斯在蘋果描畫著自己的人生曲線圖。

創業、挫折、輝煌、平淡，蓋茲在人生的視窗眺望著遠方的地平線。

本書不是傳記，但它透露的雙神之所以傲視群雄的密碼比我們所知道的那些故事還要多，還要精彩。它提供了另外一種視角，讓我們在一段段妙趣橫生，富有哲思的話語中，看到我們原本忽略的可貴之處。這也是本書最想要傳遞給讀者的。

「記住你即將死去」是賈伯斯一生中最重要的箴言。比爾·蓋茲也終將老去。該珍惜的好好把握，該捨棄的不再牽掛，該執著的永不怨悔。

老兵不死，他們只是悄然隱退。

騰訊網 總編輯 馬立

作者序

　　蘋果前*CEO*史蒂夫·賈伯斯於美國太平洋時間*2011*年*10*月*5*日下午*3*點（北京時間*10*月*6*日早*6*點）在加州帕洛阿爾托（*Palo Alto*）的家中去世。賈伯斯的辭世引發編撰此書的念頭。在這個特殊的時刻，我們希望為資訊產業、網際網路產業、工業設計產業做下記錄，由此選取了撼動地球的「兩個海盜」——賈伯斯和比爾·蓋茲為本書的主題。他們有卓越的遠見，他們洞悉一切風化變遷，他們主導了山崩，他們推動行業歷史性的躍進發展。

　　賈伯斯*1955*年出生在加利福尼亞州矽谷，是一個私生子，一出生就被遺棄，後被收養。*17*歲高中畢業，*19*歲從*Reed*大學退學，之後開始研習禪宗佛教，*21*歲在自己車庫成立蘋果電腦公司。*30*歲離開蘋果，*42*歲重返蘋果並任*CEO*，*46*歲推出*iPod*，*48*歲患胰腺癌，*52*歲推出蘋果推出*iPhone*，*55*歲推出*iPad*。蘋果的產品和他的信念給世界帶來深遠的影響，他離開了，他將永遠為世人懷念。

　　同年，比爾·蓋茲出生在華盛頓州西雅圖。這個*IT*時代莫札特式的天才，*13*歲開始程式設計，不到*20*歲便寫出*BASIC*語言並預言自己將在*25*歲成為百萬富翁；他*20*歲輟學哈佛，在自家車庫成立微軟公司，*31*歲成為世界首富，連續*13*年登上富比士榜首，*51*歲離開微軟轉投慈善事業。比爾·

蓋茲的「讓每個家庭的每張書桌上都擺有電腦」夢想已經實現，他的故事還在繼續。

這本書的目的不是為賈伯斯和比爾·蓋茲進行蓋棺定論。它由賈伯斯，比爾·蓋茲的生命中的許多小故事組成，每個故事彼此獨立，自成章節。賈伯斯帶給世界的不僅是蘋果的產品，蘋果電腦、*iPod*、*iPhone*，工業設計革命，更重要的是建立產業生態鏈；比爾·蓋茲帶給我們的也不僅是微軟帝國，*Windows*，*Office*，*Kinect*產品，過去幾十年間他給世界和人類生活帶來的深遠變革，對於世界慈善事業也做出了卓越的貢獻，更重要的是他們存在於宇宙中的偉大精神。此書的目的不是總結，而是心靈的啟發之旅，讀此書讓我們或是拿起工具進行實踐，或是為自己找尋心靈的方向。

賈伯斯在史丹佛大學的演講中說過這樣的一句話「*the first story is about connecting the dots*」-第一個故事是關於把生命中的點點滴滴串連起來。我們可以藝術的解讀為「每個人的人生都是一幅印象派畫作」。賈伯斯所說的*dot*（點點滴滴）正像是印象派的散塗筆觸，或是點狀，或者斑塊，或者旋渦狀的手法，每一筆都和前一筆分離開。因此當我們看完所有的章節，賈伯斯和比爾·蓋茲的豐滿的人物輪廓就在我們的腦海中浮現出來，每個人或許有一些不同的認知，不同的體會，不同的感悟，只要能和你內心產生強烈共鳴的，這就是他們帶給這個世界的寶貴精神財富。

讓我們進入這些印象，讓我們的心靈歡歌…

在此，感謝360總裁周鴻禕，金山CEO傅盛，暴風影音CEO馮鑫，七易科技總裁楊少鋒，新東方線上高級營運總監潘欣，貓撲網資深設計主

管毛雨；感謝我的摯友方芳，餘非，李豐，熊雁田；感謝本書編輯團隊的張平、劉亨巧、韓佳媛、趙智、王光波，感謝他們的無私點撥、支持和指正。

序章 兩個海盜撬動了地球

天才的一半是「瘋子」

他們被譽為*IT*界的「瘋子」；

他們是彈奏創新神曲的鋼琴家；

他們譜寫了傳奇的不凡人生。

他們都出生於*1955*年；

他們都從大學退學；

他們是史蒂夫·賈伯斯和比爾·蓋茲。

他們用自己的癲狂，改變了這個藍色的星球。

賈伯斯和蓋茲都是美國式的英雄，幾經起伏卻屹立不倒，互相引為最強勁的對手，卻惺惺相惜。一個英雄的轉身，擾亂了人們的心神，一場技術的革新，影響了人們的生活方式。

有人說，如果不是賈伯斯，我們將很難有機會在年輕的時候就享受到這樣的劃時代的產品，有人說，如果沒有比爾·蓋茲，我們現在用的電腦技術可能要推遲十幾年。都說時代只眷顧與之合拍的人，因此，也有人指出，賈伯斯和蓋茲的成功，很大程度上是交上了好運，他們在恰當

的時間做了恰當的事情。

如果只是這樣，兩個人的「發跡」就如同好萊塢電影一樣，充滿了程序化的雷同，並且經不起推敲。然而，如同那些對世界產生巨大影響的偉人的一樣，賈伯斯與蓋茲同樣是無法複製與取代的。別人沒有想到的，他們想到了，別人不敢做的，他們做了。這就是他們的獨到之處，因此，他們也常被墨守成規，在平凡甚至平庸的人生中老去的人們視為「異類」。

彪悍的人生不需要解釋。如果說別人可以用很多個標籤去定義的話，賈伯斯和蓋茲只能用兩個詞來概括：一個是顛覆，一個是超越。成功者的特質之一，就是知道自己想要什麼。想要做到這點，至為重要的就是打破思維藩籬。

當市場上出現*iPod*、*iPhone*、*iPad*的時候，*walkman*消失了，*Nokia*走下了神壇，平板電腦死而復生，成為一塊金磚。

當市場上出現*Windows*系統、*IE*流覽器時，*DOS*結束了它的使命，網景公司同類產品放慢了增長速度，而其他的公司想要在涉足流覽器領域，將是一件不可能完成的任務。

天才的一半是「瘋子」，尋常路已經走不出別樣的風采，劍走偏門才是柳暗花明。人所共知的道理不一定人所共為。事實上，很多人走不到自己人生的頂峰，皆是因為他們選擇了大家都在走的老路。比如，多數公司都將消費者當作搖錢樹，賈伯斯和蓋茲則將消費者當成真正的英雄，為這樣一群人製造產品，努力說明他們實現心願與夢想。他們的思想高度，決定了人生的高度。

如果要找歷史人物來對應這兩個人的話，賈伯斯更像達文西，比爾·

蓋茲則更接近愛迪生。當然不是說他們已經達到了這兩個偉大人物的高度，而是因為他們都屬於極少數能夠跨越人文科學與技術的能人異士，我們稱這種能人異士為魔術師。

這兩個魔術師都有一種發現他人紕漏的能力，這種能力也包括對自己。前者很好理解，因為只有發現別人的缺點，才能趁虛而入，一擊即中，而後者並非是對自己不自信，它展現的是對自身的嚴苛要求。對他們來說，要嘛贏得瀟灑，要嘛輸得徹底。他們爭強好勝，他們像公牛一樣在戰鬥，他們風格犀利，他們永不妥協。

他們比任何人都要精明，而他們自己也清楚知道這一點。

比爾·蓋茲的朋友布萊特曼說：「他總是集中精力做好一件事，絕不輕易放手。他的決心就是，不做則罷，要做就做好。玩撲克與研究軟體，比爾都做的很好，他可不在乎別人怎麼想。」類似的評價我們同樣能在賈伯斯的朋友那裡聽到。在朋友的眼中，賈伯斯既是魔鬼，也是藝術家，

倆人之所以能成為各自領域的霸主，聰明或許並不是第一位，不願屈居第二的夢想才是真正成功的動力，試想有此等霸氣，天下誰能與之爭鋒？

可以明確的是，這個時代的年輕一代，臣服於賈伯斯與蓋茲。正如賈伯斯說的那樣：

消費者在我們的引導下成長，他們代表的是這個時代，這個時代則為我們擁有。

獨行賈伯斯與雙面蓋茲

如果用某種形象來形容賈伯斯的話，可能「劍俠」與「孤狼」更為合適。一個特立獨行，一個傲雪霜雨，皆有與眾不同的氣質。賈伯斯這麼做，並不是在嘩眾取寵——這對他和蘋果沒有任何好處，在他看來，世界上只有兩種公司，一種是極其在意別人的眼光，習慣將投資者與消費者的意見奉為圭旨，隨時被他們的意見所左右，進而滑入平庸的世界；一種是堅守自己的道德底線，秉持以夢想創造未來的理念，努力去創造一種改變人們既定思維的行為準則，他們試圖讓自己成為引導者，而不是追隨者。

在我們看到的有關賈伯斯那些激動人心的創業故事中，他將這種理念一步步地推向極致，我們可以肯定地說，他不是在做公司，而是在做人，並將這種賈氏風格影響到他所能影響到任何方面。

說賈伯斯是獨裁者也好，說他毫不利他人，專門利蘋果也好，最終的結果是大家都被這個缺了一口的蘋果誘惑了。他不需要別人來證明。《紐約時報》關於賈伯斯的報導，呈現了一個強硬的藝術家的凌厲風格：賈伯斯先生在同事眼中是一個永不妥協的人。產品的原型和早期形態……不是展示給焦點小組或者其他的外部人員看，而是由賈伯斯和他的團隊中的少數成員審察拍板。

我們或許可以從中探出一些：賈伯斯為什麼會被自己請來的斯庫利趕走，我們也可以這樣得出答案，被請走為什麼是他而不是別人。以上「壞小子」一般的獨特印記在比爾·蓋茲身上沒有留下蹤影。跟賈氏不

同，這個長相斯文的律師兒子更顯得溫文爾雅。

生活環境與家庭教育能夠給我們帶來不一樣的思考。賈伯斯與比爾·蓋茲都出生於1955年，恰逢美國狂飆突進的時期，青少年時代又正好身處追求個性解放的60、70年代。除了都從事資訊產業外，這是他們唯一的共同點。

我們無法窺探賈伯斯對被親生父母拋棄，被藍領家庭收養抱持怎樣的心情，但可以看到的是，很大程度上，出生背景影響了他日後所謂「性格特徵裡有著無數的離經叛道」因數的形成，他需要的只是一個完美的結果，做人，他需要的是說一不二的果敢。如賈氏為人，很容易讓公眾的評論走向兩個極端，褒者愈褒，貶者愈貶。比如被人稱為「憤怒」的管理方式，支持者說這是將面臨破產的蘋果重新拉上正常軌道，凝聚人心的利器，反對者則認為，賈伯斯是一個小氣，而且頭腦簡單的人，他的眼裡完全沒有別人。

他「目空一切」，他只讓別人因他改變，因此，我們發現，從2001年開始，賈伯斯在任何一場產品發佈會上，都以黑色上衣加上藍色牛仔褲再搭配上一雙運動鞋的裝扮示人。賈伯斯的一成不變和蘋果的時尚風格，這兩者之間貌似格格不入，卻又相得益彰。

如果說賈伯斯是獨行的，那麼比爾·蓋茲就是雙面，這個有著良好出身和溫馨家庭的電腦天才，時而溫柔和善，時而咄咄逼人。他既是天使，又是魔鬼。當然，這取決於我們的觀察角度。他的那些對手，幾乎全都認定他是那個披著黑斗篷的傢伙，而那些受到他幫助的非洲兒童，會認為沒有人比蓋茲更像個天使。

用偉大的人物這樣的詞語來形容蓋茲並不過分，不只是因為他打算

捐出他全部的財富，更是因為他一生的努力，無論做公司還是做公益，都是為了讓人類的生活變得更好。21世紀的第二個十年，IT業已經進入網路時代，PC時代的輝煌可能將受到巨大挑戰，所以他選擇從他「生命中非常重要的一部分」退出，這確實是一個非常艱難的決定。一個「年富力強」的人選擇放棄權力，這樣的堅毅恐怕只有魔鬼才會有。

賈伯斯絕塵而去，比爾·蓋茲漸行漸遠，一個雙魚座男人，一個天蠍座男人，在過去的56年裡，人生彪悍，狠字當頭。他們掌控著我們的欲望，又傾聽我們的聲音。他們不是生而為神，是行走在人間的修行者。

賈伯斯的創新課——上篇

比爾·蓋茲的成功課——下篇

上篇

賈伯斯的創新課

第一章 活著就是為了改變世界

　　一定是那些有不同的想法的人才會買一台蘋果電腦。我真的認為那些花錢買我們電腦的人思考方式與別人是不同的。他們代表了這個世界上的創新精神。他們不是一群庸庸碌碌只為完成工作的人；他們心中所想的是改變世界。

1.做創造者，不做製造者

　　「好的藝術家複製作品，偉大的藝術家竊取靈感。」
　　畢卡索的這句格言賈伯斯一直奉若珍寶。
　　*Ipod*誕生之前，音樂播放機已經存在，在*iphone*誕生之前，智慧手機不是什麼新鮮詞。蘋果的發明不是原創論在批評界引發一陣一陣的熱潮。批評家認為，蘋果的技術是自由的使用了早已存在的技術而已。這

不是原創性的顛覆。

面對這一質疑，賈伯斯有自己回答：「要讓自己沉浸在人類創造出的最美好的事物中，盡力讓那些精華為己所用。我們從不為自己偷學偉大創意而慚愧。*Mac*之所以偉大，其中一個原因是創造它的是一群音樂家、詩人、藝術家、動物學家和歷史學家，而他們恰恰還是世界上最好的電腦科學家。」蘋果面對的不是侵權，不是複製，它是把科技行業中最佳創意搜集到一起為自己所用。改進所有的缺點，優化所有的優點，蘋果把這些有瑕疵的產品修復成一個完美的作品。

賈伯斯頭腦中有許許多多的聯想，這是蘋果創新的來源。你會把電鍋和電腦聯想到一起嗎？

賈伯斯會。

電腦的擁有這或者都有著這樣的經歷，一腳拌著電源線，眼睜睜地看著地電腦落地。電腦落在地上，我們只是損失了一件商品，可是電鍋落地，滾燙的飯灑在地上，尤其是孩子在場的情況下，後果會不堪想像。可是日本人在設計電鍋上採用磁性閂鎖，這樣可以阻止裡面的東西灑出來。賈伯斯根據電鍋的發明設計出了插在牆上的電源適配器名叫*Magsafe*。這塊連接筆電和電源線的磁鐵可以安全地將電源線和電腦分離。這樣，即使絆倒了電源線，電腦也免了一場厄運。

*Magsafe*於2006年隨著蘋果的*Macbook*被採用，「果粉」覺得這是長久以來見到最有創意的概念。可是批評者也會跳出來說，蘋果是從日本人身上竊取了這個創意。

這不是一個新的發明，但是卻沒有一個創新者能發明出這樣一個產品，蘋果做到了，這就是創新。

最離經叛道者，也最具有革命性。賈伯斯最喜歡「革命性」這個單詞，他用革命性思想大膽地尋找可以攻擊顛覆傳統的概念。賈伯斯眼中的世界和我們眼中的世界沒有什麼區別，可是他對事物的理解和感知卻異於常人。這正是他的特殊所在。心理學家認為，感知能力的大小將創新者和模仿者區別開來。在*PaloAlto*的施樂公司*PARC*大樓中，很多人都見過它的圖形化使用者介面，唯獨賈伯斯對它有不同的理解。他的頭腦中靈光乍現，便引發了海量的創意。

賈伯斯在世界上用他的思想和智慧掀起了一陣陣革命的浪潮，*AppleII*重新定義了*PC*，*Pixar*重新定義了電影，*iPod*重新定義了音樂，*iPhone*重新定義了手機。這是對人們生活的顛覆，也讓人們的生活更有創意。在賈伯斯的眼中，彷彿任何事情都可以重新定義，他一點點粉碎自己，粉碎規則，粉碎原則，在重新定位自己，超越自己。

這是這一次次顛覆性的再創造，賈伯斯將蘋果推向一個個高度，不要發明，要再創造。這是賈伯斯對創新的新定義。

2. 想賣一輩子糖水，還是改變世界

*1982*年，賈伯斯請百事可樂公司的總裁約翰·斯庫利來經營蘋果公司。斯庫利認為辭去一家穩定的大公司的總裁職務，而去一家充滿嬉皮風格的新公司是一種冒險行為，縱使賈伯斯對他百般遊說，斯庫利一直

猶豫不決。直到有一天，賈伯斯面對這個比他大好幾歲的前輩，大膽地提出了自己的想法：「你想賣一輩子糖水，還是想改變世界？」

改變一個人或許很簡單，但是改變世界，聽起來像是唐·吉訶德般的狂妄口號。然而，賈伯斯一生為改變這個世界的豪言努力。正像蘋果的廣告語說的那樣：「正是那些瘋狂到一位可以改變這個世界的人，才能真正改變世界。」賈伯斯正用他的瘋狂思維實現了這個狂妄的念想。

1997年的蘋果世界大會，賈伯斯回歸蘋果，並暫時接手「蘋果掌門人」的位置。此時的蘋果銷量從1995年的110億美元銳減至大約70億美元。許多蘋果的元老都感到前途渺茫，從公司辭職。媒體更是對蘋果百般嘲笑，甚至有雜誌宣稱：「蘋果已經變得可有可無了。」就在別人都認為蘋果行將潰爛的時候，賈伯斯眼中所見卻是一個對大眾至關緊要的公司。

他在這次大會中講：「我覺得一定是那些有不同的想法的人才會買一台蘋果電腦。我真的認為那些花錢買我們電腦的人思考方式與別人是不同的。他們代表了這個世界上的創新精神。他們不是一群庸庸碌碌只為完成工作的人；他們心中所想的是改變世界。他們會用一切可能的工具來實現它。我們要為這樣一群人製造這個工具。但願你們今天的所見所聞意味著一個新的開始，它讓我們有信心，我們同樣要學會用不同的方式思考，給那些從一開始就支援我們產品的使用者提供最好的服務。因為，經常有人說他們是瘋子，但在我們眼中他們卻是天才，我們就是要為這些天才提供工具。」

改變世界，像是一個使命讓賈伯斯產生了內在的責任自覺。正是這種自覺藉由蘋果這個載體傳遞出來，並演化成改變世界的意志力，這也

是一種精神和靈魂的原動力。

1981年，賈伯斯找來公司最好的員工，成立了Mac電腦小組，他們準備創造一台讓世人驚訝的電腦。這個小組個個都是自命不凡、特立獨行的人，並且他們都有一個共同的目標，創造世界上最棒的電腦。Mac電腦小組成員也曾豪情萬丈說「我們是一群特立獨行，反叛世俗的人，我們的目標是推陳出新，不落俗套，震驚世上所有人。」一個獨一無二的團隊加上一個獨一無二的領導人，做出來的產品也是獨一無二的，Mac電腦一經推出，就吸引了一大批的追捧者，成為最受歡迎的電腦之一。

瘋狂式賈伯斯的代名詞，他的團隊也被成為「狂人們」。可是，也正是這樣的一個團隊用他們的創造力一度引領了科技的潮流。

「你想賣一輩子糖水，還是改變世界？」這句富有挑釁意味的話切中了斯庫利的要害，讓他為此煩惱了好幾天。斯庫利最終沒有抵抗住賈伯斯的煽動，接受了賈伯斯的邀請。斯庫利說：「如果不接受的話，那麼，我會在下半生不斷思考我是否真的做出了錯誤的決定。」

3. 微軟只是個品味不足的鄉巴佬

賈伯斯是一個具有非凡想像力的商業奇才，他將自己設計的產品融入進美學理念，體現出浮現在思維中的完美主義。而在這一方面，比爾·蓋茲只能望塵莫及，將微軟和蘋果的系統拿來比較，連小孩子都能分辨

出哪一個好哪一個壞。應該說，蓋茲有的，賈伯斯也有，而且做得比蓋茲更加出色；而賈伯斯有的，蓋茲卻沒有，如*iPhone*、*Ipod*、*Ipad*，賈伯斯總是比蓋茲先行一步，在創新上將他遠遠地甩在身後。

因此，在賈伯斯看來微軟只是下里巴人。他曾狂妄地批評說：「微軟的產品非常沒有品味，絕對沒有品味！為此我感到很悲傷，不是因為微軟這樣也能成功，而是因為他們賺的錢和他們的產品完全畫不上等號。」

針對賈伯斯對微軟的批評，與蘋果競爭並合作的比爾·蓋茲無話可說，因為事實就是這樣。賈伯斯的蘋果才是真正完美的化身，是品味的最高境界。從沒有任何一款電腦，像蘋果那樣昂貴，同時又符合輕盈、簡潔、精巧、華麗、勻稱和光潔的美學理念；也從未有哪一種手機，像*IPhpne*那樣，從手感、質感和美感等諸多方面達到了電子產品美學的巔峰，征服了所有人；從未有這麼一個能企業引起同行瘋狂地抄襲，不放過任何一個細節，製造出大量外形相近的「山寨產品」。

從某種意義上說，賈伯斯正是用完美和細節去贏得消費者的心，因而，蘋果在賺錢的同時也賺取了消費者的心。

賈伯斯最在乎的其實並不是錢，而是一種創業的激情和成就感。*1977*年，在美國西海岸電腦展上，賈伯斯花了*5000*美元在展廳裡租了一個位置非常好的展位，正是在這個展位上，賈伯斯推出了個人電腦*AppleII*。如果說，之前的電腦領域只屬於那些電路板的愛好者和工程師的話，蘋果電腦的出現預示著電腦將走進尋常百姓家。*AppleII*承載了賈伯斯太多的心血，卻也擁有了賈伯斯的靈魂——這位曾經癡迷於東方哲學和毛筆書法的商人，太過瞭解消費者對於產品在外觀設計上的品味。

在第一次對AppleII進行宣傳的時候，賈伯斯剪去搖滾明星般的鬍子和長髮，第一次穿上西裝。展會的大門漸漸打開，成千上萬安奈不住興奮之情的年輕人衝進展廳，其中便有處在創業初期的比爾·蓋茲。和賈伯斯一樣，他也意識到了這個展會的重要性，所以也平生第一次穿上了西裝。就在此之前，他聽說蘋果公司想以21000美元買下Basic程式的特許使用權，如果聽說變成現實，那麼這將是蓋茲人生中的第二筆大生意。

於是蓋茲向賈伯斯伸出了手。這讓同樣年輕的賈伯斯第一次有了明星的感覺，不過，他並沒有多看蓋茲一眼，而是簇擁著人流回到了展位的旁邊。

有人提醒賈伯斯那是比爾·蓋茲，賈伯斯輕描淡寫地說「知道」，並說這是他第一次在展會上有人主動向他打招呼。不過，賈伯斯依然沒有搭理蓋茲，而是繼續向他的第一批崇拜者講解他的電腦。此時的賈伯斯永遠不會想到，這位戴著厚鏡片、長相一般的小個子會成為他今後強有力的競爭對手和合作夥伴。

後來有人問過賈伯斯是否對當年冷對比爾·蓋茲後悔，賈伯斯斬釘截鐵地說：「NO！」並且拿比爾·蓋茲的一句名言戲謔起來：「當我23歲時，我已經是百萬富翁了；當我24歲時，我已經是千萬富翁了；當我25歲時，我已經是億萬富翁了。但這一切都不重要，因為我做這個事情，不是為了錢。」

賈伯斯不是那種身上沾滿銅臭味的商人。這位充滿藝術氣息的CEO用非凡的藝術才能將一件件自己設計的產品打造成精美的藝術品。藝術家都是傲氣凌人，賈伯斯也不例外，所以微軟的產品難以能入賈伯斯的法眼，只有源於自己想像，結合賈伯斯獨到的美學理念而產生的精華，

才是他眼中最完美的作品。

4. 把1000首歌裝進每個人的口袋

有人說，人生來本無意義，一切意義在於本身的選擇與過程，還有那種生來具有的宿命感。

賈伯斯的蘋果公司被認為是最有創新精神的公司之一，加上他那種吸引狂熱粉絲的非凡本事，成功締造了一個蘋果神話。

正如有人評價賈伯斯說：因為有他，世界從此不同；因為有他枯燥的世界有了鮮活，因為有他沉悶的世界有了創意，因為有他單調的世界有了色彩。在賈伯斯的心中有一個博大的心，他讓每一個人的手都能夠包容世界，讓人們用新的眼光去認識世界，去瞭解這個世界，甚至去改變這個世界。

重回蘋果後的賈伯斯，更加具有一種前瞻力和野心，他不是為了製造機器，而是為了改變文化，為了開創一種讓「人們如何更愉悅生活」的工作。

*2001*年*10*月*23*日，賈伯斯向大家發佈了第一款*iPod*，名字叫做「口袋中的*1000*支歌」。這是*iPod*系列的第一代播放機，是一個撲克牌大小的塑膠材質的方盒子，配備了一個小巧的黑白顯示幕，外觀簡潔漂亮。最令人驚嘆的是第一代*iPod*擁有*5G*的記憶體，能夠容納*1000*首歌曲。在現在看

來，5G的容量並不算大容量，但是當時在那個128M已經就算得上「海記憶體」的年代裡，用硬碟代替快閃記憶體作為存儲介質的iPod引起了強烈的轟動。

賈伯斯將其形容為享受音樂方式的飛躍，因為聽歌者相當於在衣服口袋中裝下了整個音樂收藏庫。當時賈伯斯在演講時說：「蘋果發明了火線，並將它用在我們製造的每一台電腦上，也植入了iPod體內。這是第一台，也是唯一擁有火線的音樂播放機。你只用五到十秒就能將整個CD下載到iPod上。如果拿它和USB作個比較，以1000首歌為例，帶火線的iPod用不了十分鐘，而用USB的播放機得需要五個小時。你能想像麼？它下載歌曲時，你得眼睜睜看著它五個小時。iPod可是不到十分鐘啊！它比任何其他的MP3播放機都要快三十倍。」

就這樣，蘋果不僅成功進軍便攜音訊播放領域，更加讓iPod成為有史以來最暢銷的消費電子產品之一，再加上在當時具有革新意義的個性化操作方式，開啟了音樂播放機的新時代。那句「把1000首歌放進口袋」的廣告語更是家喻戶曉深入人心。

在iPod投入市場之後，為MP3市場注入了一劑強心針，以後眾多廠家紛紛效仿，但是iPod依舊以自己的風格贏得了眾多「粉絲」的青睞。此後，賈伯斯引領蘋果不斷推出新的音樂播放機，從iPod2、iPod3，到iPod 5.5、iPod nano 2以及iPod shuffle 2，以及如今的iPod nano6，每一款上市都受到無數「蘋果粉絲」和音樂愛好者的追捧。

正如賈伯斯所說，「我們做的每一件事都是在挑戰現狀，我們熱愛標新立異。我們挑戰現狀的方法是，採用漂亮的外觀設計，讓產品操作起來很簡單，而且很人性化。」賈伯斯認為只有這樣才能真正區別於其

他產品,形成自身特有的公司理念。在賈伯斯看來,蘋果產品的外觀設計和使用者介面固然重要,但要創造出如此驚人的顧客忠誠度,把公司的理念變成具體的對象,才更具有說服力。

「活著就是為了改變世界」,是賈伯斯始終秉持的理念;用電腦作工具,協助填補科技與藝術、理性與感性之間的鴻溝,是他夢寐以求的願景。活力四射的賈伯斯就是這樣一位鼓動人心的激勵大師。

賈伯斯將這種願景和理念傳遞給蘋果的全體員工,並將其融入到著力開發的、後來移植到 *iPod*、*iPhone*、*iPad* 上的獨特作業系統中,這使得蘋果產品在功能上領先、強大、精湛,具有卓爾不群的高品質,其外觀又典雅唯美、時尚新潮。用創新的方法改變商業圖景,改變社區面貌,改變人生軌跡,引領並改變整個電腦硬體和軟體產業,是賈伯斯矢志不渝的追求。

透過潛移默化和耳濡目染,尤其是賈伯斯的身體力行和一以貫之,這種追求也成為蘋果人骨髓和血液裡共同生長的基因,也體現在蘋果帝國的各個方面,使得蘋果的團隊凝聚力大大增強,整體效率也大為提高。

有人說:賈伯斯之偉大,在於他以自己的實力反抗這個機械化、同質化的世界;他逆這個機械複製時代,以一己追求給這個生機越來越匱乏的世界帶來了清新的陽光,並以此開創了一種偉大意義的啟蒙。賈伯斯個性的、美學的、藝術的創造有力量能抗衡這個枯燥的世界,由此使更多人在這個商業時代感覺到了藝術與趣味之力量。

現實生活中,每個人都是缺了一口的蘋果,有的缺了美貌,有的缺了運氣,燦爛如賈伯斯的人缺了健康。其實不管缺什麼惟獨不能缺的是

那個蘋果核：改變世界的精神和勇於前進的動力。只要蘋果核沒有被蛀蟲掏空，即使缺一口也仍然能夠發揮出生命中強大的威力。

第二章 兜售夢想，而非產品

對於消費者，希望整個桌面漂亮到你恨不得舔上兩口的程度。但對於他的對手來說，當然是恨不得上去咬他兩口。

*1.*想像力是第一生產力

賈伯斯是既定規則和陳舊思想的魔鬼終結者。

如果說普通人是用眼睛審視世界，那麼顯然，賈伯斯是在用大腦挖掘世界。因為他想要改變世界，而不是僅僅是讓自己的身價升值。

獨特的大腦構築了賈伯斯獨特的視角，他像魔術師一樣講這種獨特如同武林高手一般幻化成無與倫比的想像力，而正是想像力將創新者和模仿者區別開來。想像力需要有離經叛道的勇氣。

埃默里大學神經科學家伯恩斯在《離經叛道者：一位神經科學家揭示另類思考的秘密》一書中說：「欲想別人之未想，最有效的辦法莫過於用全新的體驗轟炸你的大腦。新奇的事物將感知的過程從過往經驗的桎梏中解放出來，強迫大腦作出全新的判斷。」

　　伯恩斯認為，如果我們瞭解了離經叛道者給大腦增壓以產生新聯想的秘密，就可以獲得他們的特殊能力。對那些想學習賈伯斯思考方式的崇拜者來說，這真是一個好消息。我們可以將想像力這個看不見摸不著的傢伙理解為「頭腦風暴」。它帶來的結果就是將看起來彼此無關的兩個詞關聯在一起，比如「蘋果」和「電腦」。

　　一般人都追求和諧完美的事物，賈伯斯反其道而行之，用一個被咬了一口的蘋果作為公司標誌，這無疑是睿智而精彩的一筆、至少，在年輕人熱衷微軟的作業系統的同時，還會下意識地想起那個不甚完美的蘋果。

　　賈伯斯最初的閃亮登場一開始就充滿了想像力。

　　*2007年，iPhone*的橫空出世再次改變了蘋果，並顛覆了整個電信產業。《時代週刊》因為以下理由，將「*2007年最佳發明*」的稱號授予了*iPhone*：

　　它很漂亮。

　　它能讓其他手機變得更好。

　　它不只是一個手機；它更是一個平臺。當成千上萬協力廠商開發者紛紛創造出能讓我們生活變得更方便的無數蘋果應用軟體「*app*」時，便印證了這一點。

　　一路走來，蘋果大到簡潔的商業模式，小到產品的樣式色彩，無

不牽動著全球人的眼球。而作為蘋果的核心人物——賈伯斯，則被奉為創新之神。他既是一位破壞舊規矩的天才，更是確立新導向的大神。也是一位對世道有獨特見解的思想者。有人說他是用右腦顛覆左腦的第一人，有超於平常人的不同理念。對於他來說，只要敢想，便沒什麼不可能。

比爾·蓋茲，這位賈伯斯的對手兼朋友也說，他是一個難以置信的「創造天才」「想像力的狂人」。僅在中國，賈伯斯就擁有191件外觀設計專利，遠遠多於蓋茲。在業界，賈伯斯總被人們說是異想天開，是一個純粹的瘋子。不過人們不得不承認一個事實，世界就是在這些可貴的「異想天開」中不斷發展前進的。

回首蘋果的發展歷程，離不開無邊無際的想像力。其實，不止是對於蘋果，不止是對於賈伯斯，對於我們每一個平凡的人，和我們奮鬥的事業，都需要這種力量。

2.靈感是偷來的

創新者和頭腦僵化者之間最重要的差別就是整合能力。即將不同領域看似無關的問題或

想法聯繫在一起的能力。我們的閱歷和知識越豐富，頭腦中產生的關聯也就越多，新奇的創意也就越多。所以若想真正具有創新思維，就

不能只局限於自己的領域，而應該多去看看與自己不同的人，與自己不同的行業是怎麼做的。只有擁有了豐富的經歷，開闊的眼界，才能打破陳規，不斷推陳出新。

賈伯斯拒絕一切被總結出來的法則，不為傳統的思想所控制，正是他能引領蘋果公司不斷突破自我的動力和源泉。在一般人的觀念中，電子產品的創新永遠是技術上的創新，從低速到高速，從繁瑣到簡潔是每一個人都追求的理念。但是，賈伯斯沒有局限在這個技術創新的框架內，而是把目光更多地投放在價值創新上，這在那個追求純粹技術的年代裡，可以說是最大的突破。

我們可以這樣說，假如沒有賈伯斯，我們可能不會在如此年輕的時候就能用上弧線的電子產品外形以及紅色的電腦。

1998年，賈伯斯推出了一個頗有力度的新型個人電腦——Mac。這款電腦的驚人之處，就是賈伯斯放棄了「沉重大箱子式」似的設計理念。這款電腦僅憑外表就讓人讚不絕口：半透明的塑膠外殼，有藍、綠、橙、紅、紫五種顏色可供選擇；機身是弧線造型，圓嘟嘟的，十分可愛。

多年以後，Mac的圖形化介面設計被比爾·蓋茲借鑑了視窗系統的開發當中，這是微軟王國得以走向成功的基礎之一。

本田宗一郎曾說：把自己束縛起來的人，就不可能突飛猛進，對於任何一個想要占據前沿領地的人來說，勇於跳出自我思維的框架，才是不落窠臼、免於被動落後的不二法則。賈伯斯將它做到了極致。

思維創新是價值創新的關鍵。有時候，換個思考的方式，結果就會大不同，比如，借鑑他人的智慧。賈伯斯曾坦言，他的許多創造，本

質上是整合了其他人的智慧。他說：「並不是每個人都要種糧食給自己吃，也不是每個人都需要做自己穿的衣服，我們說著別人發明的語言，使用別人發明的數學。我們一直在使用別人的成果。使用人類已有的經驗和知識來創造是一件了不起的事。」

賈伯斯他常常帶領員工去參觀博物館和看展覽，希望他們能從設計或建築方面獲得啟發。他認為，只靠盯住一件東西冥思苦想並不能帶來思維上的突破。用不同的創意轟炸大腦，才可以激發創造力。

在賈伯斯的「竊取名單」上，有許多大名鼎鼎的品牌。

他曾向賓士汽車開過刀。一天，蘋果公司總裁斯庫利看到賈伯斯開著車在蘋果公司總部的停車場橫衝直撞，以為他在檢查汽車。原來，他正在分析這些汽車在設計方面的各種細節，看看有什麼元素可以用到蘋果公司的產品設計上。賈伯斯說：「賓士的設計，那些恰到好處的細節，與流線型線條之間的比例十分和諧。這幾年，他們在設計上變得更加柔和了，但是在細節上卻變得更加精緻了。這正是我們的Mac電腦可以借鑑的。」

從小到大，賈伯斯做過的每一件事都可能是他靈感的來源。吃飯、喝茶、運動，賈伯斯沒有停止過從這些看似簡單的生活事件中竊取寶貴的靈感。當他感覺靈感枯竭，一籌莫展，想要有些新東西產生時，他就會將這些陳年舊事在腦海裡過濾清理一遍，尋找他們和自己電腦的連接點。這些點可以運用到電腦的任何一個細胞，顯示卡、硬碟、音響甚至是損害人們眼睛的電腦螢幕上的那些閃動的顆粒。

你可以想像一下電腦中那些形式多樣的藝術字和賈伯斯曾經上過的美術字課程之間的關係。美術字、食品加工機、可以將人絆倒的電源

線、電話機。一台完美的電腦其實就是將這些看似不相關的東西整合起來，對賈伯斯來說這並不難。

癌細胞能侵害賈伯斯的肉體，阻擋不了他的思維衝浪。他走到哪裡，都要把電腦透過網路與蘋果總部連接在一起，遙控指揮，隨時處理郵件和文件。而他天才的靈感與創造無時無刻不在產生，像電火花一樣迸發出來。

在賈伯斯第一次請病假時，就有評論說，賈伯斯病休期間可以思考科技產品的更廣闊圖景和更遙遠未來，未必不是一件好事。

值得注意的是，蘋果在推出*iPhone*之前即已提出*iPad*的構思，但直至*2009*年賈伯斯做完肝臟移植手術並返回工作崗位，這款平板電腦才逐漸成形。賈伯斯有可能在治療期間改變了*iPad*的整體方案。*iPad*上市*9*個月就售出*1500*萬部，為蘋果帶來了大約*100*億美元的收入。

比爾·蓋茲曾說，賈伯斯是他見過的最具靈感的企業領袖，正是他拯救了蘋果。

3. 對目標始終保持飢渴感

對賈伯斯來說，蘋果無疑是他最大的財富；而就蘋果來說，創新意識是它從幾近破產到再續輝煌的重要因素；而蘋果的創新很大程度上是依託於賈伯斯對目標的執著追求。這三者前後貫通，才使我們看到了如

今的賈伯斯和如今的蘋果。

1988年10月，在第一台NeXT電腦上市前的講話中，賈伯斯發表這樣的演說：我們造出了世界上最優良的電腦，從今以後，所有的電腦都會不一樣。很多華爾街的投資者正是看到了他意圖用他的目標改變世界的雄心和抱負才心甘情願一擲千金。

1996年2月，賈伯斯在接受《紅鯡魚》雜誌採訪時，透露了他的一個目標：我接下來幾年的目標在於：**始終保持對微軟的領先優勢，直至網路環境普及到微軟無法壟斷的程度。**

這一目標賈伯斯早已實現。有人說，比爾·蓋茲只對市占率感興趣，所以他一直在攻城掠地，像個多情的海盜；賈伯斯專注一點，集中突破，又像個專一的海盜，所以贏在先招。

自1996年賈伯斯重掌蘋果以來，劃時代產品層出不窮，使蘋果公司一躍成為全球市值最高的上市公司，在賈伯斯尚未重返蘋果之前，這家公司正處於破產的邊緣，甚至被迫向老對手微軟求援。

對多數人來說不啻為奇蹟的「肉身再造」歸根到底是緣於其骨子裡對目標的執著追求。很多公司生得偉大，死得憋屈，是因為他們缺少兩樣東西：對卓越以及對用戶體驗的極致追求。

當賈伯斯在2000年1月發佈Mac OS X系統時，他曾說Aqua這款全新使用者介面的設計初衷之一，就是希望整個桌面漂亮到你恨不得舔上兩口的程度。對於他的對手來說，當然是恨不得上去咬他兩口。

對目標清晰而執著的追求，同樣表現在對自己人生的財富規劃上。賈伯斯說自己並不願意只做一個無知的暴發戶。他曾對《華爾街日報》說：「成為墓地裡最富有的人並不是我想要的……晚上入睡前能說『我

們做得很棒』才是重要的。」

擁有財富之後的賈伯斯並沒有停止步伐，完成了一個自標，他就繼續朝下一個目標前進。

這其中的原因對於賈伯斯及其團隊來說，就像拆卸一個螺絲帽那樣簡單。蘋果首席設計師喬納森·伊夫曾在一場小型的非正式會議中指出：賈伯斯不單單在創造新的產品，更多的是把自己當成心中的潮流先鋒和文化領袖。在他看來，贏才是硬道理。在1996年6月接受美國公共廣播電視公司的採訪時，賈伯斯沿襲一貫的語言風格說出了這樣的話：**我才不在乎有沒有理？對我而言最重要的是能不能成功。**

原雅虎首席執行長卡羅爾·巴茨自20世紀80年代以來就認識賈伯斯。在他眼中，賈伯斯是一個特別的人，他不會為了討好別人而改變自己。他一直保持自我，因為他擁有自己的視野和目標。

20世紀90年代中期，巴茨所在的雅虎公司決定停止為蘋果Mac電腦平臺開發軟體的時候，賈伯斯給他的這位朋友打去了電話，在電話裡，賈伯斯嚴厲批評他。對方的吼叫聲讓巴茨不得不將電話擱在一旁。事後，賈伯斯解釋說，「這是我的職責，我必須為董事會確定的目標負責。」

很顯然，改變世界的雄心和一個個無可挑剔的目標把賈伯斯帶入了精神領袖的境界，同時，也成全了他對改變人們生活與思維方式的夢想。對於每一個普通人而言，擁有目標並為之努力同樣是生命中最基本的意義。我們所看到的賈伯斯就是這個樣子，雖然有些狂傲但時刻充滿激情活力，瘦尖的腦袋裡隨時都會迸發出新奇的點子，他知道自己要做什麼，怎麼做。

這其實涉及到一個根本的問題：跟著自己預設的想法去做，還是跟

在市場的屁股後面當無知中青年？賈伯斯不會選擇後者。

　　若說賈伯斯是藝術家，是因為他對於藝術的技術本質的深刻理解，對於藝術追求創新和差異化的深度認同。藝術家必須偏執。1980年代初，賈伯斯相信滑鼠和圖形介面才是個人電腦的未來，於是第一代的Mac電腦沒有上、下、左、右方向鍵，為了強迫軟體發展者和使用者使用滑鼠；2007年初，賈伯斯相信觸屏才是智慧手機的未來，於是iPhone上沒有實體鍵盤，強迫使用者習慣使用軟鍵盤輸入文字。藝術家不討好群眾，藝術家挑戰群眾。

　　感謝賈伯斯對目標的執著，他的堅持乃至偏執，才讓我們享受到了科技的美感。賈伯斯設計的不是產品，他設計了倫理，設計了情緒，挑戰了我們的感官，也改變了我們的思維方式。

4. 一往無前的力量源自熱愛

　　愛默生曾經說過：「有史以來，沒有任何一項偉大的事業不是因為熱忱而成功的。」

　　對於熱情，卡耐基有個精妙的比喻：「內心的神」。他說：「一個人成功的因素很多，而屬於這些因素之首的就是激情。沒有它，不論你有什麼能力，都發揮不出來。」可以說，沒有滿腔激情，即便懷抱雄心壯志，在歲月的侵蝕下，也會慢慢消沉下去。顯然，熱情是對付這一病

症的良方。

賈伯斯一生創辦了兩家公司：蘋果公司、NeXT，收購了皮克斯公司。在對這幾家公司的經營中，提升公司利潤，使之成為市場和投資者、消費者的寵兒當然是至為緊要的核心任務。但是，倘若沒有對所從事的事業的熱愛，專注一心，一次又一次突破科技極限，那麼這種輝煌無法長久。

賈伯斯認為不應該只為了當老闆而開公司，首席執行長之類的名號只是虛名，從事某項事業，必須真心喜歡他。賈伯斯說很多人之所以創業是因為他們相信好的想法沒人相信，只好自己開公司。蘋果公司是這樣，皮克斯是這樣，賈伯斯說必須熱愛自己的想法並願意為它冒險。創業很難，如果沒有熱情，你早晚會放棄。

熱情，毫無疑問，是賈伯斯帶領蘋果成功的助推力。它賦予這個男人一往無前的勇氣，

向著未知的領域不斷探索。

愛因斯坦曾說：願望和感情是人類一切努力和創造的背後動力。俗話說，有了壓力才有動力，表現在人們身上就是，你是否因為每天的工作而充滿激情和動力，是否每天對工作日有無限的期待？在賈伯斯離開熱愛他的世人之前，他注定是個終日忙碌的人。他的使命感和責任感讓他始終對自己有著極高的要求。

事實上，熱情作為從內心散發出來的行動力，除了能使自己達到一定的高度，也能感染他人的精神狀態。正如賈伯斯所說：「這是我們的生活，沒有誰比我們更熱愛這個工作。其實，我們做得還不夠好。我們還需要做得更好些。」這種精神或許會給一些人帶來壓力，接任賈伯斯

職位的庫克這樣說過：蘋果公司不適合那些心臟承受能力不強的人。沒有人再懷疑賈伯斯瘋狂式的激情。賈式工作風格已經深深烙印在了蘋果的基因。

對於賈伯斯來說，彷彿身上總有一種「在路上」的感覺，他不會因為一件產品已經完工而暫時停止工作，他會馬不停蹄地投入到下一個工作項目中去。在賈伯斯看來，每一個工作日都是最後一個工作日，是他最寶貴的時間。

有人曾經指出：這個時間是公平的，但為什麼有的人成功了，有的人失敗了？這是因為我們對自己的態度——**如果我們對自己所從事的工作抱著懶散的態度，一天等於半天；對工作付出熱情，滿懷希望，一天就能等於兩天。**

在我們的身邊，不難發現這麼幾類人，一類人如同賈伯斯一樣，熱情滿滿地對待自己的每一天，對自己的工作滿懷期待，飽滿、熱烈的心態讓他每一天都朝著成功邁進一步；有一類人則完全是另一種狀態，在他們的眼中，只有週末才是迸發激情的時刻，而在工作日，他們一律都是無精打采的模樣。假如他們知道位於加州艾瑪公司董事長賴福林每一天的狀態，他們勢必會感到無地自容。

每天清晨6點，67歲的賴福林都會準時來到自己的辦公室，先是翻閱經營管理方面的

書籍，然後思考今天將要完成的工作，並將這一天的重點列在靠窗的黑板上。做完這些，來到餐廳向秘書佈置任務，並與其商量他認為重要的事情。賴福林對工作的這種熱情，極大地提高了自己的工作效率。

主動追求和被動迎合的區別，實質上是人的態度的差異。領袖人物

與被領導者的區別，也恰恰在於他們精神力量的大小。

巧合的是，賈伯斯名字裡的「*Job*」和「工作」的英文相同，他也的確是一個對工作執著透徹的狂人。他曾有言：「一週工作*80*個小時，而且喜歡這麼做。」他甚至為自己工作時間少而焦慮。

他的一天大致是這樣度過的：早晨*6*點起床，在孩子們起床前稍微工作一會兒，隨後是吃早點，孩子們上學後再工作一個小時左右，*9*點左右去蘋果公司上班。這期間，無論賈伯斯身處何地，他的電腦都透過高速網路和所有夥伴保持連接，他隨時都可以處理文件和電子郵件。

在坊間流傳這樣一句話：「即使堪薩斯的一個員工上完廁所不放水沖洗，他們也會給史蒂芬·賈伯斯發郵件抱怨。」對別人來說可能是負擔，但對賈伯斯顯然不是，他很喜歡這樣，喜歡這樣隨時處於工作狀態的生活。

很多人終其一生都在尋找答案，大到人生因何而來，為何而去，小到我們為什麼會開心難過，賈伯斯對「可能怎樣」更是不敢興趣。對他來說，唯一需要做的是，以熱情姿態去創造想要的一切。

第三章 求知若飢，虛心若愚

獅子在追逐水牛的時候，根本不會在意身上的蚊子。

猛虎在撕咬羚羊的時候，根本不會在意多雨的季節。

*1.*向思想發起號召，不要僅限於大腦

如果列一個「低學歷哲思家」的名單，賈伯斯一定名列其中。

這不會讓人感到意外，然而令人感興趣的是，「低學歷」並沒有給他的人生帶來多大的不利，在這個矽谷男孩成長為創意領袖之後，他的這個印記反而成為年輕人自主創業的動力。

「學我者生，似我者死。」雖然追隨者眾多，模仿者也層出不窮，但世界上只有一個賈伯斯，梳理他年少時期的生活軌跡，我們可以挖掘

出「賈伯斯」之所以為「賈伯斯」，而不是被標上「蓋茲第二」，「巴菲特接班人」諸如此類的山寨標籤的根本原因。

17歲那年，賈伯斯的養父母用他們的積蓄將他送進了學費昂貴的俄勒岡州理德學院。這個學院讓養父母十分滿意，但是他們顯然忽略了賈伯斯的感受。半年後，賈伯斯離開了這個學校。在他看來，理德學院並不能給他所要的東西。如果大學知識不能在生活中靈活運用，那就是死的，是遺留在書本中的古老化石，不可能成為有溫度、有深度，更具高度的智慧。

這讓思想活躍、充滿求知欲、想要做一番大事業的賈伯斯來說，生不如死。

洞中一日，世上千年，賈伯斯退學時的心情或許就是如此。大家只顧著學這學那，一遍又一遍地學，卻忘了去思索，去回味，去開拓思維。結果人生幾十年消逝了，學到的只是鸚鵡學舌般的人云亦云功夫，踩的還是同樣的河水。河水如果不流動，那就是一潭會發臭的死水。假如這樣，那麼我們就看到不到賈伯斯日後創造的蘋果奇蹟。

學習是無限思維的訓練，這種學習必是具有開拓性，前瞻性以及應用性。惟其如此，才有感悟，才可能生髮與眾不同的創意。

1972年的夏天，一張海報吸引了賈伯斯百無聊賴的目光。海報上面寫的是某書法班招收學員的消息。讓賈伯斯眼前一亮的並非書法班本身，而是上面漂亮的英語書法字體。優美的字母，靈動的線條，每一個細節都讓賈伯斯激動不已。她毫不猶豫地報了名。誰都沒有想到，這一看似不經意的決定，竟然對蘋果日後的產品設計產生了深遠的影響。

在這期書法課上，賈伯斯學會了英語襯線和無襯線字體的書寫方

式,以及字母與字母間、字距字行間要如何組合才會寫得更有空間感,更具美學趣味的方法.。他將這種方法完全運用到了Mac電腦的華美介面上。這一甜頭讓賈伯斯堅信,與其亦步亦趨,不如獨創自我的發展之路。

如果沒有在那年夏天看到那張海報,繼而報名學習書法,就不會有蘋果電腦,更不會有今日的iPhone和iPad,當然也不會有在奧斯卡上屢放異采的皮克斯動畫電影公司。由此觀之,賈伯斯修禪悟法,就很容易被我們理解了。

在賈伯斯的身上,我們看到內心的靜謐冥想與世外的吵雜多變和諧地融合在一起,科學與宗教在他身上得到調和。賈伯斯最痛恨,也最不願意做的就是活在別人的思考中。他有他自身的邏輯思維,更有他獨樹一幟的精神。我們翻開他56年的人生軌跡,從出生(雖然他不能選擇)、到選擇退學,到創業,繼而被趕出自己的公司,而後又在公司即將破產的情況下,重擔重責,將這個不完整的蘋果帶入一個前所未有的輝煌時代。他走的是一條幾乎與所有人都不一樣的「賈式道路」。

2010年7月23日,賈伯斯參加了史丹佛大學的畢業典禮並發表演講,他的這段話,讓我們對他與眾不同的思想,不走尋常路的個性留下更深的印象:

串連人生的點滴,你們只能在回顧時將它們串連起來。因此,你們必須相信這些點滴,總會以某種方式在你們的未來串連。你們必須相信某些事情———你們的勇氣、命運、生命……因為,相信這些點滴終將於未來串連起來,會讓你有自信去依循你的內心,即使它引領著你,離開一般人已走爛了的陳腐道路,你都不會失去自信。

*2.*將求知欲變成你的特質

為什麼猴子變不成人，因為它們不肯學習。

撇開笑話，任何事物想要從量變到質變，需要無時無刻對周遭的一切產生強烈的求知欲望，有認知才能有提升。

求知的基礎是對人與物的好奇，雖然有「好奇害死貓」之說，但「失去了好奇，人類將失去想像」。一個人的大腦裡充滿「壞念頭」並不可怕，但一個人的腦袋空空如也，卻是一場災難。與其說賈伯斯的蘋果公司是依靠他的創新走向成功，不如說是無限的求知欲讓這家公司成為整個行業的領導者。

對賈伯斯來說，求知欲不是一個陌生的詞語。在瞬息萬變的高科技領域，稍有鬆弛，便會葬送苦心經營的基業。比爾‧蓋茲曾因一段時間的自我滿足，而喪失了市場主動性，結果讓競爭對手網景公司很快占領了網路流覽器的先機。

在華爾街的追捧下，1995年，僅成立一年的網景公司就掛牌上市，股票從28美元漲到75美元，漲幅超過了微軟。而此時的蓋茲只把流覽器當成一種普通的應用軟體。同年11月，當高盛公司將微軟的股票從買入下調到持有，微軟的股票應聲而下時，蓋茲才意識到問題的嚴重，繼而馬不停蹄地趕超。

賈伯斯曾言，他的教育是從參加各種培訓班開始的，不管什麼類型的培訓班，只要感興趣，或者對自己有用，賈伯斯都會報名參加。雖然賈伯斯很早就脫離了學校教育，但是沒有脫離對知識的求知。在被迫離開蘋果之後，事業的低潮和內心的沮喪也沒有讓他停止學習和創新。

有人將賈伯斯與愛因斯坦相提並論，在對知識和新事物的渴求方面，確是如此。與賈伯斯年少時期「動手動腳」不同，直到3歲，愛因斯坦還不會說一句完整的話，在學校裡，他也經常被老師認為是遲鈍的人。但愛因斯坦對於自己感興趣的知識，卻常常表現出超常的求知欲。

在愛因斯坦上學之前，他的父親給了他一個指北針，羅盤的指標總要指著南北極，這個小東西讓小愛因斯坦著迷和研究了很久，直到成為聞名世界的科學家後，他都還記得這件使他印象深刻的事；另一件事同樣令他終生難忘。那是在他的少年時期，他從老師那裡領到了一本歐基里德的幾何學課本，書中論證得無可置疑的許多公式，使他產生了強烈的好奇心，以至於無法按照課程進度學習，而是一口氣就將它學完。此後他的人生路一直朝著不斷探索、不斷發現的道路上前進著。

與愛因斯坦對未知世界的孜孜探尋一樣，賈伯斯很早就表現出對電子學的強烈興趣。在他所居住的洛斯阿爾特斯的周圍，隨處可見被廢棄的電子元件和各類電子產品，對這些東西進行拆卸、組裝成了少年賈伯斯每天不可缺少的生活內容。對電子科技的無限熱愛一直是賈伯斯生命裡最重要的底色。

賈伯斯是幸運的，這種幸運即來自外部創造的氛圍，從而激發了他的好奇心和求知欲；同時也來自寬鬆的家庭氛圍，讓他發現自己內心的熱愛所在，並為之付出努力、實現夢想的空間。

對萬物永遠充滿好奇、求知欲與讚嘆，這是賈伯斯經常提起的一句話。把每一天當作生命的最後一天，那麼無邊際的學習就是每一天的功課。縱觀古今中外，凡是有所成就、有所貢獻的人，都是因為對知識強烈的渴望和不斷追逐才達到成功的彼岸。中國的許多典故，如管甯「割席分坐」，匡衡「鑿壁偷光」，以及陳平的「忍辱讀書」，都能深刻反映出內在的關聯。

　　很多人可以創造一個時期，但很少有人能夠創造一個時代。有人說，賈伯斯是1個神話，2次手術，3個孩子，8年抗病，11款經典產品，100倍股價漲幅，1000萬台iPad，1億部iPhone，2.7億台iPod，這些是賈伯斯的經典，更是蘋果的精髓。

　　360總裁周鴻禕曾說過「每個人都有自己對賈伯斯成功的理解，但是我認為最重要的是賈伯斯不斷追求超越，持續地將自己推到懸崖邊，以便做絕地反擊的能力，才讓他獲得了比別人更多的讚譽。」

　　失敗對賈伯斯來說並不陌生，與他人不同的是，這些失敗最終變成了賈伯斯使蘋果再生的資本，賈伯斯探求未知領域，以無窮的求知欲衝破一道道難關，在其中產生了無可替代的積極作用。

3. 使用者需要的不是「一匹更快的馬」

人們需要安全的出行環境，企業也不例外，為了不遭受消費者凌厲的白眼，他們往往只限於滿足人們當下的需求。只要消費者願意掏錢購買他們精心為之設計的產品就足夠了。這是一種看似兩全其美的方式。消費者買到了稱心如意的產品，企業獲得了利潤，而沒有絲毫的風險，因為他們是在滿足消費者的需求。

看上去很美的事情，實際上非常糟糕。滿足客戶需求是平庸公司所為，引導客戶需求是高手之道。這是賈伯斯的經營之道，更是他領導蘋果立於不敗的利器。這其中有關*Mac*電腦出現後，消費者對彩色透明的外殼趨之若鶩的表現，我們已無需贅述。需要著重指出的是，在賈伯斯的大腦裡，**沒有所謂消費者需求的概念，因為他是製造需求的王者**。

*1976*年，當賈伯斯與沃茲尼克創立蘋果公司並研發個人電腦的時候，人們普遍認為電腦不可能進入普通家庭，即便降價也無法實現。在這種預測下，沒有人講電腦與家庭和個人聯繫起來，在他們看來，這個笨拙的機器只適合擺在研究室裡。

賈伯斯並不這麼認為，他對他的夥伴說講，電腦之所以沒有快速進入家庭，是因為製造成本太高，售價太貴。普通家庭無法承受，這正是蘋果可以有所作為的領域。為了實現讓人人擁有一台電腦的想法，賈

伯斯設計了第一代通用式的蘋果個人電腦*Apple I*，在這台電腦上，除了一個帶鍵盤的主機之外，沒有任何外部設備。值得注意的是，這台電腦還有一個可以與家用電視相連接的視頻插口，以及一個與答錄機相連接的介面。做這樣的設計，是為了確保資料和程式可以存在一般的錄音帶上。而在美國，電視機和答錄機在那個時代幾乎家家都有。

*Apple I*面世後，人們欣喜若狂，因為只需要花上幾百美元，他們就可以買到電腦。藍色巨人*IBM*沒有做到，賈伯斯做到了。

拿*iPhone*來說。除了外形讓人賞心悅目，更為令人稱奇的是它沒有鍵盤，沒有觸摸筆。而以往的消費者已經習慣了鍵盤輸入和手寫輸入。這款產品問世後，業內人士普遍對其打了低分。評論界也普遍認為：蘋果公司應該製造讓消費新更稱心如意，得心應手的產品，而不是故意為難他們。

*iPhone*隨後的銷售數字卻讓所有的反對者閉上了嘴巴，事實證明，賈伯斯是對的，最好的操作工具是與生俱來、不會遺失、操作自如的手指。無論是*Apple I*的誕生還是*iPhone*的研發，都是賈伯斯引導用戶需求的經典案例。

任何一家企業都不可能讓消費者來提出需求，然後再滿足這種需求。因為根本不現實。賈伯斯認為，與其追逐消費者，不如讓消費者來追逐自己。因為大多數的時候，消費者也不知道自己究竟想要什麼。拿*Apple I*來說，它的出現並不是為了滿足消費者的需求，而是在製造和引導使用者對個人電腦的需求。

就技術創新領域而言，聘請調查公司做市場調查，從而發現大眾需求，根據需求設計和生產產品的做法其實並不適用。

賈伯斯的創新課

　　假如當年不是盛田昭夫遵循自己靈感，而是去聽消費者的意見，新力可能永遠創造不出隨身聽。在推出這款產品前，盛田昭夫做過大量的客戶需求調查，調查的結果讓盛田昭夫大跌眼鏡，幾乎所有資料都表明，隨身聽必然失敗。因為調查結果非常明確——沒有人會購買那個從來就沒有聽說過的玩意兒。

　　賈伯斯與盛田昭夫是一樣的品性，認準的事情從不妥協，哪怕是自己的衣食父母。在賈伯斯的眼裡，自己就是一名優秀的用戶體驗專家。在賈伯斯那裡，我們最終聽到的是這樣的聲音：

　　「我們同樣在密切關注產業趨勢。但是最終，對於這樣複雜的產品來說，真的很難透過使用者焦點團體來設計產品。許多時候，人們不知道他們真的想要什麼，直到你把成品放到他們面前。」

　　有這麼一句流行於商界的一句話：三流企業做產品，二流企業做品牌，只有一流的企業做標準。很顯然，蘋果把實物產品做成了精神產品。

4. 絕不輕易說ok與無可奉告

　　一次次地推倒重來，直到讓自己滿意，賈伯斯經常做這樣「愚蠢的舉動」。

　　他的朋友們早已習慣他的這種瘋狂，他的投資者曾經試圖說服他改變嘗試一下改變，但最後是賈伯斯改變了他們，他的衣食父母——數以百萬計的消費者，正藉由手中的蘋果產品逐漸適應這個美國人給自己帶來的差異與驚喜。

　　這一切，都必須歸功於「愚蠢的舉動」。對於自己創造出的產品受到大眾的稱讚與喜愛，並沒有讓賈伯斯喜上眉梢，相反，他總是會推到產品設計的最初，回想是否還有更好的方式使產品更加完美。

　　當第二代*Mac*的模型送到賈伯斯手中時，他只說了一句話「它看起來很像縮水後的第一代」。而後讓設計師再重新做一個模型。要知道，前一個模型是設計部門加班趕出來的。只因為賈伯斯的一句話，他們就需要重新做。有人將賈伯斯的行為稱作「變態的品質」。但這正是賈伯斯對產品不輕易說*OK*的思維模式的經典表現。

　　與此類似的還有一個關於*iTunes*的故事。*2001*年的*3*月，賈伯斯意識到音樂潮流正在發生一些變化，他決定對*iTune*進行一番改動，這需要重新為它設計一個小型的作業系統，此外，這款產品還必須能與電腦高速

互動，當然，吸引眼球的外觀是必不可少的。

修改iTune到最終變成了對它外科手術般的變臉，蘋果設計師傑夫·羅賓後來回憶道：「那是一段煉獄般的過程，我還記得，我與賈伯斯還有其他人每天從晚上9點工作到凌晨1點。」9個月後，賈伯斯和他的夥伴們將這款一個單機版音樂軟體變為一個網路音樂銷售平臺。

賈伯斯顯然是一個讓人眼睛著迷的魔術師，化腐朽為神奇已不是賈伯斯的愛好，他做的是化神奇為更加神奇，他常說的一句話是：「蘋果公司設計的產品是面向活生生的個人，而不是木頭。」如果輕易說OK，那麼我們將錯過很多驚世的作品。

賈伯斯標誌性的產品發佈會，同樣貫穿了他好上加好，精益求精的追求。賈伯斯每一場的產品發佈會都需要幾個星期的預先準備和上百人的協同工作，經過精確的細節控制和若干次秘密彩排之後，賈伯斯才將四射的激情播撒到全球的觀眾面前。

正因有著這樣苛刻的要求，對面世的產品，賈伯斯總是充滿了自信，他相信，蘋果的每一款新產品的出現，都會讓消費者感受到新世紀的到來。因此，當有人質疑蘋果產品的種種缺陷時，賈伯斯做的，並不是將嘴巴閉緊，來個無可奉告，而是向那些挑剌的消費者宣揚蘋果的教義。

有人對iPhone很不理解，他不清楚這個玩意是一個無線的iPod還是一個有內置iPod的手機。他寫郵件向賈伯斯表達了這種疑問。賈伯斯很快回覆了這個郵件，他說道：「它是三合一。它是我們推出的最好的iPod，同時也是一部超級棒的手機。如果它只是一部手機，它也會極其成功。此外，它還是裝在你口袋裡的網路，這一點是前所未有的。」

賈伯斯最常被問到的是這個問題：為什麼不在*iPhone*上安裝實體鍵盤？賈伯斯的回答很乾脆：「你一旦真的用了這種觸控式螢幕，就不會走回頭路。事實上我們認為這種觸摸式鍵盤更好，雖然你需要幾天時間來適應它，但我可以跟你打賭，用一個星期以後，你就會覺得它真的很棒。」

很多在別人看來略顯悖論的事情，在賈伯斯眼中卻是一種常例。蘋果的突飛猛進，是永不對自己妥協，永不對市場妥協，永不對消費者妥協的結果。

不輕易說*OK*和無可奉告，顯示的是賈伯斯的王者之氣，在我們所知道的賈伯斯那些傳奇的故事和讓人感到高壓的性格中，這或許是最能代表他品性的一種表達方式。創新者永遠不死，他們僅僅是退隱。

5. 專注，賈伯斯的哲學

獅子在追逐水牛的時候，根本不會在意身上的蚊子。
猛虎在撕咬羚羊的時候，根本不會在意多雨的季節。

賈伯斯在思考蘋果戰略的時候，根本不會在意此刻已經凌晨三點。
專注讓他們贏得了自己想要的「食物」。
賈伯斯有許多讓人生厭的性格特點，恨他的人和崇敬他的人一樣

多,但是有一點是所有人都認同的,那就是對工作的用心和要求完美,要想在更新換代極其迅速的電腦行業站得住腳,沒有賈伯斯這樣堅持和用心的精神,恐怕是做不到的。這個特質是他成為公眾偶像的原因所在。

專注,作為一種自覺、主動的生活和工作態度,呈現的是為人的用心和責任意識。20世紀90年代,網際網路大潮開始席捲全球,人們爭先恐後地創立自己的網際網路,唯恐趕不上這一場百年不遇的黃金機遇。但是短短幾年之後,大浪淘沙,倖存下來的所剩無幾。賈伯斯把這一原因歸結為對待工作的三心二意。

我們有必要來認識一位成功的美國作家比爾先生,這位先生特別喜歡在閒置時間進行鳥類觀察。2008年,這位受人尊敬的作家在堪薩斯州風景如畫的鄉村買了一幢新房子。搬來沒多久,他就在院子後面安裝了一個餵鳥器,希望能觀察到自己喜歡的鳥兒。但接連兩次,他的餵鳥器都被松鼠弄翻了,不但吃掉裡面的食物,還把小鳥全都嚇走了。他來到五金店,想要一個「防松鼠餵鳥器」。店主並沒有馬上把東西賣給他,而是詢問他一天當中有多少時間花在讓松鼠遠離餵鳥器上。比爾告訴店主只有15分鐘左右。而松鼠每天來襲擊餵鳥器的時間遠要比這個多上數倍。

從比爾先生身上,我們不難發現,專注地做一件事情和憑一時興趣做事情得出的結果是完全不同的。松鼠不睡覺的時候,會用98%的時間都用於尋找食物並伺機下手。我們做不到那樣的專注,當然得不到同樣的回報。

賈伯斯有著超乎尋常的專注,他才可能有那麼多取之不竭的創新靈

感，蘋果之所以幾乎每一款產品都能驚爆大眾的眼光，答案就在於此。對於蘋果，賈伯斯始終將其定位於高科技創意公司，而不是一有錢就將觸角伸向各個朝陽產業的企業財閥。正如賈伯斯說的那樣：

「我們從不擔心數字。在市場中，蘋果將把注意力放在產品上，因為只有產品才能帶來差異。這就是我的秘訣——專注和簡單。你必須費盡心思，讓你的思想更單純，讓你的產品更簡單。但是這麼做最後很有價值，因為你一旦實現了目標，你就可以撼動大山。」

製造最好的產品，是賈伯斯永恆不變的理念，如今這已經成了蘋果區別於其他類似公司的基因。耐吉的前首席執行長在接受新聞週刊採訪時，談到了這樣一個細節。他說，耐吉曾與蘋果合作開發 *Nike+* 程式，在與賈伯斯打電話交流時，他問「你有什麼建議嗎？」

賈伯斯說，「耐吉製造了一些世界上最好的產品。那些你熱望得到的產品。但你們也製造過許多垃圾。扔掉那些糟糕的東西，專注於好的東西。」

很顯然，賈伯斯自己就是這項建議的忠實履行者。*1998*年，他將蘋果的產品從*350*個縮減到*10*個，將全部精力集中於設計和製造最好的產品之中。

任何一項工作，乃至生活中任何一方面，想要達到自己與其的目的，都需要人們提升自身的專注程度，並使之成為一個主動的生存意識。如此，才能最大地發揮出我們的能力。

成功需要專注，乃至是偏執的專注，這是賈伯斯的秘訣，同樣也是我們達成目標的一把鑰匙。如果能駛到我們理想的彼岸，我們就能像賈伯斯一樣不可替代。

6. 初學者的心態比黃金還重要

現實生活中，有很多人往往在變得優秀之後滿足於現狀，故步自封，不再以初學者一樣的心態去求索學問，最終成為井底之蛙，淹沒在茫茫的人海之中。

實際上，很多人所謂的「優秀」，其實是在半桶水晃悠，或者說繡花枕頭表面好看。這樣一種自我滿足，造成了思想的局限，視野的狹窄，不再吸收新的東西。淘汰自己的並非別人，而是自己。

賈伯斯從小在矽谷長大，使得他從小便有機會耳濡目染到電腦的世界。20世紀60年代末，他有幸認識了自己心目中的偶像比爾·休利特，並成功地為自己獲得了到休利特創辦的惠普做暑期兼職的機會。在這之後，他去理德大學讀了半年便退學前往印度，開始篤信佛教，賈伯斯希望研究佛學來探尋自己人生的意義。但是，最終他選擇回到了加利福尼亞州，與他的好友聯合創辦了蘋果。

1976年愚人節這天，蘋果公司在賈伯斯父母的車庫裡正式開張。賈伯斯曾經表示：「很多在我們這個行業的人都沒有過如此複雜的經歷，沒有學到那麼多的人生體驗，因此他們沒有足夠的經驗來推出非線性的解決方案。」他曾譏諷蓋茲說：「如果在年輕的時候吸吸迷幻藥或者經常去花天酒地一下的話，他的眼界肯定將會更加開闊。」

從大學退學後，賈伯斯去參加了書法班，並對排版產生了濃厚的興趣。賈伯斯在字體上的收穫成為蘋果電腦*Mac*系統的核心賣點，這款由蘋果於*1984*年推出的電腦產品還具有開拓了滑鼠驅動、圖形優化的特性。其中的視窗、圖示以及功能表等使用者友好的介面和功能被外界視為一款「給大眾使用的電腦」。

賈伯斯時常問自己：

如果今天是我生命中的最後一天，我還願意做我今天原本應該做的事情麼？而且這句話在他腦海中出現的時候，他只有三十多歲，在別人都不會想起死亡和告別的年紀，他卻這樣問自己。他曾在演講中說：「在我*17*歲那年，讀到一句格言，大概內容是，「如果你把每一天都當成生命裡的最後一天，你將在某一天發現原來一切皆在掌握之中。」這句話從我讀到之日起，就對我產生了很深的影響。在過去的*33*年裡，我每天早晨都對著鏡子問自己，「**如果今天是我生命中的最後一天，我還願意做我今天原本應該做的事情嗎？**」當我連續很多天都得不到肯定的答案時，我就知道自己需要改變了。

因此賈伯斯永遠保持一顆初學者的心態去吸收別人的長處。有人說信念與信心比黃金更重要，也有人說責任感比黃金重要。但是在賈伯斯看來，初學者的心態比黃金重要。無論是被人質疑還是被迫從自己的公司辭職，賈伯斯從不放棄初學者的心態。

塞翁失馬焉知非福。賈伯斯在多年以後談到被踢出蘋果董事會這件事情的時候說，「這是我人生經歷當中最令人高興的一件事。」這些都是源於他對自我生活的追求，以及他對世界的希冀，從而萌生出改變世界的心。

　　賈伯斯曾說：沒有初學者的心態就等於把自己當作安享晚年的老人。像賈伯斯那樣，**擁有初學者的簡單心態，路才能不斷在腳下延伸。**

第四章 將傳統拋給歷史

管他什麼規則，跑過終點就是王道。

1. 要想大贏，首先就要領先這個時代

賈伯斯非常喜歡著名冰球手格雷斯基的一句名言：「我從不追逐球，而是出現在未來的球路中。」

永遠領先市場的腳步，就是賈伯斯成功的地方。他似乎有著一股強大的魔力，那就是能夠準確預測未來的技術方向，然後運用眾多創新技術。當產品出現在大家面前時，我們都不知道有多驚喜，而這些產品正好符合了我們的某種需求，這些需求恰好是我們之前所沒有察覺的。

與其說賈伯斯是第一個吃螃蟹的人，不如說賈伯斯是一個養螃蟹的

人。

蘋果公司近兩年出品的手機iPhone就是一款準確預測市場的產品。iPhone剛上市時，消費者還對它很陌生，甚至懷疑這個沒有鍵盤和手寫系統的小傢伙是否真的好用。

在獲得了一些人的好評後，更多的人假如了購買iPhone的行列中。這些顯然都在賈伯斯的掌控中，因為他知道iPhone有著大家都喜歡的特質，流暢的系統，新鮮的模式。消費者都是喜歡嘗鮮的，iPhone做到了這一點。

iPhone讓消費者覺得花上幾百美元買上一個，也是非常值得的。

當然，養螃蟹和吃螃蟹都是要抵擋風險的，iPhone幾乎是承載了一半的優點和一半的缺點，但因為它本身的創新之處，即使有缺點，也可以在今後的技術改革中不斷修復。只要走出第一步，就不怕摔跤，只要爬起來就好，這就是賈伯斯的理論。

施樂公司曾經在20世紀70年代大放異彩，非常善於開發各種概念產品，但是他們卻沒有勇氣將這些帶著閃光點的想法，推到市場中去試一試。自此錯失了在電子科技史上留名的機會。

賈伯斯從工程學的視角出發，掌握消費者的潛在心理，再將不錯的藝術品味和其結合在一起，並注重細節。同時，賈伯斯善於將自己一些產生了，卻不太成熟的想法加以完善。

有的時候，我們很多想法轉瞬而逝，當有個人將這些零碎的點搜集起來時，再擺在我們面前時，我們會有一種既陌生又熟悉的感覺。在蘋果公司的平板電腦iPad上市之前，已經有很多人有過做平板電腦的想法，但是沒有一個人能像賈伯斯那樣，真正做出了產品，還取得了成

功。滑鼠驅動電腦、數位音樂播放機、智慧手機這些都是他成功踐行的產品，或者說藝術品。

我們熟知的微軟也和蘋果有著相同點，同樣走在了時代的前沿，引領了眾多的消費人群。只是蘋果做得更徹底，所以當我們想到流行與創新兩個關鍵字時，往往想到的是蘋果，而不是微軟。賈伯斯總能有辦法引爆人們的眼球，而讓我們一點都不會覺得突兀，彷彿很久之前的老朋友一樣。

這也致使蘋果每一次的新品發佈都會引起大量粉絲及媒體的關注，因為公眾不知道賈伯斯又會有什麼鬼馬想法，隱藏在那塊幕布後面。

在其他領域裡，還有許多公司像蘋果一樣，能夠準確預測時勢，然後再準確插入，獲得巨大成功。在汽車企業發展的早期，汽車對於大家來說一件奢侈品，但是福特卻抵擋壓力，堅持認為汽車是生活必須品，大膽降低了汽車的價格，最後贏得了市場。

現在賈伯斯已經去世，但是有媒體報導說，賈伯斯在自己最後的時間裡，已經對蘋果未來四年進行了規劃，包括蘋果未來發佈的新產品 *iPhone* 5、蘋果電視等。他希望自己的創意永遠留存在這個世上。

2. 永遠製造流行

iMac 電腦在它發佈的當年在當時的電腦市場中可謂一枝獨秀，它明亮多變的色彩、豐滿圓潤的身軀、半透明的外觀，讓所有人都眼前一亮。它有著藝術品一般的賞心悅目，但它確實是一款電子產品，卻領導了當時的潮流。

不止 iMac，蘋果的所有產品都深深流露出流行的濃郁氣息。可以說，賈伯斯的血液裡就有著流行元素，再加上他的獨斷專行，恨不得每一個蘋果產品身上都烙印著賈伯斯的流行感。

曾幾何時，賈伯斯是一個追風的搖滾少年。

賈伯斯的耳朵中充斥著各種搖滾音樂，自然也包括當時大熱的披頭士樂隊的音樂。披頭士的四個人約翰、保羅、喬治和林戈為當時的音樂做出了貢獻，擁有世界最多的歌迷，這歌迷中也有小賈伯斯，他把自己的頭髮留長，披肩髮加上英俊的外表，十足的搖滾範兒。

有坊間傳聞，賈伯斯之所以把自己的公司起名叫蘋果，就是因為披頭士樂隊的音樂公司叫「蘋果」。

蘋果唱片發現了日益壯大的蘋果電腦公司，惱羞成怒，提起上訴。就這樣，賈伯斯的蘋果在一次次敗訴中，簡直是越挫越勇，即使被罰款，還是不放棄 Logo，同時自己也上訴。兩個蘋果為了商標打了長達

三十年的官司。

這是因為賈伯斯心中存有永不熄滅的搖滾夢。

*2010*年，蘋果的官網上發佈一張圖，上面寫著一條吊足大家胃口的話：明天將是嶄新的一天，也是令你永遠無法忘記的一天，到時候請過來看我們的令人激動的消息。另外，還貼上了全球四個不同地方的時鐘。

第二天，賈伯斯終於公佈他的答案：從今天開始披頭士唱片專輯在*iTunes*上架。

賈伯斯終於有機會能讓一直鍾愛的披頭士音樂在*iTunes*上播放。這需要有多執著，才能對當初的流行念念不忘。

另外，熱愛流行的賈伯斯在*1980*年買下了眾多的公寓，它們昂貴又不實用。僅僅是因為它們靠近他所熱愛的那些明星：斯皮爾伯格、黛米摩爾等等，但是，賈伯斯又因為害羞，與明星為鄰居總有點惶恐不安，於是他一直都沒有住進去，最終轉賣給*U2*樂隊的波諾。

不僅是少年時追星，賈伯斯還一直處於流行的前沿陣線，他用自己手中的蘋果左右著流行。僅僅從蘋果正在建造的總部就可以窺見，賈教主走在流行前端的決心。

這個總部是賈伯斯親自敲定的，形狀就像一個巨大的太空船，占地一共有*150*英畝，可容納*12000*名蘋果員工。當這樣一個消息被廣為流傳的時候，人們不得不佩服賈伯斯的大膽。

賈伯斯說：「你會發現它看起來像一個降落的飛船。整棟大樓沒有一塊直面玻璃，大樓將是環形的，且全都是曲面玻璃。我們將之前建造全球蘋果零售店的經驗搬到這裡。新大樓將分地上和地下兩部分，中間

有一個巨大的庭院，地上四層辦公樓，地下四層用於停車場，大樓將擁有自己的發電設備，我們將利用天然氣和其他途徑來獲得動力確保更清潔、更廉價。新總部的綠化率也將由原先的20％提升至80％，並將擁有可以容納3000人的餐廳、一個會堂、健身中心和研發大樓，目前不少蘋果員工抱怨餐廳永遠是人滿為患。」

賈伯斯用自己的一生追求著流行，並成功的預測流行，引導流行。這是許多企業家所沒有的魄力與智慧，這種個人色彩的不斷渲染，正是賈伯斯的魅力所在。

3. 建立一個新的遊戲規則

這是一場百米賽跑的現場直播，每一位選手都在等待著槍響起的那一刻。砰——各位選手開始向前猛衝，這時候，其他選手及觀眾發現有一個頑皮的選手，他居然越到別人的跑道上，把別人死死地壓在後面。「那個人！你在幹什麼？你跑到別人的跑道上了！」選手比爾·蓋茲大聲喊道。而那個傢伙卻頭也不回地跑過終點，然後回過頭對眾人大喊：「我管他什麼規則！跑過終點就是王道。」

這個「無賴」就是賈伯斯。

雖然只是一段杜撰的小故事，但賈伯斯身上就是有一種近似無賴的影子，讓他的對手們恨得牙癢癢。可以說，由著自己的喜好，不按常理

出牌，是賈伯斯的拿手好戲。他曾經就有一句至理名言：**如果你不能領先，就要打破舊的遊戲規則。**

但我們不得不承認，正是由於賈伯斯耍無賴，他才為自己的蘋果闖出了一條路。有時候，打破一項規則很容易，但是建立一套屬於自己和團隊的遊戲規則，很難。賈伯斯卻做到了這一點。

蘋果公司最打破常規的一點就是它建立了一個封閉而又簡單的商業模式。硬體及軟體的開發，營運模式的調控、以及實施行銷方式，一個電子產品所能走過的所有流通環節，幾乎都被蘋果公司牢牢抓在手裡。

以往，許多廠商會將自己的很多業務和設計外包出去，或是將行銷外包出去，以減少成本。但是容易出現一個問題：與合作商容易產生分歧和矛盾，不僅如此，還會影響自己的產品進程。

戴爾、惠普或新力等公司就是在等微軟技術的更新中，白白浪費了自己的時間。蘋果則不然，賈伯斯經常選擇最直接最讓人意想不到的方式：從上游到下游，蘋果對產品大部分的流程全權負責。這樣也就是獨裁者賈伯斯一個人的天下。

賈伯斯曾經向自己的合作夥伴*Adobe*公司提出公開批評：「*Adobe*開發的手機版*Flash*播放機還不夠優秀，不足以在*iPhone*上使用。」此話一出，引起*Adobe*公司上下的牢騷，但是面對什麼都自己說了算的賈伯斯，*Adobe*公司也只能有苦水往自己肚子裡吞。雖然有消費者反映*iPhone*上面沒有*Adobe Flash*很不方便，但賈伯斯寧願自己開發，也不願意合作。

敢放此狂言，賈伯斯是有資本的。

首先是賈伯斯的蘋果有世界頂尖的人才。賈伯斯曾說，他把自己大約四分之一的時間全部用來了招聘。「我過去常常認為一位出色的人才

能頂兩名平庸的員工，現在我認為能頂50名。」這話出自賈伯斯之口，不僅看出他對人才的求賢若渴，還能看出他的標準之嚴格。正是這些人才，攻克了蘋果公司一道又一道的技術難關。

其次是賈伯斯的眼中只有一個計畫，並全力以赴。孤注一擲的力量是強大而又可怕的，賈伯斯就經常把自己送到懸崖邊，然後再絕處逢生。這種一條道走到黑的決絕與大膽不是一般人能做到的。

最後，產品必須帶來實際又巨大的利潤。賈伯斯認為，僅僅創新但又沒有利潤的產品，帶給公司的只有損耗，不是創新，僅僅是藝術品。只有賺了錢，才能確保一個大公司的正常運轉。所以，在賈伯斯1997年重新執掌蘋果後，就毫不留情地砍掉了連續七年虧損的*Newton PDA*業務。

所以，有資本的賈伯斯，創設自己的遊戲規則，顯得是那麼得心應手，遊刃有餘。

*4.*創新就是對一千條創意說「不」

創意是賈伯斯一生的信仰，但不是任何創意都能打動賈伯斯。

賈伯斯在一次接受《商業週刊》的訪談時說：「創新就是對*1000*件事說不，來確保我們不會誤入歧途或者做得過度。我們總是在想著我們能夠進入的新市場，但是只有說不，你才能專注於那些真正重要的事情。」

因此，賈伯斯總是否定產品研發團隊的創意，他想要創造一些夠酷的、超級棒的產品。按賈伯斯的行動法則，如果某款產品不夠革命性，賈伯斯就不會對它感興趣。賈伯斯曾想製造一種沒有散熱風扇的、「安靜的」電腦，這是一個非常具有顛覆性的概念。雖然最後沒有實現，但是這正是賈伯斯完美精神的體現。蘋果公司的產品設計，一直就把追求完美當作自己的目標。

　　蘋果電腦的外殼華麗而吸引人，為了設計出這樣的外殼，蘋果公司首席設計師伊夫和其他設計人員專門到一家糖果廠去研究膠質軟糖。這樣的例子在蘋果層出不窮，這種絕不湊合的精神，讓蘋果的品牌形象一直非常好，在競爭中一直處於很有利的位置。

　　追求完美就是賈伯斯本人心態的最好寫照，並不僅僅是因為賈伯斯本人偏執的性格，更是因為他追求蘋果產品的盡善盡美的深切渴望。所以，看到不合心意，或是不合想法的創意，賈伯斯從來不會給自己的員工留情面，當場就罵，不給任何人準備的機會。

　　「如果你想買大路貨，那就去買戴爾的產品好了。」賈伯斯拋出這句話，能把戴爾的老闆和員工氣個半死。但是，這句話也折射出賈伯斯對自己蘋果產品的自信，因為他們都是經過成千上百次的打磨而成的，賈伯斯認為每一件產品都應該是完美無缺的藝術品。

　　「還可以再完美一點兒！」這是賈伯斯經常對他的設計師們說的一句話。

　　蘋果公司的設計師對此最有發言權。設計師伊萬里斯特回憶這樣一段故事：iDVD是蘋果公司的一件優秀產品。這個範本看似很簡單，但卻是從眾多的設計材料中挑選出來。世界頂尖的功能表設計公司為蘋果設

計了幾百個作品。賈伯斯每個星期都會讓伊萬里斯特看這些設計方案，但是令人灰心的是，幾乎所有方案都會被駁回去。僅存的一兩個，還要被賈伯斯提出大量批評與指責，伊萬里斯特和他的同事們不得不加班做大量的工作，以求把它變得完美。

在這種氛圍下，蘋果的每一個員工都過得如履薄冰，沒有人能輕鬆地喝下午茶。只能跟從老闆的「完美旨意」，兢兢業業地工作。即使在這樣的情況下，賈伯斯在蘋果的支持率竟然是97％，這個驚人的數字也反映了雖然工作環境苛刻，但是當完美又富有創新性的產品，得到公眾認可時。那種成功的自豪感與喜悅感是真真切切存在的，能勝過以往的一切折磨。

也是由於賈伯斯的苛責，在蘋果工作成為一件具有挑戰性的事情。慢慢地，設計師開始被賈伯斯感染，同樣苛責自己，把蘋果產品做得盡量完美，整個公司的氛圍都是熱情積極的。這也是蘋果公司一直保持活力的原因。

5. 為自己樹立品牌，為他人設立標杆

提到《異形》，大家都會想到極其陰暗可怕的外星生物，成功拍攝這部電影的導演就是雷德利·斯科特。但一般人不知道，他還為蘋果拍攝過廣告。

當時，蘋果的廣告代理夏戴公司拿著賈伯斯給的90萬美元，送到了雷德利·斯科特的手裡。斯科特就開始像拍大片一樣籌拍這支只有60秒的廣告。

想必這可能是世界上第一支只宣傳品牌價值不出現產品的廣告。連蘋果當時的CEO約翰·斯庫利也說「這是歷史上首個事件行銷的經典案例。」賈伯斯就更加張揚，他在董事會上展示這個新廣告的時候，臉上就充滿了神秘和得意洋洋。當他看到在場的人看完廣告後都露出驚恐的表情時，賈伯斯就更加得意。

「這是什麼？怎麼連產品都沒有？」

「是啊，這簡直是我看到的最糟糕的廣告。」

大家七嘴八舌，廣告的首次內部放映，就這樣以失敗告終。隨後，沃茲尼亞克也觀看了這支廣告。「這太不可思議了！」但是賈伯斯卻說：「董事會不允許播放。」「這支廣告播放要多少錢？」沃茲尼亞克問，「90萬」賈伯斯低聲說。後來，沃茲就提議兩個人各自出一半錢，但是被賈伯斯拒絕了。

後來這支廣告得以在公眾面前播放，全部得益於夏戴公司的創意人員的堅持。

1984年1月17日起，《1984》在電影院的預告片中放映了幾個星期。在1月22日，這支廣告還在美國最著名的賽事——超級杯橄欖球賽上的大螢幕上播放，一時震驚四座。

廣告中，一群沒有一點表情的民眾全神貫注地看著領袖在螢幕上進行演講：「今天我們慶祝的是資訊淨化令下達後的第一個光輝紀念日，」此時，領袖停了一下，然後接著說，「我們已經創造出了歷史上

第一個純淨意識形態的樂園保衛我們不受任何反動勢力的侵害，我們是同一個人，有同一種意志，同一個決心。」

然後，一位金髮美女此時從中央道路上衝了過來，揮出一柄鐵錘，砸向了螢幕，砸碎了領袖的形象，也銷毀了統一的象徵。此時，畫面外聲音傳了出來：「在1984年1月24日，蘋果電腦將發售Macintosh，然後你就會明白，『今天的』1984為何不是『那樣的』1984。」

這是一次非常成功的廣告行銷，當這只險些流產的廣告出現在大家面前時，每個人都會明白賈伯斯與蘋果想要傳達的理念「蘋果是與眾不同的，選擇它，也代表你與眾不同。」

從此，蘋果就有了這個漂亮的品牌標籤，並且在諸多廣告中都傳遞著這樣一種信念。當消費者在選擇產品時，與眾不同四個字就會出現在腦海。賈伯斯藉由「1984」這支廣告成功樹立了自己和蘋果的形象。

1997，一支「Think Different」廣告更是將蘋果品牌的完善做到了登峰造極的地步。此時的賈伯斯是經歷過挫折與思考的賈伯斯，更加成熟，對蘋果的把握更加準確。

「Think Different」廣告的長度有一分鐘，畫面中歷次出現各種賈伯斯欣賞的偶像，全部以黑白色調出現，其中包括愛因斯坦、鮑勃·狄倫、馬丁·路德·金、理察·布蘭森、約翰·藍儂、巴克敏斯特·富勒、愛迪生、穆罕默德·阿里、泰德·特納、瑪麗亞·卡拉絲、聖雄甘地、阿梅莉亞·埃爾哈特、亞弗列·希治閣、瑪莎·葛蘭姆、吉姆·韓森（連同科米蛙）、弗蘭克·勞埃德·賴特與畢卡索。最後的場景是一個小女孩睜開了雙眼，代表這是她心中的構想。

「Think Different」的廣告詞也做得十分考究，至今都令人稱道：

向那些瘋狂的傢伙們致敬，

他們特立獨行，

他們桀驁不馴，

他們惹是生非，

他們格格不入，

他們用與眾不同的眼光看待事物，

他們不喜歡墨守成規，

他們也不願安於現狀。

你可以讚美他們，

引用他們，反對他們，質疑他們，

頌揚或是詆毀他們，

但唯獨不能漠視他們。

因為他們改變了事物。

他們發明，他們想像，他們治癒，

他們探索，他們創造，他們啟迪，

他們推動人類向前發展。

也許，他們必需要瘋狂。

你能盯著白紙，就看到美妙的畫作麼？

你能靜靜坐著，就譜出動聽的歌曲麼？

你能凝視火星，就想到神奇的太空輪麼？

我們為這些傢伙製造良機。

或許他們是別人眼裡的瘋子，

但他們卻是我們眼中的天才。

因為只有那些瘋狂到以為自己能夠改變世界的人，

才能真正地改變世界。

賈伯斯在介紹廣告的時候談起：「*Think Different*是什麼？是那些具有獨立的思想的人；是那些有勇氣拋棄世俗的眼光特立獨行的人；是那些具有『空杯心態』願意學習新事物的人；是那些不甘庸庸碌碌、為了追求個人理想而不懈努力的人；是那些想改變世界的人。」

賈伯斯沒有停止過在自己產品廣告中闡釋某種思想，使得品牌更加豐滿。我們也在不知不覺中被灌輸了這些思想，並不是賈伯斯撬開我們的腦袋放進去的，而是他的品牌理念如此之強大，哪怕說一句話，也會具有十二分的蠱惑。

第五章 不局限於工作守則，要共用哲學

蘋果，除了亞當和夏娃、牛頓，我們也被引誘了。

*1.*寧當海盜，不做海軍

當3000年前，海盜祖先們在海上馳騁向前，耳邊吹過獵獵海風時。他們斷不會想到，3000年後，電子科技界也冒出一個海盜頭子，帶著一隻勇往向前的隊伍，奮勇拼殺著。

1980年，鬥志昂揚，滿心抱負的賈伯斯思考著自己公司的企業文化，顯然，他的大腦裡想出的也是一些不合常規的理念。思索許久後，他得出了下面一份蘋果文化備忘錄：

願世界上每一個人都擁有電腦，

是我們的夢想，並且我們為此積極努力著。

我們齊心協力，奮鬥不懈；

我們製造一流的產品；

我們生產與眾不同的東西，同時從中獲利；

我們手聯手、心連心，不是贏就是輸；

我們充滿激情，富有創意，

共同開創公司的康莊大道。

我們所有員工都踏上了這趟冒險的旅程，

我們所作所為與公司的命運息息相關，

我們要為公司創造一片美好前景。

　　後來他的確是帶著自己的團隊在電子科技界橫衝直撞，無視規則。賈伯斯他非常樂於做個海盜，曾經還發表過這樣的言論：「當海盜比加入海軍更快樂，能當海盜，為什麼要當海軍？」

　　有一次，賈伯斯帶著家人來到海邊，全家乘坐遊艇觀光。這時候，賈伯斯發現，自己的小孩理德非常害怕翻騰的海浪。於是他就告訴船長，要求把遊艇開回到岸邊。由於船上還有其他的乘客，船長回絕了賈伯斯的要求。賈伯斯怎麼可能就此甘休，他打電話叫來了救生艇，帶著理德回到了岸邊。如果這是一個年輕人所為，我們可能會理解他的任性胡為，但那時賈伯斯已經42歲了，所以恣意妄為、不守規則是賈伯斯一輩子的標籤。

　　「我自己就是船長，我不會服從。」賈伯斯從來對自己很坦白。

這個看似缺點的標籤，卻說明賈伯斯和他的蘋果走上了巔峰。這是一段艱辛卻充滿驚奇的海上歷程。

　　創辦蘋果公司後，賈伯斯審視了一下自己的辦公室，考慮如何佈置。他首先就想到要掛一面海盜旗。還經常向別人炫耀，當別人對他熱衷於海盜文化表示不理解時，他就會撇撇嘴說：「海盜就代表忘掉所謂的規則，盡可能用最極端的方式來思考。」

　　但是，做海盜沒有那麼輕鬆，賈伯斯也付出了他應該付出的代價。1985年的賈伯斯正是風光得意的時候，他的海盜式狂妄更加明目張膽，他新推出的Mac機被誇大了優點，但是缺點卻立刻顯現出來了，現實的銷售狀況十分的慘澹。蘋果內部和公眾開始懷疑他。於是他被自己曾經請來的股東斯庫利放空了權力。

　　海盜遇到了失敗，但是海盜卻不言敗。

　　離開蘋果的賈伯斯成立了自己的公司，重又做起了電子產品。但是，海盜的野心不止在此，他還斥資收購了皮克斯動畫工作室。賈伯斯顛覆了傳統的動畫電影，製作出了時至今日都非常經典的《玩具總動員》。

　　1997年，賈伯斯回歸了蘋果，更加如魚得水。他將蘋果變成了徹頭徹尾的「海盜公司」。當時比爾·蓋茲已經從蘋果的Mac電腦中竊走了圖形介面的系統，賈伯斯上任後，卻不計前嫌，主動向微軟伸出橄欖枝，還請微軟為自己的蘋果投資了1.5億美元的鉅款。當賈伯斯拿著這筆錢成功推出蘋果的明星產品iPhone後，賈伯斯還邀請谷歌當時的CEO埃里克·施密特，共同推出這款新產品。但是當谷歌的安卓系統被研發出來後，賈伯斯就毫不留情地四處打擊谷歌，一點也不念當初的感情。不按常理

出牌的海盜，其言行也就常常讓大家驚呼意外，在他的世界裡，沒有規則。

2. 把標準視為「草芥」

《孟子》中有一句話：天下大悅而將歸己，視天下悅而歸己猶草芥也，惟舜為然。

意思是，整個天下都非常快樂地要來歸順自己，把整個天下快樂地歸順自己看得如同草芥一般，只有舜是如此。

賈伯斯並非像孟子說的那樣視得到為草芥，而是把標準和規則當作草芥，無足掛齒不值得珍惜。賈伯斯曾說：「真正偉大的創新和產品，其獲得必須首先擁有改變世界的野心。強大的精神力量是你唯一能依靠的東西。」因此他依靠iPhone的誕生來改變整個手機行業的遊戲規則。

賈伯斯能夠無拘無束穿越各種屏障，在他的遊戲規則中，那些昔日輝煌的手機品牌失去了光澤，電信營運商只能依靠蘋果賺取少許利潤，那些競爭不過的品牌只能敢怒不敢言。

當初USB介面是英特爾公司發明的，然而最先將其應用於個人電腦的卻是蘋果公司。Wi-Fi無線網路技術也不是蘋果公司發明的，是由美國朗訊科技公司開發的，但卻因為蘋果將其應用於蘋果筆記型電腦而發揚光大。賈伯斯有一種才能——率先洞悉技術和消費者需求之間的鴻溝，

並且透過自己的創新或者二次創新消弭這一鴻溝，讓先進的技術真正能為大眾服務，成為改變生活的動力。賈伯斯是創新領域的大家，同時他也是將創新與市場需求有效結合的大家。

賈伯斯曾說，「蘋果的產品被很多人抄襲和模仿」。儘管如此，但蘋果依然在行業領先，就是因為在賈伯斯的遊戲規則內，蘋果的創新總能領先於行業其他人，領先於時代。賈伯斯一直以打破規則為榮，他甚至以被抄襲為榮。賈伯斯在談到與微軟的競爭時說：「Mac系列在20世紀80年代重塑了個人電腦產業，而微軟在90年代抄襲成功，並且創造了極大的利潤。如今，我們靠著Mac OSX重新站上了技術領先的地位，我認為微軟一定還會再次抄襲我們。」

打破行業規則，不斷的做到行業領先。做到這一點蘋果在研發上投入了大量資金，蘋果公司的研發經費一直在大幅增加，2003年時達到4.71億美元，並且光是研發部門就聘用了2500名員工。

賈伯斯是一個愛幻想的人，但不是說他喜歡脫離現實胡亂想像。他除了管理公司和專注於產品研發，還熱衷於關注蘋果的各種營運和行銷活動，而蘋果就這個載體。賈伯斯的朋友評價他說：**賈伯斯既是冷酷的裁決者，又是改變世界的執行者。**

過去的二十年中，蘋果已經在9個國家開設了275家零售店，美國MP3播放機市場，蘋果占到了73%的市占率，Mac電腦在美國個人電腦市場上的市占率達到了9%。蘋果在2000年時的市值大約只有50億美元，現如今，蘋果的市值達到了1700億美元，已經超過谷歌。

哲學家奧里歐斯有一句話：「我們的生活是由我們的思想造成的。」思想上的超前，必然帶來行動上的超前。要想走在變化的前面，

就必須提前瞭解行業最新的發展趨勢，透過不斷挖掘潛力，打破既有的束縛規則，拓寬自己的格局來獲得更大的發展空間，才能戰勝對手，取得成功。

在賈伯斯看來，突破是創新的核心。只有突破標準，丟掉那些條條框框才能在沒有任何經驗的情況下去努力探索。正如藝術大師畢卡索曾經說：「創造之前必須先破壞。」真正有智慧的人重視經驗，但不拘泥於經驗，他一方面會用慣性的思維方式去處理一些小的簡單的問題，另一方面他還能隨時、主動地突破傳統，挑戰規則，為創新思維創造一個可以自由伸展的空間。

3. 把蘇格拉底的原則運用到工作

蘇格拉底曾說：我只知道一件事，那就是我什麼也不知道。我像一隻獵犬一樣追尋真理的足跡。

為了追求真理，蘇格拉底不顧自己的利益、職業和家庭，他是個哲學的殉道者。他也曾經自問：哲學是什麼？他自答：「哲學就是認識自己。」

多年來，有關於蘇格拉底的著作不甚枚舉，人們把他的哲學當作靈感的燈塔，把當作知識的化身。正如另一位哲學家西塞羅評價蘇格拉底說：「他把哲學從高山仰止高高在上的學科變得與人休戚相關。」儘管

蘇格拉底一生沒留下什麼著作，但是他的影響卻在全人類中深遠傳播，並後世西方哲學產生了極大的影響。無論是生前還是死後，蘇格拉底都有一大批狂熱的崇拜者。

因此，賈伯斯才有感而發說：「我願意把我所有的科技去換取和蘇格拉底相處的一個下午。」因為蘇格拉底的原則能教會人們如何去學習、工作、生活，能夠幫助人們如何去處理人際關係，讓人們不斷發現生活中的真善美。賈伯斯把蘇格拉底的思想滲透到自己的靈魂深處。那些傳奇的文字和話語，讓他在陽光中奮進，也讓他在黑暗中堅持，那些高山仰止的深奧哲學成為賈伯斯每日不可或缺的修煉良方。

美國著名雜誌《時代週刊》把賈伯斯作為雜誌的封面，並記錄了賈伯斯背後的財富傳奇：1980年，蘋果公司上市，當時市值達12億元；1982年，蘋果公司的年營業額就達到了20億美元，在五年內就成為全球五百強企業主一；1983，發展迅猛的蘋果公司已經為美國創造了300位百萬富翁。

賈伯斯曾在自己一張最為經典的照片題詞：**這是一個經典時刻，我獨自一人，所需要的不過是一杯茶、一盞燈和一台音響，這就是我的全部。**

人生本該無比絢麗多姿，但是賈伯斯卻格外崇尚修禪般的簡單感覺。像那張照片上折射出來的，實際反映了賈伯斯當時的真心感受。就像蘇格拉底的名言：無論你身處何時，身處何地，正確地認識自己並且保持內心的寧靜才是最重要的。

人們稱讚賈伯斯是一部宏大的「成功學」的化身。賈伯斯說：「要有勇氣追隨你的心靈和直覺。」與愛迪生、愛因斯坦等人的「發明」相

較，賈伯斯的創新做到了把別人「醜陋」的發明，在美學觀感與簡約優雅中不斷集成和昇華，濃縮成引領人們生活的前沿產品。

有人說：美國是實用主義哲學的發祥地，賈伯斯的成功，演繹了美國立身哲學的成功。實用主義哲學，融匯了理性主義和經驗主義的精華，賈伯斯的完美主義，無疑就是理性主義的代表，而賈伯斯幾起幾落的人生，和「可以摧毀我的肉體，但不可以擊敗我」的英雄主義情懷，則是對苦行僧式的經驗主義的解脫，也是賈伯斯獨到的哲學見解。賈伯斯8年前就被醫生無情判定為只夠活數週的「垂死病人」，賈伯斯驚人地以8年的「無限光陰」戰勝了醫學上幾週的「有限壽命」。

在這只有賈伯斯才能感知的「垂死期」裡，他用常人所不能及的專注，有效且永久地改變了人們的生活方式。儘管他最後仍然敗給了健康，但是像他這樣在精神層面能影響普羅大眾的領袖級人物。

4. 夢想家+實幹家=偉大的組織

2009年1月初，蘋果公司對外宣佈，賈伯斯因為健康的原因將暫時離開工作半年左右，一種荷爾蒙失衡症讓他愈發變得清瘦。在如今席捲全球的經濟危機浪潮中，沒有了賈伯斯這位「蘋果之魂」的坐鎮，蘋果公司未來將何去何從？

少年退學、中年給自己創立的公司趕走、壯年患上不治之症，這不

是悲情文藝片的劇情，卻是賈伯斯的前半生寫照。他幾經起伏，但依然屹立不倒，就像海明威在《老人與海》中說到的，一個人可以被毀滅，但不能被打倒。他創造了「蘋果」，掀起了個人電腦的風潮，改變了一個時代，但卻在最頂峰的時候被封殺，從高樓落到谷底，但是12年後，他又捲土重來。

人們稱讚賈伯斯是一個天才，一個巨人，因為他影響了多個行業和數十億人的生活。他做了一個CEO應做的事情：招聘並鼓舞了優秀的人才；著眼於長期發展，而非短期股價；大膽下注，勇於承擔巨大的風險。他堅持最高的產品品質，並開發了真正能夠取悅使用者的產品，而不是像企業IT主管和移動營運商那樣充當仲介。

所有人都很好奇：是什麼造就了賈伯斯，讓他能夠創造改變世界的產品，能夠從實例中獲得啟發，不僅膽量驚人，而且創意眾多？是什麼賦予了他如此準確的產品感知能力，傲慢的自信，以及同時借助威嚇與啟發讓人們的工作實現最佳的效果的能力？

1985年，斯庫利將賈伯斯趕出了蘋果，但是賈伯斯對夢想的執著，對改變世界的決心從未動搖。他的堅持、偏激、固執、獨斷、情緒化、吝嗇，喜歡佛教與禪宗的「理想主義+宗教型」雙重人格，讓他能夠在十二年之後東山再起。

一萬個人心中就有一萬個賈伯斯，這是因為每個人都從賈伯斯那兒學到了不同的東西。區別在於，一萬個人學習賈伯斯，只有少數人能成功。因為賈伯斯不光有夢想，他有著對夢想執著追求的實幹精神。

在後工業時代，賈伯斯仍舊體現出一種前工業時代工廠作坊主似的執著，他以一種現代社會罕見的對待產品的態度進行工作，這種類似藝

人與工匠的心態，使其產品不是立足於技術，甚至也不是設計，而是在如何追求更完善地滿足人的需求。

有合夥人曾旁觀賈伯斯準備蘋果大會演講，他一直看這事的原因是他猜難道這個老頭會練習*100次*嗎？結果賈伯斯滿頭大汗地練習了*3天*，*300次*，每次都修正細節，每一次都完善自己。所以，在理解人性、滿足顧客方面，賈伯斯的實幹才能遠比那些緊跟商學院教科書的同行更具執著和開放的心態。

在賈伯斯的改革之下，蘋果公司由巨額虧損走向盈利，龐大的蘋果帝國正在慢慢建成。關於賈伯斯的經營公司和創新方針方面，他引用了「冰球大帝」韋恩·格雷茨基的名言，「我滑向球將要到達的地方，而不是它已經在的地方。」

賈伯斯*1997年*剛返回蘋果公司時，蘋果公司的虧損高達*10億美元*，一年後卻奇蹟般地贏利*3.09億美元*。*1999年1月*，當賈伯斯宣佈第四財政季度贏利*1.52億美元*，超出華爾街的預測*38%*時，蘋果公司的股價立即攀升，最後以每股*4.65美元*收盤，輿論譁然。蘋果電腦在*PC*市場的占有率已由原來的*5%*增加到*10%*。他帶著腳踏實地的經營蘋果公司，也帶著夢想活在一個科技與人文科學的交匯處。

賈伯斯每次發佈新品，就會限量向高級版「蘋果粉絲」發售，這些蘋果粉絲享愛不一樣的服務，包括免費換機。賈伯斯會把蘋果手機優先送到蘋果粉絲手中，國內的蘋果粉絲可能從光華商場拿貨，試用出現問題，免費換貨，退貨再從光華商場運回美國。他將用戶的意見變成靈感，生產高端的電子產品，始終走在時代的前沿。

他建立的那龐大的蘋果帝國，向世人喧囂著他的成功。他也向世人

暗示著，追求夢想，就像明天不會來一樣，在沒有悔恨、沒有重來的生命裡，用夢想作為自己抵抗世俗、挑戰平庸的支點，按自己所「夢」去努力生活，按自己所「想」去實際行動，改變自己，改變他人，改變世界。

5.人生的成功，在於「系統整合」

老人與海，營造的是一種悲愴的風霜之美；

浪客與劍，描摹的是一種蒼涼的凌厲質感；

賈伯斯帶著老人與海一般的閱歷與容量，帶著浪客與劍一樣的孤傲與決然，走上了一條不歸路。賈伯斯身後的蘋果已經成長為他喜歡的模樣。那可能不是砸在牛頓腦袋上的那個蘋果，但肯定是引誘亞當和夏娃的那個蘋果。除了亞當和夏娃，我們也被引誘了。

賈氏蘋果散發著讓人無以言說的味道。他想我們所不能想，做我們所不能做。一個性格偏執、暴躁，被人稱為「獨裁者」「暴君」的人，卻能將幾乎最優秀的人才整合在一起，打造出幾乎最優秀的團隊，這便是他帶給世人的驚訝之處。

有一個故事至今讓人津津樂道。在賈伯斯13歲的時候，他給惠普總裁大衛·帕卡德打去了一通電話，起先帕卡德以為這是一通來自無聊少年

的無聊電話，但是幾分鐘後，帕卡德同意將一些電腦晶片送給賈伯斯免費使用，因為賈伯斯勾人的甜言蜜語讓他無法拒絕。

每個人都是一個生物鏈，每個人更是一個系統，將系統有效整合，必然構成一個龐然大物。從帕卡德那裡「騙」得免費的晶片起，賈伯斯的整合方式就一次也沒落空過。事實上，雖然在很多事情上，賈伯斯喜歡獨斷，更喜歡掌控一切，但是他絕不是一個獨行俠，他曾說：

「我並不是唱獨角戲。有兩個重要因素使蘋果重新煥發了活力：一是蘋果有著許多真正的天才，過去幾年外界認為他們是失敗者，其中一些人也認同了這種看法，但他們並不是失敗者。他們缺乏的是有效計畫和管理。我們原來需要一個資深管理團隊，而我們目前已經擁有了這樣的管理團隊。」

賈伯斯口中的「資深管理團隊」就是他打造的「海盜團隊」。用這是一隻特別能戰鬥，特別能吃苦的部隊。賈伯斯所做的，就是將好的人，好的東西組合在一起，成為一個巨型的變形金剛。

成功，與有沒有錢其實沒有太大關係，這就好比是攀登高山，與有沒有高級的裝備沒有關聯是一樣的。蘋果在開發 *Mac* 電腦的時候，*IBM* 在同類產品研發上的投入是他的一百倍，但 *IBM* 並沒有超越蘋果，誠如賈伯斯所言：「成功在於看你有什麼樣的人，看你怎麼用這些人，從這些人上得到了什麼。」

人的整合，團隊的整體，依靠的是強有力的管理與激勵。這也是普遍運用的方法。但是賈伯斯有一種特殊的方式，能讓蘋果在他病休以及最後退出日常管理的時候，依然能夠一如既往、按部就班地運行。這種特殊的方式就是培訓。一位認識蘋果高管團隊中的某些高管的知情人士

說:「整個公司都已經被徹底被培訓過了,完全象賈伯斯那樣去思考問題。這就是為什麼蘋果在賈伯斯離開的6個月裡能夠保持平靜的原因。人們會想,如果賈伯斯在,他肯定也會這麼做。」

賈伯斯有自信能讓他看中的東西表現更出色,從商業的角度來說,讓手中的東西表現出色,也是與強者聯手的重要籌碼。這麼做並非是蘋果弱小,而是賈伯斯想要掌控整個行業。2004年,賈伯斯已經在讓他的工程師研究觸控式螢幕技術,到2005年的時候,他跟無線營運商Cingular的總裁希格曼提議,由自己來設計一款絕對革命性,有著完全用戶體驗的手機,這款手機能夠透過Wi-Fi從網路上下載音樂和視頻,肯定能夠刺激消費者使用大量的資料通信,而資料通信不是沒落的語音通訊,恰恰是營運商未來的主要增長點。賈伯斯希望希格曼能和他打造無線通訊王國。

賈伯斯的提議,讓希格曼產生了濃厚的興趣。站在無線營運商的角度,希格曼希望消費者能用手機進行更多的無線消費,擴大公司的收入來源,保證穩定的收益。如果蘋果手機獲得成功,Cingular就可以借助消費者對蘋果的忠誠度提升在行業地位,進而擁有一批穩定的客戶,避免陷入價格戰的漩渦。

希格曼認識到,和蘋果的合作勢在必行,而且時間上需要盡快,如果錯過這次機會,他將被其他對手擊敗。他相信賈伯斯定然會選擇自己,因為Cingular是整個美國最具靈活度的通訊公司。然而談判過程並沒有想像中那麼輕鬆,賈伯斯一直強調蘋果在合作中的主導權。這讓希格曼很惱火,但最終還是同意了賈伯斯的條件。因為就在雙方談判陷入僵局的時候,另一家公司偷偷與他取得了聯繫。

與*Cingular*建立的排他性的合作關係，讓賈伯斯獲得了「擺佈」整個行業的機會和權力。同樣提供電子產品，同樣提供產品內容，同樣提供內容更新，至少目前，沒有哪家公司能超越蘋果。

整合，說到底，是將價值最大化的過程。賈伯斯以他的方式完成了這個過程。使蘋果站到了行業的巔峰地位。套用一句老話：一個巴掌拍不響，合唱才更悅人耳目。如果上帝不因為想要一部*iphone*而將賈伯斯帶走，想必這個動聽的合唱曲能繼續響徹電子科技行業的金色大廳。

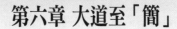

第六章 大道至「簡」

減法規劃，即在規劃、設計、生產中，減去一些不必要的元素，將原有的設計變得簡潔、易懂、美觀。

1. 蘋果的設計就是做減法

在蘋果的圖形作業系統問世之前，電腦系統使用者介面形式單一，操作起來又很繁瑣。

這就像是包裝嚴重包裝的月餅盒，當一個個盒子最終被打開之後，人們的食欲已蕩然無存。

1979年，一向追求完美和創新的賈伯斯帶領整個蘋果公司的數千名員工和數百萬美元，開發出了一套具有一貫性的使用者介面。它的設計

更加簡易，減掉了滑鼠的設計，讓使用者在螢幕上直接操作。

在賈伯斯看來，蘋果公司不僅僅是一家創新型公司，更是一家將複雜技術變得簡單實用的公司。紛繁複雜不是賈伯斯的所愛，要創造完美的產品，就必須學會做減法。這個「減法」，有時候也意味著捨棄。

在賈伯斯重返蘋果公司的最初歲月，他始終處於焦慮之中，因為他必須帶領蘋果走出困境。1997年7月的一天，公司高管被召集到總部開會。賈伯斯在會上憤怒地叫嚷道：「跟我說說這個地方到底出了什麼問題？問題就出在產品上。蘋果現在的產品實在是太糟糕了！它們已經一點吸引力都沒有了。」

有人認為，賈伯斯的成功，很大程度上其實不是在於他推出了什麼產品，而在於他放棄了一些東西。事實證明，這些當初在有些人看來極為重要的東西被賈伯斯砍掉後，並沒有造成負面影響。反而使蘋果的產品更具競爭力。

對於賈伯斯來說，更加簡潔的產品與經營模式極為重要，這一點從他對電腦產品本身的執著追求可見一斑。在產品上追求「減法」的設計方式，在商業合作和商界戰略的選擇上，賈伯斯同樣秉持這樣的理念。在他看來，需要找某位合作人或者企圖尋求某人的幫助時，連打電話都是多餘的，減掉這一程式無傷大局。

在他帶領蘋果創業的歲月裡，就經常會直接登門拜訪某個華爾街的投資者，而不提前預約，賈伯斯為此節省了很多時間。把所想直接變為現實——這是賈伯斯的習慣，他不需要增加任何多餘的過程。這就是減法規則。

減法規劃，即在規劃、設計、生產中，減去一些不必要的元素，將

原有的設計變得簡潔、易懂、美觀。

在網站或微博上，無論是網站設計師、客戶通常都會不自覺地加入很多的內容和設計項目，讓整個頁面到處充滿著文字內容和設計項目，覺得這樣信息量就豐富多彩，但是，這樣的結果是讓人們迷失在那些根本不感興趣的內容中。從感官上看，越少的東西越能吸引到眼睛的關注，越多的東西只能讓眼睛失去焦點。賈伯斯對此深諳此道。

關於蘋果的設計風格，我們其實不用太多的語言來描述，「簡潔至極」四個字就已足夠。無論是*Mac*、*iPod*還是*iPhone*，你永遠無法找到多餘的按鈕。這裡提一下蘋果設計*Mac OS X*的故事。

在蘋果公司重新迎來賈伯斯之前，這家公司開發的老版*Mac OS X*已變成一個臃腫不堪、極不穩定、打著層層補丁的「老東西」，它不僅讓用戶對其失去了興趣，也讓蘋果高層失去了維護它的耐心。他們決定外購作業系統。他們看中了賈伯斯的*NeXT*公司開發的*NEXTSTEP*作業系統。這款作業系統有著老版*Mac OS X*所不具備的一切先進特徵：不會當機，強大的網路功能，容易操作的工具。

蘋果的設計師很快將*Mac OS X*的介面嫁接到*NEXTSTEP*的基礎代碼上，並開發出一套新的介面，新介面發揮了*NEXTSTEP*作業系統強大的圖形和動畫功能。蘋果高層一致認為這是一個極為出色的產品，但是賈伯斯對此卻嗤之以鼻，給了他們「一群菜鳥」的評價。

新產品令賈伯斯不滿的地方在於打開視窗和資料夾竟然有*8*種不同的方法。顯然，「菜鳥」這個評價就是因為介面的「視窗實在太多了。」這讓賈伯斯難以忍受。在賈伯斯的「宣教」下，蘋果的高層認識到，*Mac OS X*需要一個全新的使用者介面。

回顧賈伯斯的一生，早在他開發出第一款蘋果電腦時便已經遠遠地走在了時代的前沿。早年的電腦技術主要是強調技術，而賈伯斯則率先關注了設計以及使用的便捷性，這也為他在後來推出產品的特性奠定了基礎。

對於賈伯斯而言，電腦應該是一款優雅、簡潔並且可以輕鬆方便地用來瞭解世界的時尚產品，而大眾應該人手一機，同時可以用它來做任何事情。2010年1月，賈伯斯在發佈iPad時指出：「單靠科技是遠遠不夠的，必需要讓科技與人文科學以及人性相結合，其成果必需能夠讓用戶產生共鳴。」

減法的本質是簡單方便，在2011年10月4日發佈的iphone4s上，我們看到，這款產品依舊秉承了賈伯斯的血脈——包裝不花哨，但絕對誘人；設計很簡單，但絕對誘惑。作為高科技產品，蘋果不炫耀其產品的技術規格、特殊效果或是噱頭，這樣拉近了它與普通消費者的距離，讓普通消費者認為自己有能力去駕馭它。

這段臺詞對於科技業的領袖來說十分不可思議，但是如果瞭解了賈伯斯的背景的話，這也不難理解他為何會如此表述了。

2. 複雜的最終境界是簡單

老子在《道德經》中說：萬物之始，大道至簡。

在世間萬物中，最高明的東西往往是最簡潔的。只有把高深繁雜的萬物簡化到不能再簡，才能稱其為真正的道理。

賈伯斯在營運NeXT公司時，IBM公司的人帶著計畫書來找賈伯斯談合作，以期望獲得其開發的系統的使用權。那個計畫書做得非常細緻，總共有100多頁。不過，賈伯斯拿到之後看都沒看就丟進了垃圾桶。

因為在賈伯斯看來，一個好的計畫書最多五六頁就夠了。

早年的電腦技術主要是強調技術，而賈伯斯則率先關注了設計以及使用的簡單和便捷性，這也為他在後來推出產品的特性奠定了基礎。

蘋果的首席設計師喬納森在談到iPod時說，「賈伯斯很早就意識到，不要只是在硬體技術上大做文章——這正是產品變得複雜而後因此而亡之處。」

事實上，最早設計出來的iPod在硬體上就有支援收聽廣播和錄音的功能，但後來這些功能都沒有被採用，因為賈伯斯害怕iPod的功能會因此而複雜。賈伯斯曾說，「與眾不同不是目的，創造一個與眾不同的東西其實非常容易。而真正令人興奮的是，與眾不同是追求極簡產品這一理念的結果。」

賈伯斯是個極簡主義者，將複雜的東西簡單化。他的簡單不是一味的減少，而是努力精簡，將產品不斷減負到最簡單的層面。

細心的消費者會從蘋果產品的用色上發現這樣一個細節：蘋果公司從來不喜歡亂用顏色，賈伯斯的配色方案只有兩種，一種是五彩斑斕到極致，另一種就是黑、白、灰三個色調。

與新力、三星這樣的廠商相比，蘋果電腦的產品種類並不算多，從90年代末期到2000年初，蘋果電腦最多只有6條產品線。即使是在最輝煌的時代，賈伯斯也只為蘋果增加了*iPhone*、*Apple TV*和一些*iPod*配件商品。而新力光隨身聽就有600多種規格。

令人驚奇的是，蘋果如此少的產品設計卻更受大眾的歡迎。過去幾年裡，被成為工業設計領域的奧斯卡獎的美國工業設計協會年度評選上，蘋果獲得的獎項比其他任何企業得的都多。

正如賈伯斯所說，設計是個很有趣的單詞，有些人認為設計指的是外觀。但如果你深究設計這一概念，你會發現它指的其實是某一作品如何運作。蘋果*Mac*電腦的設計並不只是針對它的外觀，而是注重與如何讓電腦系統更便捷的操作。只有讓複雜的系統簡單的表現出來，才能達到完美的用戶體驗，才能設計出最酷的電腦。

賈伯斯曾說：「為了設計出一個出色的作品，你首先需要讀懂你作品的含義及其工作原理，這的確要激情才能使你耐著性子慢慢領略其中的含義。這一點，是很多人沒能做到的。」

賈伯斯把對科技與生俱來的理解力與對消費需求自然的感知力融合到一起，他堅信設計應當是產品的核心，也堅信簡約的設計會帶來電子產品設計的變革。這些理念不僅引導了蘋果的商業成功，還從整體上

提升了設計的品味。正如蘋果董事會在一份聲明中所說：「史蒂夫的才華、激情和精力是無盡創新的來源，豐富和改善了我們的生活。世界因賈伯斯而無限美好。」

在科技和發明中強烈地融入藝術和感知的賈伯斯，怎樣賦予一個電子產品獨特而深刻的簡約文化烙印，讓他本人和蘋果的魅力征服了整個世界。

*3.*系統的秘訣是沒有系統

「*Less is more*！」是德國包豪斯學校的第三任校長凡德羅提出來的，他認為應該在滿足功能的基礎上做到最大程度的簡潔，才能顯得簡單而又品味。

賈伯斯將這種「少即是多」的概念完美的應用到蘋果產品中。在賈伯斯看來，蘋果的設計過程中最重要的環節之一，也就是「簡化」。他曾對《紐約時報》說：「蘋果的核心優勢就是知道如何讓複雜的高科技被普通大眾所理解，隨著科技日趨複雜，這一點就變得越來越重要。」

簡潔至極的設計風格並不是目的，它只是蘋果產品的外在體現，而這些外在體現的內核就是以使用者為導向。

曾經擔任蘋果CEO的斯庫利說：「賈伯斯不僅關注把什麼東西加進來，也重視把什麼東西丟出去。他與眾不同的方法論就是，他總是相信

最重要的決定：並不是你要做什麼，而是你不做什麼。」

許多使用者在消費電子產品時，都抱著多功能等於高價值的理念。工程師們不得不在新版本中添加新的功能，由此來提升廣大用戶的希望。但是這樣的「改進」卻使得產品功能越來越複雜，甚至超出了產品限制區域內的負荷。

賈伯斯意識到，如果蘋果按照這樣的方式去設計產品必然會葬送蘋果的命運。因此，追求簡單極致的產品成為設計師的基本原則，正如他曾經對媒體說「蘋果的秘訣就是沒有秘訣，系統的秘訣就是沒有系統。」如此簡單哲理的一句話再次引發了簡約時尚的浪潮。

《*Macworld*》雜誌曾這樣敘述蘋果的設計師和工程師：「**從一個很小、很簡單、極端深思熟慮的產品出發，毫不留情地砍掉各種功能，只留下最最簡約的核心。然後，將餘下的功能打磨至光可鑑人……他們不是魔術師，他們是藝匠，他們一年只出一件令人嘆為觀止的藝術作品。**」

在此之後，「藝匠」這個詞成為蘋果設計師和工程師們的代名詞，恰如其分的展現出他們純粹而高貴的工作狀態。經過他們雙手打造出來的每一件蘋果產品，都是簡單而富有內涵的藝術品。

也許，在這個世界上，可能再也沒有哪一家電腦公司的產品種類比蘋果公司的種類少，也再沒有哪家公司的電子產品像蘋果那樣簡單。像新力公司具有豐富的產品設計，戴爾公司每年會產出70多種電腦基本配置，但是蘋果的電腦產品幾乎一模一樣，*Macbook*總共就3到4種配置，*iMac*只有4種配置。

賈伯斯對此有自己的看法，他認為產品越多的時候，用戶的購買

程度反而降低，如此少的蘋果產品可以把每一款都做到極致。任何一款蘋果產品的每個細節上都很完美，無論是作業系統的介面、佈局，到Macbook沒有一顆螺絲的設計，都是很少有公司可以做到的。

《小王子》的作者安東尼曾說：「一位設計師檢查自己的設計是否已臻完美的方法不應當是去考慮還有沒有可以添加的元素，而是應該思考還有沒有可以拿掉的東西。」用戶追求簡約，你就必須拿掉一切影響用戶體驗的東西，不管它是產品設計，網站導航，行銷廣告還是幻燈片演示等，只有去除這些之後留下的才是真正精華的東西。正如賈伯斯用他那嘶啞的聲音所說：「必須處理掉那些阻擋你前進的『垃圾』！」

無疑，實踐蘋果這一系列的改革需要莫大的勇氣。賈伯斯讓他用那只被咬掉一口的蘋果去闡述自己對人生財富的欲望，讓他去展示自己創新顛覆的能力。

4. 用簡單的方式達到結果的改善

一根木棍子，橫著放，便成了「一」。但是在書法家的眼中，這個「一」字奧妙無窮，只此一筆，起、承、轉、接的筆法盡在其內；只此一筆，書法家的喜、怒、哀、樂，皆在其中。

這個簡單的「一」或許就連貫整篇書法的氣勢，體現通篇文章的風格。因此著名的書法家李苦禪才由衷感嘆：「一」字最難寫。

因為簡單的一個「一」本身就是一種美，是人生中的一種境界。能夠用簡單的方式去達到最完美的結果才是真正的成功。但是在生活中，很多人都不能走出複雜的淤泥，不能簡單處世。冗長繁複成為人們獲取成功的最大阻礙。

成為耐吉CEO後的馬克對公司繁雜的事物也是毫無頭緒。他給賈伯斯打了一個電話，詢問賈伯斯說：「能給我什麼好的建議嗎？」賈伯斯回答到：「有，就一個。耐吉生產世界上最好的鞋子，但是也生產很多垃圾，我的建議是處理掉那些『垃圾』，得到你們最好的結果。」

賈伯斯說完之後，電話裡就安靜了下來，顯然賈伯斯是認真對待這個問題的。事後馬克說到：「賈伯斯說得很對，我們需要重新整合，就用這個簡單的手段。」

在電腦和消費電子融合的大潮中，賈伯斯成功地把自己的野心擴展到電腦之外的領域，使蘋果公司成為消費電子、音樂領域的黑馬。2005年1月，賈伯斯宣佈，在截至耶誕節的第一財報，蘋果公司創下了成立20年來同期營業收入和利潤的最高紀錄。蘋果公司在這一季度共賣出460萬台iPod，營業額激增了74%，達到35億美元。

蘋果取得如此成績的關鍵因素，並不是所謂的市場占有率，而是採取精品戰略，用蘋果公司並不豐富的產品，透過精品戰略使每個產品都能做到擲地有聲，一推向市場就成為該領域技術的代表。就好比一個iPhone，蘋果公司不斷深入拓展自己的技術內涵和人文內涵，成為手機業的領軍者。想要獲得成功，這就是最簡單最便捷的方法。

多年前，美國華盛頓的傑弗遜紀念堂前的石頭腐蝕得很厲害，使得維護人員大傷腦筋，而且也引起了遊客們的抱怨。按一般人的思路，最

簡單的做法就是更換石頭，但這樣做需要花費一大筆錢。

這時有管理人員開始不斷思考：

石頭為什麼會腐蝕？原因是維護人員過於頻繁地清潔石頭。為什麼需要這樣頻繁地清潔石頭？因為那些經常光臨紀念堂的鴿子們留下了太多的糞便。為什麼有這麼多的鴿子來這裡？因為這裡有大量的蜘蛛可供它們覓食。為什麼這裡會有這麼多的蜘蛛？因為蜘蛛是被大量的飛蛾吸引過來的。那麼，為什麼這裡會有大量的飛蛾？原來，大群飛蛾是黃昏時被紀念堂的燈光吸引過來的。經過不斷地發問、不斷的解答，真正的原因被找到了。

之後，管理人員推遲了開燈的時間。這樣一來，沒有了燈光，飛蛾就不會再來；沒有了飛蛾，就沒有蜘蛛；沒有了蜘蛛，就沒有鴿子；沒有了鴿子，就沒有了糞便；沒有糞便，石頭就不用頻繁地清洗，自然也不會繼續腐蝕下去。

一個小小的舉措，不但解決了問題，還節省了一大筆開支。**在工作中，多問幾個為什麼，多思索，尋根問源，首先把問題的性質根源界定好了才不會被事物的現象牽著鼻子走，才能一針見血地解決好問題。**

當年賈伯斯設計的 *Apple* I 只是一塊電路板，甚至沒有主機殼、電源、顯示器和鍵盤。但是到了 *Apple* II，這一切都有了翻天覆地的改變。賈伯斯說：*Apple* II 真正變成了一台電腦成品，而不再是簡單部件的組合。*Apple* II 是完整裝配的，有自己的主機殼、鍵盤，買回來後，你坐下來就能使用。*Apple* II 之所以能夠獲得設計上的飛躍，最簡單的原因就是源於賈伯斯對完美用戶體驗的執著追求。他認為要把麻煩都留在自己手中，而獻給客戶的就必須是最簡單明瞭的東西。

　　管理學家德魯克說過：解決問題之前一定要先界定問題，把問題簡單化、明確化、重要化，問題就解決了一半。賈伯斯很好的運用了這一方法，在運作一項大事時，並不急於投入到繁忙的工作之中去，而是先界定問題。找到問題根源，才不會繼續在錯誤的方向上一路狂奔，才能更有效地解決問題，最終獲得完美的結果。

第七章 把蘋果當作藝術品來做

美，看不見的競爭力

1. 夢想家創造藝術，藝術家實現夢想

藝術家是公眾給賈伯斯以及蘋果安加的頭衛。

夢想家是賈伯斯的朋友對賈伯斯的評價。

人們都說，賈伯斯是一個商業界的魔鬼，他也是一個設計家，一個具有完美主義特質的藝術家。賈伯斯是一個浪漫的夢想家，同時他也是一個凌厲的實踐者。把夢想融入藝術，用藝術表達夢想，這是賈伯斯的特質。

賈伯斯是把藝術與科學完美的結合在一起的修辭家。就像賈伯斯在

1983年對一位朋友說：「如果你把電腦設計師看成藝術家，他們肯定更願意將自己歸為可以批量生產的藝術形式，就像唱片，或者像是印刷品，而不是傳統的美術作品。他們希望透過自己的媒介向眾人表達他們自己的想法，而他們的媒介就是科技和製造。」

就像美是藝術的代名詞，蘋果是賈伯斯最好的代言。光滑的流線、整齊的電源板都在向消費者默默的訴說著：蘋果不僅是賈伯斯的夢想，也是每一個消費者的夢想。

蘋果的競爭力不在於它是不是能夠擠壓群雄，不在於它是不是採用了最先進的技術和設備，而在於蘋果的獨特性：品牌情感。情感是連接著藝術與科技一個媒介。在iPhone OS 4.0 作業系統發佈會上，賈伯斯用「情感」一詞來描述蘋果即將推出的移動設備廣告系統iAd。

「網頁上的互動廣告我們都很熟悉。它們有互動性，但它們沒有辦法傳達情感。這就是為什麼廣告主的錢大部分還是流向了電視業，因為電視廣告讓他們得以傳達情感。」品牌感情是蘋果與消費者最好的交流元素。這也是賈伯斯給所有擁有夢想的消費者最好的回答。

著名博客Daring Fireball的主人約翰格魯伯（John Gruber）為五月號的《Macworld》雜誌寫的文章裡對此有很深切的敘述：「（蘋果的設計師與工程師）從一個很小、很簡單、極端深思熟慮的產品出發，毫不留情地砍掉各種功能，只留下最最簡約的核心。然後，將餘下的功能打磨至光可鑑人……他們不是魔術師，他們是藝匠，一年只出一件令人驚嘆的成果。」

設備原本是冰冷無情的，可是賈伯斯打破了「冷機器」的這一概念。蘋果在他的手中，有了溫暖，也有了暖人的力量。這就是夢想和藝

術的力量。

2. 將文化帶入自己的產品

2001年，*iPod*改變了蘋果和整個音樂產業。

2007年，*iPhone*的橫空出世顛覆了整個資訊產業。

2010年，*ipad*一出世在平板電腦中占據了統治地位。

蘋果迅速占領了科技市場，也迅速融入了人們的文化空間。「文化行銷」成為蘋果的代名詞。一個人接受這個產品，同時接受的還是這個產品文化，將這個文化帶入他的價值觀和生活方式，這也是商業行銷中的一種文化攻破。這樣一個產品在消費者心理的地位才是堅不可摧的。

資源有一天總會枯竭，但是文化是經久不息的。將文化帶入產品之中是蘋果行銷的一種方式。把自己的產品和服務賦予文化內涵式蘋果的理念。蘋果帶來的不僅是一場科技的革命也是一次文化變革。

蘋果把經典的藝術美分解成體驗的因素。不論是平板電腦還是手機，它帶給人的視覺的溫馨和聽覺的隨心所欲，讓消費者有了一種「優雅」的感覺體驗。這也是消費者在忙碌的生活中最渴求最嚮往的，這也是蘋果的高貴和純粹之處。將產品需求轉化為一種產品體驗，將產品體驗轉為成一種技術和美的服務。蘋果將它獨特的文化傳遞給消費者，也影響這消費者。

賈伯斯始終宣導著一種新的體驗方式，他稱之為「*think different*（另類思考）」。這種另類就是文化衝擊。

產品的消費原本是理性的科技消費，賈伯斯透過文化想人們傳遞著一種感性的消費訊號，這種訊號是文化的互動體驗。好的行銷就是文化行銷，好的產品是一種文化內涵的創新創造。這就是賈伯斯的「*different*」。

猶如消費者每天都在傾聽他們手中的蘋果一樣，蘋果也在傾聽者他們的消費者。蘋果的隱藏在消費者身後的傾聽，也引導著消費者用一種全新的思考方式面對多種多樣的產品。

賈伯斯宣導讓產品走進消費者，將文化融入到消費者的生活中，緊密的親密無間，緊密的消費者還沒用意識到自己真正需要什麼之前，蘋果已經將文化嵌入消費者的思維中。

賈伯斯不僅提出將文化帶入自己的產品，還不斷的創新文化、創造文化。「我們的工作不應只是在創造一種產品，而是應該創造一種文化。讓我們工作結果的享用者們能透過體驗這種文化而獲得心靈的感動，從而認可我們的工作，讓我們的工作價值提升。」正是這種文化創新撞擊了人們的視覺和聽覺，帶給人震撼才能給人耳目一新的感覺。

一、二、三、四，告訴我你更愛我了

漫漫長夜無法入睡，不禁感嘆我的青春是為了什麼

哦！少年時的希望

到你的門口，離開你什麼也沒帶走

但是他們想得到更多。

你變心了，你知道你是誰

是甜蜜的還是苦澀的，現在我無法分辨，

舒適寒冷，不要本末倒置了。

那些青少年的希望，他們的眼眶裡溢滿了淚水。

很害怕不敢坦白承認一個小小的謊言！

這是蘋果公司 *iPod* 著名廣告歌曲「一、二、三、四」。蘋果的鮮明記憶隨著它搶眼的白河觸目驚心的黑讓消費者眼前一亮。在顏色鮮豔的背景裡，*iPod* 獨特的白色耳機線，隨著 *iPod* 的音樂節奏舞蹈。賈伯斯用他的電腦將技術的靈感注入我們的大腦。

評論家認為蘋果產品表現出了一種全新的文化觀念，也表達了創造一種新的生活方式信心。而正是這種文化上帶給人的震撼，使蘋果給人留下了非常深刻的印象，大大提升了其銷售業績。

把產品賦予一種文化內涵，將產品成為一種特定的文化傳播方式。這種強大的文化號召力是產品進入文化市場最大的籌碼。文化是產品與消費者之間的連接線，它把越來越多的客戶群體整合起來，形成了一種文化生態圈。蘋果正是這種文化載體，把產品與服務更好的結合起來，然後更有力的推動產品的發展。

*3.*美，看不見的競爭力

　　美學家蔣勳曾說：無論是生活美學還是企業的創意美學，都會激發無窮的競爭力。美，是人們看不見的一種競爭力。

　　《天下》雜誌也給美下了一個有趣的定義，說：美是看不見的競爭力。如果是牆上的一張畫，它其實是看得見的；如果是音樂會裡的音樂，它其實是可以聽到的，是可以感覺到的。現在談美，其實不一定是要跟藝術結合在一起，而常常是跟另外一種東西結合在一起，就是創造。

　　美是和創造有關的。這是賈伯斯留給人們的一個新的美學理念。

　　正如賈伯斯一直堅守專注作為成功法則一樣，簡潔是蘋果的一個美學特點。當然，蘋果的簡潔不是為了們組消費者審美的需要，不是為了節省產品原料，蘋果的簡潔是是為了讓產品更有設計感覺。細心的消費者可以發現，除了設計簡潔之外，顏色也是單一的黑色、白色和灰色。這種單一顏色更能衝擊消費者的視覺。在蘋果的美學法則中，如果一個功能可有可無，它就會消失。這就是蘋果簡潔的最好體現。

　　蘋果的美學理念還體現在品質帶來的美感。蘋果的東西看起來很舒服，這種感覺是如何形成的？蘋果的產品摸起來很細膩，這種觸覺是如何體現的？

蔣勳說，人有聽覺、視覺、味覺、嗅覺、觸覺，其中觸覺其實是人的感覺中最難以忘懷的記憶。賈伯斯就開發出了人類最私密的觸覺感——touch。touch已經在改變我們的生活，一個科技產品竟然帶給了人類指尖最細微的感受。蘋果產品的選材、設備圓角的弧度，邊緣的手感，無不寫著一個字：「美」。正是這種美感的體驗讓蘋果變得與眾不同。

賈伯斯的創造美學還體現在蘋果為用戶設計和創造最好的環境以及方式。蘋果的大部分設備都沒有詳細的說明書，使用者不需要學習就可以直接使用蘋果機。任何一個剛剛接觸iPad、iPhone的用戶，都能憑著自己的直覺無障礙地使用蘋果產品。

精益求精是蘋果的一貫準則，主打產品的每一代產品都有著革命性的突破，如iPod的觸控式螢幕，Air的厚度等。這些產品的更新和創造是蘋果產品創造力的體現，也是蘋果在精緻中打造完美的一種完美理念。

4.購買一種快樂的人生體驗

他們是專家，是天才，是創新人員。

他們是諮詢師，是服務人員，是私人導購。

他們沒有收款員，沒有售貨員。

賈伯斯在2007年接受《財富》雜誌採訪的時候說。「顧客是否瞭解

這一切並不重要。他們的感受說明了一切。他們能感到這地方和別處不一樣。」蘋果零售店，也在特立獨行地存在著。

2001年，蘋果第一家零售店在弗吉尼亞州McLean的TysonsCorner購物中心開業。不到五年，蘋果的年營業額達到了10億美元。這個數字上升的神奇速度讓其他的零售商望塵莫及。甚至有零售諮詢師惡言相向，也有零售師預言蘋果零售店「不出兩年，就會付出慘痛代價」。然而，蘋果依然堅挺的屹立著，它並不因這些人的中傷而停止前進的腳步。到如今，蘋果在全世界已經開了近300家零售店，每個季度都會有超過10億美元的銷售額。

人們很難想像沒有，沒有銷售人員和收款員的店面會是一個什麼樣的銷售店。正如蘋果零售業務高級副總裁羅恩詹森所說：「我們在頭腦中想像著蘋果的模式時，我們說它一定要像蘋果一樣，讓人放鬆，為生活添彩。讓生活充滿色彩正是蘋果三十多年來一直在不斷努力的。」蘋果不是為了開店而開店，他們是為消費者提供購買快樂的人生體驗。

賈伯斯和他的搭檔詹森將蘋果零售店的理念定位在「為生活增添風采」上，蘋果拋棄了傳統的銷售理念，建立了一個能夠提供解決方案的精品店，這對賣電腦來說是一種全新的顛覆和創新。

「一間能為生活增添風采的商店應該是什麼樣的？」答案一定是：獨此一份，與眾不同。

——店鋪設計要簡潔大方。

——讓店鋪的選擇更貼近人們的選擇。

——允許顧客使用產品。

——提供周到的服務。

蘋果零售店中，購物變得輕鬆愉快。你不會看到長龍的交款隊伍，不會看到喋喋不休的推銷人員，因為這裡沒有收銀員也沒有銷售員。這裡讓顧客處處感受主人般的體驗，而不是處處擺滿產品，這裡所有的產品都能上網，顧客可以隨心所欲的進行飆網，用*iPad*看電子書，在*iPodTouch*上玩遊戲，或在*iPodNano*上聽歌。這裡有人能夠交用戶他們想學習的任何軟體，顧客可以在*Pages*上寫文檔，在*Keynote*上做演示文稿，在*iPhoto*中整理照片，或在*Garageband*上學習使用樂器。

購買和擁有蘋果機將帶給你愉快的體驗，這是賈伯斯給消費者最好的回答。賈伯斯說：「**擁有個人電腦早已不是目的，現在人們更希望瞭解可以用它來幹什麼，這正是我們要給他們展現的。**」蘋果零售店展示給人們的不是產品，而是一種新的人生體驗。

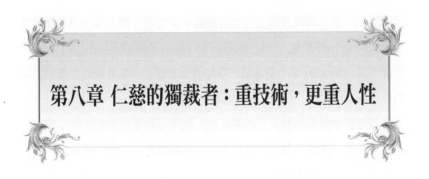

第八章 仁慈的獨裁者：重技術，更重人性

當「海盜」勝過加入正規海軍。讓我們一起幹「海盜」吧！

1. 要嘛cool，要嘛shit

在電影《角鬥士》中有一句經典的臺詞：羅馬跳動的心不是議會的大理石柱，而是圓形競技場的黃沙。

對蘋果而言，賈伯斯就是在競技場上的「角鬥士」，他是建立在集體智慧上的一位具有敏銳判斷力的獨裁者。賈伯斯認為團隊中必須民主，但做決定的時候必須獨裁。對於他的「海盜」們和蘋果產品來說，要嘛*cool*，要嘛*shit*；要嘛天才，要嘛笨蛋。

在一次蘋果媒體會議上，賈伯斯當場將一部*Newton*掌上型電腦丟進

了垃圾箱，並且宣佈其退出歷史的舞臺。現場有一個人無奈而憤怒地將自己的*Newton*摔在地上，並用腳踩碎，而另一個中年男人則哭了起來。隨後不久，*Newton*掌上型電腦的愛好者舉著標語、拿著喇叭在蘋果公司的停車場進行抗議，引發了一場騷亂。

賈伯斯對世界的評判是極端化的，他用極致完美主義來確保蘋果產品人見人愛。因而，蘋果一直致力於生產藝術品，而非一般意義上的科技產品。給團隊擰緊發條，讓「海盜」們保持「*cool*」的極致工作狀態，是賈伯斯賦予自己的責任。

賈伯斯當初對*Mac*電腦開機啟動太慢不滿時，對設計師們大吼，「你知道多少人要買我們的產品嗎？想像一下，如果你讓啟動速度提高5秒，每天5秒乘以*100*萬，那就是*50*人一輩子的時間，你就能拯救50條生命！」

人們稱賈伯斯是「地獄來的老闆」。在一次訪談中她說，「我的工作不是對人表現得和藹可親。我的工作是把手下這些牛人召集起來然後督促他們，讓他們做得好上加好。」為了鞭策自己成為更好的蘋果人，善變是必須要忍受的一道關卡。他對自己的「海盜團隊」要求很高，同時也無法忍受不夠聰明的員工。

也許你一定會納悶，既然如此，為何還有那麼多菁英願意和他共事？賈伯斯的回答是：因為他們在其他任何地方都做不了自己在蘋果可以做的事情。因此，他能夠迫使一個又一個的菁英為他工作，有時還要求別人完全聽從他的指揮。

賈伯斯對大型組織絕無好感。他認為那些組織充滿官僚主義，工作的效率極為低下。他將自己不喜歡的組織稱為「*bozos*（意指笨蛋）」。

對於自己的研發團隊，賈伯斯有一個原則，那就是：Mac團隊絕不會超過100人。因此，如果要增加新成員，就意味著有人要退出，這是典型的賈伯斯作風。

他曾說，「我無法記住超過100人以外的員工的名字，我只想與自己認得的人共事。所以如果超過了100人，它將變成不同的組織形式，我就無法工作。我喜歡的工作方式是我可以關照到方方面面。」這些出人意料的想法和原則使得他能夠統籌自己所有的「海盜」，成為最酷的團隊，一起做最棒的產品。

他常常公開嘲弄蘋果的競爭對手，說他們平庸、邪惡、沒有品味，極端的思維方式往往將賈伯斯推至風暴的兩極。有可能前一刻他還在嘲笑你的點子爛得出奇，下一秒就會將其奉若至寶，讓人完全摸不著路數。

賈伯斯是個自我為中心並且有著強烈控制欲的「神鬼戰士」。

當失敗把他打倒時，他會變得謙卑而富有人性；而當獲得成功時，他會立刻喚起他性格中的另一面；當他一旦進入事業高峰時，他又恢復自己獨裁暴君的面目。

賈伯斯粗暴專制、將大多數人視為笨蛋的菁英主義，並沒阻擋他獲得成功，也不影響他成為光彩照人的明星和英雄。因為他將原來運作不良的大公司變成了一艘緊湊、紀律嚴明的艦艇，將產品設計得簡潔而易於操作使用。

賈伯斯知道自己想要什麼，知道怎樣發現人才，知道怎麼組建團隊。他永遠追求完美，拒絕平庸。即使上帝帶走了他的生命，也完全不能抹去那些「酷玩意兒」對人們的影響。

2.深度理解「人性」，而非技術

　　同樣是一台電腦，*Mac*擱在桌上是一件養眼的家居擺設，開起來是一個圖形工作站；同樣是一個*MP3*，*iPod*無論大小皆似飾品，音質更是一流；同樣是一部手機，*iPhone*不僅能用來打電話，還是一位隨身秘書和玩伴；同樣是一支平板電腦，*iPad*接近一件藝術品，用起來自然、順暢，工作、娛樂通吃。

　　究其原因，不難發現賈伯斯在經營蘋果公司時，不僅注重技術的研發，更專注於人性化的設計。當年賈伯斯在介紹第一款*Mac*系統時，引用了著名音樂人鮑勃·狄倫的言論，在他看來蘋果的定位正處在「人文科學和自然科學技術的交叉點。」蘋果公司要設計出來的一定是極具人性化，讓人愛不釋手的產品。

　　許多年來，蘋果團隊一直參照一本員工手冊，也就是被封為蘋果聖經的《人性化介面手冊》。在《人性化介面手冊》中規定了在哪裡放置功能表，功能表中包含什麼樣的指令，怎樣設計對話方塊等等。這些標準指導是旨在讓蘋果的軟體都能保持始終如一的使用體驗。

　　賈伯斯把他的座標定在了人性，定在了性價比，定在了改善消費者的福利層次，也定在了改善人們的生活品質方面。

　　在做*iPod*時，他意識到人們需要的不僅是一款超酷的播放機，更

需要的是內容，因此，他讓整個音樂產業鏈加入進來一起研發。到了iPhone時期，他又做出了App Store，讓軟體發展者們可以借助iPhone獲得不菲的收入，同時也讓使用者獲得更加完善的軟體支援。

在同行產業中，最瞭解賈伯斯的當數比爾·蓋茲，這個持續了30年的強勢競爭對手。蓋茲新近這樣評價賈伯斯：「蘋果公司一直致力於生產消費者想用的產品。」

賈伯斯本人不是頂尖技術天才，他擅長的是對人性化的感知和理解，以及他對商業判斷力和對商業模式的敏銳感觸力。

賈伯斯對生產商聚在一起建立什麼標準和平臺，具有一種天然的抵觸情緒。他的生命就是圍繞著品味和粗俗鬥爭，圍繞個性和標準化鬥爭。他知道消費者不購買平臺，不購買標準，也不購買戰略，只購買自己所醉心的產品。

消費者對蘋果產品狂熱的忠誠令人驚嘆，你看到過還有別的科技公司的商標被貼在保險杠上嗎？很多蘋果的消費者認為他們是一個團體的一份子，而賈伯斯就是這個團體的幫主。蘋果系列產品的設計完全依據這個幫主的喜好並迎合他對高品質苛刻的要求，他最偉大的貢獻就是將激情的火花同電腦技術相融合，將產品變得更加人性化。過去十年裡科技創新的重心正在向消費型電子產品轉移，而賈伯斯很好地順應了歷史的潮流。

毫無疑問，賈伯斯給了蘋果第二次生命。

3. 我的人生「狠」字開頭

*1985年5月28日*這一天是讓賈伯斯永遠銘記的日子，因為蘋果公司高層斯庫利打電話給賈伯斯，告訴他一切都結束了，蘋果公司董事會決定剝奪賈伯斯在蘋果公司的所有經營角色，進行組織調整。賈伯斯被告知他有兩個選擇：一是充滿仇恨地離開，二是超脫一切並忍住人們對他的中傷。

賈伯斯並沒有馬上離開蘋果，因為他不想離開自己創立的公司，想著事情還有挽回的餘地。在這段時間裡，賈伯斯說過這樣的話：

「我不是個以權力為導向的人，我非常關心蘋果公司。我成年以後生活的大部分時間都投入到製造偉大的產品和建立一家偉大的公司中了。所以我將盡我所能促進蘋果公司的成長。如果那意味著我需要去打掃樓梯，我就會去打掃樓梯。如果那意味著清潔馬桶，我也會去清潔馬桶。」

但賈伯斯最終還是被迫離開了蘋果公司，迎來了他的黑暗時刻。

儘管如此，賈伯斯沒有放棄希望，沒有放棄自己相信並堅持的夢想。一段時間後，賈伯斯再次創業，他要用實際的行動向蘋果公司宣告——開除他是一個錯誤的決定。

90年代中期，蘋果公司經營狀況不好，外部資金引入受阻，蘋果公

司看似氣數已盡。阿梅里奧被蘋果公司邀請加入董事會，後出任蘋果公司CE0。阿梅里奧一加入董事會，就接到賈伯斯的來電，賈伯斯當時對阿梅里奧說：「蘋果公司需要一名新的執行長，只有一個人能夠重振蘋果團隊，只有一個人能夠整頓這家公司，那就是我。」

由於當時蘋果公司形勢嚴峻，雖然賈伯斯雖然沒能說服阿梅里奧，但他的霸氣影響了阿梅里奧，為他以後重返蘋果公司埋下了伏筆。後來，阿梅里奧在1998年出版的《我在蘋果的500個日子》一書中說：「賈伯斯和我非常不同——他就是有辦法讓別人對他著迷。」

事實就是如此，賈伯斯的人生帶著「狠」字開頭，以強大的信仰和「神鬼戰士」的氣質讓無數人為他迷醉。而這種「狠」已經變成一種信仰和價值觀，甚至溶解進蘋果公司的空氣裡，變成一種奇妙的地心引力。即便是一款小的音樂播放機iPod，在賈伯斯眼裡，也是「以微小方式改變世界」的工具。因此，滲透到賈伯斯內心的「狠」就成為他改變蘋果的決心與使命的強大驅動力。

1996年底，蘋果買下NeXT。數月後，賈伯斯重返蘋果，擔任代理CEO，隨後，進實驗室，餓了，吃點速食；睏了，隨便靠在哪兒打個盹。別人勸他回去休息，他只是搖一搖頭。他可以連續幾天都工作20個小時以上，或許很多人並不贊同賈伯斯的工作方式，但是這卻成為他激勵團隊的重要法寶。

經過長達四年的摸索，在技術人員的支持與配合下，終於生產出了合格的產品。蘋果在賈伯斯的心中如同一個孩子，他描述自己返回蘋果時的情景說，「我始終對蘋果一往情深，能再次為蘋果的未來設計藍圖，我感到莫大榮幸。」

其實，在賈伯斯重返蘋果公司之前，蘋果公司的工作環境以安逸著稱。員工上班晚，下班早，每天在院子裡閒逛，玩遊戲。當賈伯斯回歸蘋果後，立即制定了嚴格的規章制度，讓蘋果重新產生緊迫感。在公司內部，賈伯斯加快腳步推進改革。他一如既往地秉持其出名的且近乎變態的完美主義精神，一刻也不放鬆地鞭策著所有員工與經理人。

在獲得了公司營業狀況的所有相關資訊、正在進行的研發計畫以及所有相關主管人員的資料之後，賈伯斯開始對所有人施加壓力。他知道公司裡每個人所負責的工作，有任何問題，他往往直接與經手人對談，而跳過其相關主管，有不少員工抱怨過賈伯斯的這種偏執行為，有些人甚至決定不再接聽電話，因為賈伯斯的來電實在太過頻繁。賈伯斯在試過撥打辦公電話、家庭電話、手機都沒法聯繫到一位經理人時，他就會親自到該經理人的家裡去走一趟。

無論是對下屬還是對合作夥伴，只要他們沒能按時完成任務，賈伯斯都從不留情。他曾痛斥他下屬，並非因為他們任務完成的不完美，而是因為還不夠完美。除非讓賈伯斯賞心悅目，否則，沒有什麼細節可以小到可以讓賈伯斯忽略。賈伯斯接受採訪時說過：「我的工作不是做和事佬。我的工作是領導我們這些出色的人才，不斷予以鞭策，並且讓他們做得更好。」

賈伯斯骨子裡有一種絕不妥協的狠勁，正是這種「狠」鑄就了他改變娛樂、電腦、移動工業的信念。即使在天才雲集的矽谷，賈伯斯都顯得與眾不同。經過磨練後的賈伯斯，已成為屹立不倒的美國式英雄。而賈伯斯展現出來的個人魅力和影響力已大大超過了蘋果品牌本身。

正如蘋果公司的前高管佩里所說，也許，在這個充滿了限制的時代

中，賈伯斯是最後一位偉大的暴君。人們之所以哀悼過世的賈伯斯，是因為他有這個時代人所缺乏的那種激情和狠勁，還有他對生命的執著，也只有他才是那種不被金錢和股票拽著走的人。

4. 永遠招募比自己優秀的人

自從蘋果電腦誕生，賈伯斯開始登上電子產業的巨大舞臺，越來越成為一個商業故事的主角時，很多東西似乎就被篡改了，而這一切要從沃茲尼克開始。

有不少人說，在蘋果創立之時，賈伯斯並沒有多大的能耐，他的創業夥伴沃茲尼克，這位天才的電子和電腦設計師才是蘋果電腦誕生的真正功臣。

沃茲尼克是一個電腦神童，孩提時代就喜歡擺弄電腦，他在自己的自傳裡說，「事實上，我6歲時就完成了第一件傑作——一部半導體收音機。」當然，最讓沃茲尼克榮耀的還是與賈伯斯一起創辦蘋果電腦，發明蘋果I型和II型，帶動全球個人電腦普及和應用，並迫使IBM PC於1981年面世。由他引發的電腦的革新至今仍然在改變著世界。

一些對賈伯斯有偏激看法的人認為，賈伯斯賺取了沃茲尼克的發明成果，他是一生都在賺取別人功勞的人。從商業的角度，沃茲尼克的確偉大，他是蘋果之父，但是改變這個世界不僅需要工程師，更需要偉大

的領航者。

事實上，**賈伯斯之所以能賺取別人的功勞，是因為他善於與比自己優秀的人交往，總能籠絡到優秀的人才為他效力**，並且他具有獨特的人才選拔方式。賈伯斯從來沒有學過管理，在實際的工作中，他不會採用人力資源管理的方式選拔人才，而是憑藉自己的感覺認定員工的優秀程度。比如，他會帶著應聘者去玩電子遊戲，在賈伯斯看來玩得好電子遊戲的人一定是優秀的。

1982年，在為Mac的設計選拔人才時，他一般只問應聘者兩個問題：一是你吸過多少次毒品，二是你什麼時候失去童貞的。賈伯斯並不在乎應聘者會給他什麼樣的答案，他在乎對方是對方如何思考這些問題，以及他們在思考這些問題時的態度。

賈伯斯一直努力尋找某一特定領域的最優人才，並使他們成為公司員工。重返蘋果後，賈伯斯組建了一支高管團隊。他們不僅非常擅長自己專注的領域，而且對賈伯斯極其忠誠。

2008年，賈伯斯在接受採訪時說：「如果你的下屬中有真正優秀的人才，那麼必須讓他們掌管一部分業務。但是這並不意味著作為總裁的我什麼事情都不管。把駕馭權分給自己的下屬，同時希望他們作出明智的甚至是比領導者本身還要高明的決策。而要做到這一點，就得讓他們瞭解每件事，不僅僅是他們管轄下的業務，而且還要包括整個公司的方方面面。」

賈伯斯放權給下屬，但同時在後期流程上又控制很嚴。蘋果公司每週一有一個全會，會上賈伯斯會檢查公司的所有業務，流覽上一週出售的產品，審查每一件出現異常的產品和業務。蘋果的週一例會是馬拉松

式的，是賈伯斯和高管們溝通的一個方式，也是一種放權以及放權之後的監督方式。

正如賈伯斯領導的*Mac*電腦小組的成員，背景十分多元化，小組的每個成員與其說是工程師，不如說是藝術家。這群與眾不同的人，把科技變得更有藝術性，創造著與眾不同的奇蹟。賈伯斯非常喜歡他的團隊，他說他們每一位都極其出色，他們對於生命有著一致的看法。*Mac*電腦程式設計師安迪曾說：「我們喜歡*Mac*，它是那麼的與眾不同，而且也喜歡藝術。所以才會希望*Mac*電腦能夠成為藝術家、作家甚至音樂家的專屬電腦。」

然而，對於那些不合格的人，賈伯斯曾經說：「當你發現有些員工並非最優秀的人才，為了團隊實力的穩定你不得不開除他們，這是一件非常痛苦的事情，但這就是我的工作：開除一些不合格的人，我一直都非常討厭以仁慈的方式做這件事情。」

世界上沒有完人，一個人不可能做到面面俱到，任何人才作用的發揮，都離不開人才群體的整體效能。儘管賈伯斯偏執狂妄，他依然能夠意識到人才不是孤立存在，這正是他能夠建立蘋果帝國的重要因素。

因此，真正優秀的領導者，不僅要看到單個人才的能力和作用，更重要的是，要組織一個結構合理的人才組合體，將不同類型的人才進行合理的搭配，並把他們放在最合適的位置上，相互啟發，相互協作，形成一個整體，透過這樣合理的優勢組合結構來彌補單個人才的不足之處，以求達到人才最佳效能的有效發揮。

5. 賈伯斯世紀的「海盜風」

古希臘哲學家蘇格拉底曾說：「不懂得工作意義的人常視工作為勞役，則其心身亦必多苦痛。」

同樣的工作內容和方式，融入了團隊意識會給人們帶來心態上和精神上的巨大改變，原本單調的工作也會昇華為精緻的服務，才能創造更多的價值。賈伯斯的團隊理念所強調的就是這樣一種理念，用他的話形容就是「海盜文化」。

賈伯斯當年在離蘋果公司100多英里的帕哈樓沙丘城率領Mac電腦小組舉行了一次靜修大會。當時的Mac電腦小組是一個平均年齡28歲的年輕團隊。在大會開始時，賈伯斯在黑板上寫下了：當「海盜」勝過加入正規海軍。讓我們一起幹「海盜」吧！

藉由「海盜」的寓意，賈伯斯向大家灌輸了這樣的理念：你們參與的工作意義非凡。這一激動人心的話讓參加會議的每位成員歡聲雷動，掌聲和歡呼聲響徹整棟大樓，與會成員紛紛站立起來向這位「海盜王」宣誓，他們都想做特立獨行的海盜。

也就是從這時起，「海盜精神」便成為團隊的靈魂，它讓團隊成員們共同努力奮鬥並深信不疑自己正在從事一項意義重大的工作。賈伯斯讓Mac電腦小組形成了一種海盜式的文化，每位成員就是一名海盜，而他

自己就是海盜王。在這個海盜團隊，成員們個個精明幹練，熱情十足，有原則，對工作全力投入。

在幾乎與世隔絕的環境下努力工作，「海盜」們的工作效率遠遠高於其他任何一家電腦公司，甚至令整個電腦產業界為之汗顏。短短兩年時間，*Mac*電腦小組的成員就研發出了當時世界上最出色的電腦。在賈伯斯看來，只有這些不知天高地厚，深受反文化潮流影響的海盜員們，才能開發出了讓業界為之側目的全新電腦產品。

賈伯斯會參與公司每個部門的運作中去，他瞭解公司各個角落。從而使得海盜團隊聯繫更加緊密，賈伯斯以擁有一個好的團隊而驕傲。他曾這樣評價自己的團隊：「**我們是一群特立獨行且不與傳統妥協的人，目標是給眾人的心靈以當頭棒喝——我們要推陳出新，不落俗套。**」

在產品開發過程中，賈伯斯直接參與重大決策的制定。當團隊面對一個問題時，賈伯斯會帶領團隊一起去攻破難題。正如他在給*Mac*電腦小組開會時強調：

「當你開始著手解決一個問題並認為它非常簡單的時候，其實你並沒有真正瞭解到這個問題有多麼複雜。等你真正開始研究這個問題的時候，你就會發現，它其實非常複雜，你會提出很多解決方案。真正了不起的「海盜」將繼續前進，找出問題根本並提出在各個層面都能夠運行的一流的解決方案。」

沒有共同價值觀的團隊必定是鬆散而沒有競爭力的，如同大海中失去航向的船隻。正如賈伯斯說：「你必須明白，如果你想把許多東西搬上山，你自己一個人絕對是幹不了的。」因此，團隊存在的意義就是集合大多數人的智慧來解決問題，應該把尋找一流解決方案作為核心，而

不是尋找那些湊合的想法，白白浪費了眾人的智慧。隊員們中為共同的目標而努力，這樣的團隊才是真有力量。

　　對於賈伯斯的「海盜」們來說，只有認同團隊的價值觀，認為自己是特例獨行的，設計出來的產品才將與眾不同。就像那面在Mac樹立的帶有白色頭骨圖案的海盜骷髏旗幟，表明了「海盜團隊」的獨樹一幟。

第九章 失敗也會成為一種經典

5年前這會是一件讓我困惑的事情，現在我會休息一下，考慮其中所蘊藏的一些智慧。就像亨利·福特在20世紀20年代也會有不如他意的那幾年。

 **「1勝9敗」造就的神話**

巴爾扎克說：「挫折就像一塊石頭，對弱者來說是絆腳石，使你停步不前，對強者來說卻是墊腳石，它會讓你站得更高。」

很多人都相信蘋果是一家懂得如何發明出完美產品的時候，其實是忽視了另一點真相，那就是蘋果始終保持著持續改進的風格。

蘋果發展到現在，都是從一款款失敗的產品中取得經驗，進而一

點點改進，最終研發出日臻完美的產品。而它的每一款成功產品幾乎都奠基於一款失敗產品：因為*Apple* I 的不足才有了*Apple* II、因為*Lisa*、*Macintosh*的作業系統的不足才有了*Mac*和*NeXT*。

賈伯斯曾說：「沒有人會跟著一個經常打敗仗的將軍走，必須帶著大家在追求事業目標中不斷取得成功，持續這種成功是企業凝聚力很重要的基礎。即使只有*1*次成功，有*9*次失敗，也能造就神話。」

*2001*年推出的蘋果第一款音樂播放機*iPod*由於續航能力低，且與*Windows*系統不相容，最關鍵的是，隨機播放音樂*shuffle*這一功能被放置於好幾層功能表之下，造成其綜合實力下降，成為人人避而不及的產品，最終，在諸多情況下的影響下，在*iPod*推出的第一年，只賣出了*10*萬台。

出師不利並沒有讓賈伯斯氣餒，他是一個遇弱則強，遇強更強的狠角色，一次的失利反而更堅定了打開局面的信心。他開發了音樂管理軟體，讓*iPod*能與*Windows*相容，為了讓消費者認識到*iPod*的無線使用價值，賈伯斯還建立了網上音樂商城，這些舉措最終讓這款產品衝破重重阻礙，成為市場上的寵兒。

*2004*年，第四代*iPod*的推出，實現了當年*826*萬部銷量的目標，更為重要的是，它徹底取代了隨聲聽而成為新一代的音樂產品。

有人說：就像真正的有錢人都節約對待每一塊錢一樣，真正有魄力的人都會在意自己的每一次失誤，並且及時從中吸取教訓。

賈伯斯就是一個這樣的人，他既會站在演講臺上向人們高呼：不要被教條所限，不要活在別人的觀念裡，不要讓別人的意見左右自己內心。同時，他又不聽是勸誡人們：不要害怕犯錯誤，不要害怕失敗，只

要能夠及時吸取教訓，再多的失敗也會帶來成功。可以說，蘋果是最敢於自我革命的公司，它從來沒有停留於任何一款單一成功的產品，而是不斷創新不斷進步。

事實上，一個人之所以成功，不是上天賜給的，而是日積月累自我塑造的。幸運、成功永遠只能屬於不怕失敗能夠堅持到底的人。

賈伯斯被逼離開蘋果公司之後，有人在評論中寫道：在被迫離開蘋果公司的歲月裡，賈伯斯從一個純粹的理想主義者，變成了一個戰略上的現實主義者，並保持著自己在技術、設計和行銷方面的完美主義。

在重大的失敗之後賈伯斯改變了。從2006年起，他再一次決定讓蘋果電腦使用英特爾公司的晶片，並開發出在蘋果電腦上應用Windows的軟體。這個曾經年輕氣盛的矽谷金童，在1997年回到蘋果後，一直小心翼翼地擔任著「過渡CEO」的角色，直到2000年後不斷獲取成功，才去掉了「過渡」二字。

人生從來就沒有真正的絕境，不服輸的人才有希望。賈伯斯離去後，全球都在自覺的悼念賈伯斯，不是因為他是政治上的偉人，也不是因為他獲得了諾貝爾獎，而是用他製造出的產品，征服了人們的心。因為他打贏了一場戰勝自我的戰爭。

$2.$重拾從自己身上掉下來的「金子」

賈伯斯是失敗中走出的巨人。

賈伯斯曾在自己的演講中如此評價當初對他打擊最大的一次失敗：

20歲的時候，我就在自家的車庫裡開創了蘋果公司。10年後，公司已經成長為一家擁有4000名員工，市值達到20億美元的大企業。然後，我就被炒了魷魚。一個人怎麼可能被他所創立的公司解雇呢？這麼說吧，隨著蘋果的成長，我們請了一個原本以為很能幹的傢伙和我一起管理這家公司。在頭一年左右，他做得還不錯。但後來，我們對公司未來的前景出現了分歧，於是我們之間出現了矛盾。由於公司的董事會站在他那一邊，所以在我30歲的時候，就被踢出了局。我失去了一直貫穿在我整個成年生活的重心，打擊是毀滅性的。

失業的頭幾個月，我真不知道要做些什麼。我覺得我讓企業界的前輩們失望了，我失去了傳到我手上的指揮棒。我由眾人景仰的企業家變成了一個徹頭徹尾的失敗者，當時我甚至想過逃離矽谷。但事實證明，被蘋果開掉是我這一生收穫的最大財富。成功的沉重被鳳凰涅槃的輕盈所代替，卸下包袱。我以自由之軀進入了生命中最有創意的時期。

自此之後，賈伯斯也經歷過諸多失敗，但是這一次卻讓賈伯斯明白了失敗的真正意義何在。蘋果才是自己的熱愛之源，支撐他不斷奮鬥的動力。雖然被蘋果開除，但是賈伯斯還是一心希望回到蘋果，回到他夢想開始的地方。

「賈伯斯是一個很了不起的人，後來NeXT雖然失敗了，但是和賈伯斯的關係不大。」

說出這句話的就是賈伯斯的追隨者威廉，他是當初賈伯斯招聘進來的，非常有才華的一名工程師。不僅是威廉，在賈伯斯的努力下，NeXT還彙集了眾多的設計人才。

這些人才聚集在一起，碰撞彼此的靈感，然後迸發更為耀眼的火花。

威廉也非常贊同這一點，他說：「NeXT是我們的天堂，在那工作的工程師都是學院派，全部追求高端技術。我們玩的東西都是十年後大眾消費市場才開始流行的技術。賈伯斯真的非常了不起，他成功的從市場上挖掘這樣一批很有激情的工程師，一起追逐那些東西。」

就如威廉所說，NeXT失敗了。但是這段失敗帶給賈伯斯的是收穫大於失去。再也沒有任何阻力能阻止賈伯斯，自然包括不值一提的失敗。

賈伯斯甚至把NeXT當成一塊失敗的試驗田。

為了創新設計，賈伯斯從不吝惜花錢。僅僅為了獲得有名設計師蘭德的設計，賈伯斯就從腰包裡掏出了10萬美元。為了讓自己的工程師們的工作環境優越，激發他們的靈感。賈伯斯更是不惜花下重金佈置辦公室。鋪了漂亮的紅木地板，大廳裡裝上高雅的螺旋樓梯，辦公室的牆上

掛著安塞爾・亞當斯的著名風景攝影，竟然連廚房也用上好的花崗岩⋯⋯

這就是賈伯斯，創新才是第一的，失敗無所謂。

奇虎360公司董事長周鴻禕曾這樣評價賈伯斯：每個人都有自己對賈伯斯成功的理解，但是我認為最重要的是賈伯斯的自我反省能力。其實賈伯斯經歷過很多失敗，但是從失敗中學習了很多經驗，永不放棄。

賈伯斯的字典裡從不缺少「失敗」兩個字，可能正是由於失敗，才能讓賈伯斯總是保持清醒，對蘋果的熱愛有增無減，甚至到了狂熱的地步。

3.不要害怕淤泥弄髒你的手

惡言相向，

受害的一方，

站起來大步走，

現在，

受害的一方就要走過了，

前後的次序會很快地變化，

不久落在後方，

這時角色互換了。

　　這是鮑勃·狄倫的歌曲，賈伯斯的最愛之一。不是因為它符合賈伯斯的搖滾範，也不是因為它旋律優美，歌詞精緻。更多的，它代表賈伯斯一段痛苦又煎熬的回憶。

　　賈伯斯被「趕出」蘋果後，心裡的難受不難想像。蘋果是他和自己的好友亞茲尼克共同創建的，是他的孩子。如今這個孩子卻被別人搶走了。恐怕這是賈伯斯遇到的最大的一次打擊。處在雲端的賈伯斯立刻就被打回到了地面上。

　　他只能一遍又一遍地放著這首歌。

　　那段日子的確是個煎熬，賈伯斯心裡的仇恨是絕對沒有辦法磨滅的，但是理性的賈伯斯不會否認，就是他平時的狂傲和固執才導致了今天的結果。他是帶著怨恨離開還是留下來奮力一搏呢？痛苦且疲憊的賈伯斯只能用鮑勃·狄倫的歌曲來療傷：

　　這段時期的賈伯斯就像是一個孤兒，但是從喜愛的歌曲中，隱隱約約地體現了他東山再起的信心和勇氣。當然，反思和悔過是賈伯斯首先要做的事，事情不是永遠都按照自己的意願進行，就如滾石樂隊主唱米克·傑格所說：「你不可能總是得到你想要的東西，但有時候你可以得到你需要的。5年前這會是一件讓我困惑的事情，現在我會休息一下，考慮其中所蘊藏的一些智慧。就像亨利·福特在20世紀20年代也會有不如他意的那幾年。」

　　是的，賈伯斯就是用別人的故事來安慰自己，漸漸地，他欣然接受了斯庫利的安排，離開了蘋果公司的管理層，但賈伯斯肯定地表示：我將永遠為促進蘋果公司的發展而努力，如果誰想讓我到蘋果總部去打掃樓梯，我就回去打掃樓梯。後來，董事會給賈伯斯安排了一個遠離公司

的職位，這也讓賈伯斯每天帶著屈辱來上班。

　　經過了一段煎熬的時期，蘋果公司的股票持續的下跌，那句「要嘛在沉默中滅亡，要嘛在沉默中爆發」說得實在是有道理，賈伯斯的精神在受到了來自管理層的重創之後，決定開啟一段嶄新的人生，尋找東山再起的機會。

　　後來的事實證明，沒有賈伯斯的蘋果猶如一盤失去光澤的散沙，而賈伯斯則在離開蘋果之後開創了自己的新天地，組建新的電腦公司，發展動畫事業。

　　現實生活中，普通人所面對的困境和打擊可能會比賈伯斯小很多，所以要像賈伯斯那樣面對困境換一種眼光欣賞人生，當他遭到董事會的排擠時，痛苦、傷心、不可挽救等形成了一種巨大的壓力，但賈伯斯並沒有沉浸於憂慮中不能自拔，他時刻提醒自己要打起精神來，保持希望，勇往直前，這樣一來失落的心態重新讓賈伯斯變得樂觀進取、自信十足。不僅如此，面對困境時的動力使賈伯斯塑造出足以與壓力對抗的堅強心理。

　　賈伯斯和蘋果可以畫上等號，而賈伯斯與自信的開拓精神也可以畫上等號。困境擋不住賈伯斯前行的腳步，所以，不要擔心淤泥弄髒了你的手，把它當作一種對自己形象的點綴，你腳下的路或許就能豁然開朗。

4.強烈地渴望「復仇」

對於個性倔強的賈伯斯來說，從跌倒的地方爬起來並向那些讓他跌倒的人復仇才是他人生的主旋律。

從內心的最深處來看，賈伯斯肯定十分希望在離開蘋果12年之後重新接掌公司的最高權力。這是經他一手創建的「高科技帝國」，每個角落都揮灑著他曾經奮鬥過的汗水。這兒不僅誕生了讓世界發生改變的蘋果個人電腦，還擁有許多和他一起並肩戰鬥的電腦天才。曾經讓他離開自己一手創建的蘋果公司，就像勸說一位雕塑家砸掉他的所有作品。

但從另一個方面講，沒有賈伯斯的蘋果已經不再是他曾經熟悉的那個蘋果公司。12年來，公司雖然有過短暫的輝煌，但是整體上還是慢慢再走下坡路。前後已經有三位CEO因為業績不佳引咎辭職。公司產品線非常混亂，市場行銷方式又缺乏新意，銷售持續低迷，沒有人買蘋果的產品，公司內部經常大規模裁員，員工士氣非常低落。剛剛以顧問身分回到公司半年多的賈伯斯有什麼能力重新振興蘋果？但任何有自知之明的人，在這個節骨眼上都會不停地問自己：蘋果是不是已經完了，重整雄風的可能性還有嗎？

更何況，離開蘋果的12年賈伯斯也不是一無所獲，雖然他的成就沒有在蘋果是那麼耀眼，但自由的空間讓賈伯斯將他的才華發揮得淋漓盡

致。蘋果公司面對業績的壓力，重新請回了賈伯斯。可是賈伯斯積壓了12年的心結並沒有完全解開。12年前，當時的CEO約翰·斯庫利與賈伯斯徹底決裂的時候，他就像一個無助的孩子，迷茫、憤怒、痛心、失望，看著遠方卻找不到自己的路。雖然董事會當時只是讓賈伯斯離開管理層，並沒有讓他離開蘋果，但是心高氣傲的賈伯斯不可能只滿足於蘋果的一份「閑差」，這對他來說就是一種恥辱。之後的許多年，他都深切盼望著能夠「復仇」。至少，要透過NeXT公司證明自己的實力。

NeXT公司並沒有讓賈伯斯「復仇」成功，他因為過於急躁地想證明自己，最終導致NeXT公司在殘酷的市場競爭中敗得體無完膚，要不是戲劇性地被自己的老東家蘋果收購，也許NeXT早已經成為市場的炮灰。可就在這個時候，蘋果董事會重新邀請賈伯斯回來執掌大局，這讓心裡交織著、、糾結、和仇恨的賈伯斯情何以堪？

其實，賈伯斯對蘋果的「復仇」，更多的體現著一種愛，蘋果就像他的一個「孩子」，有誰會對自己的孩子下狠心，哪怕這個孩子深深地傷害了他。對於擁有「蘋果夢」的賈伯斯來說，沒有什麼會磨滅他對蘋果最初的感知。賈伯斯的「復仇」可以看作是一次大刀闊斧的改革，他讓已經病入膏肓的蘋果起死回生，同時也證明了當初趕走賈伯斯的那些人是多麼的愚蠢，失敗與成功之間永遠都是有著巧妙的相互聯繫，它們不是對立，而是有一種補充和遞進，只有從失敗中脫穎而出才能避免在成功後一敗塗地。賈伯斯用事實讓一個看似失敗的人生重新煥發了光芒，並且在曾經的起點上開啟了新的篇章。

5. 犯錯誤不等於錯誤

生活之中，錯誤是不可避免的，但是錯誤並不等同於失敗。相反有的錯誤則會讓自己很客觀的自省，從而幫助自己得到提升。蘋果的產品在今天是高端和品質的保證，但是在它的發展過程中，也會出現差錯，*2010年*就曾有一起引人注目的事件——*iPhone 4*天線事件。

美國舊金山當地時間*2010年6月7日*上午*10點*，萬眾期待的蘋果開發者年度盛會*WWDC2010*拉開了大幕。當時還任蘋果*CEO*的賈伯斯在開幕演講中公佈了最新一代*Iphone*產品——*Iphone4*。*Iphone4*比舊一代*iPhone*升級非常明顯，很多方面都超出舊版許多。其中硬體方面包括全新的外觀設計、革命性的*Retina IPS*硬屏顯示幕幕、*A4*處理器以及全新的拍攝系統、三軸陀螺儀等。

但是，上市沒多久就有消費者反映，*iPhone 4*在接打電話時信號很差。漸漸，很多消費者都遇到了這樣的問題，甚至有人開始呼籲正準備購買*Iphone*的人：不要被蘋果欺騙，*iPhone 4*根本就不值得買。後來，有一家美國雜誌更是經過專門測試後得出結論：導致蘋果公司*iPhone 4*信號強度問題的原因是誤算手機顯示的訊號格數（*bars*），當用戶碰觸*iPhone 4*手機側邊的天線時，信號就會慢慢減弱。該雜誌最後很嚴厲地說：「出現了這樣的問題，誰還會買*iPhone4*。」一時間，質疑之聲紛紛向賈伯斯

投來。

　　當賈伯斯還沒有從人們排長隊購買*iPhone 4*的興奮之中緩過神來時，質疑之聲不得不讓他有些焦頭爛額。但是賈伯斯沒有像開員工大會時那樣高談闊論，已經經歷過各種場面的他，嫻熟地掌握了一套應對處理突發事件的方法。

　　賈伯斯在問題出現後立即召開新聞發佈會，專門就*iPhone4*的信號衰減和天線設計問題與來訪媒體進行溝通，發表了鄭重聲明：首先，並非只有*iPhone4*才會出現信號的問題，其他品牌的智慧手機也有，並且*iPhone4*在其他方面都要優於之前所出的產品；其次，如果特別在乎*iPhone4*的信號顯示問題，那麼蘋果提供了手機作業系統*iOS*的升級版4·01版，修改並加強了*iPhone4*的信號顯示功能；如果這樣的修改還不能令消費者滿意，那麼消費者可以免費獲得蘋果自己生產的*iPhone 4*皮套，或者按照*AT&T*公司的規定進行退款補償。

　　*2010*年*7*月*6*日，蘋果按照賈伯斯所說開始對*iPhone4*提供退款服務，退款支援線上退款和到蘋果零售商退款兩種方式。*7*月*16*日，蘋果宣佈會根據消費者的手機天線問題提供保護套。*iPhone4*的保護套包裹著天線，這樣就解決了手機的信號問題。消費者對於這樣的解決方式感到比較認可，而且經過和其他同類手機相比較，他們心裡也清楚*iPhone 4*的「天線」風波其實就是一些人的惡意炒作，把這個錯誤完全怪罪到賈伯斯頭上實在讓他有些冤枉。不過賈伯斯在面對錯誤的產生所體現出來的誠意卻贏得不少消費者的心。

　　事實證明，錯誤本身沒什麼可怕的地方，它只是人們為了尋求發展而產生的問題，關鍵的不是發現錯誤，而是解決錯誤的方法，賈伯斯對

iPhone4問題的處理就很值得借鑑到生活之中。被別人發現了錯誤，一味地遮掩，一味地為自己澄清，只能將問題擴大化。而如同賈伯斯一般，面對被媒體肆意放大的錯誤，他並沒有做出任何的澄清和解釋，而是主動擔當，哪怕蒙受的是不白之冤。接著他又提出自己最令人信服的解決方案，用一個誠懇的態度重新挽回了消費者對蘋果的信任。

對於內心強大的賈伯斯來說，任何錯誤都不會壓垮他的意志，在「天線」事件之後，iPhone4的銷量突飛猛進，已經被消費者看成是一件劃時代的產品，可見錯誤並不會阻礙某個真正有價值的東西散發出耀眼的光芒。正如人也是一樣，沒有什麼錯誤會是真的錯誤，只要保持良好心態和積極的改正錯誤的方法，是金子到哪裡都會發光的。

第十章 永遠沒有B計畫

如果你有自己系鞋帶的能力，你就有上天摘星星的機會

*1.*把精美做到極致

賈伯斯的朋友評價說：他追求完美卓越的品質已近乎瘋狂。

事實確實如此，賈伯斯在在評估和開發潛在新產品的時候總是拒絕使用市場調研以及觀察機構，而更樂意相信他對完美的直覺。他曾說：「很多情況下，人們在見到一件新事物之前是很難說出自己到底想要什麼的。」賈伯斯把完美和卓越當成他畢生所求，對產品的設計、細節的處理都要做到精美無缺。他如此的偏執和瘋狂，使得他人生中的成功遠遠超過了失敗。

曾在蘋果負責 *Mac OS* 人機界面設計小組的瑞茨拉夫說，「賈伯斯會一直深入到每個細節裡去，詳加勘察每一方面到圖元的級別上去。如果設計出來的產品有出入，那些工程師就會挨頓臭罵。」

令人難以置信的是，瑞茨拉夫的團隊竟然花了6個月時間用於細化捲軸，以達到令賈伯斯滿意的程度。捲軸在任何電腦作業系統裡都是很重要的部分，但並不是使用者介面中最顯眼的要素。儘管如此，賈伯斯還是堅持要對捲軸改成希望的樣子，瑞茨拉夫的團隊不得不修改了一個版本又一個版本。

賈伯斯的完美主義還體現在生活的各個方面。除了要求他的團隊把產品做到極致精美之外，對於自己的演講也要經過長時間的斟酌和準備。他並沒有把演講的成功當成事想當然的事。事實上，賈伯斯長時間的排練才換來演講過程中表面上輕鬆、不拘小節和親和力。

一個蘋果公司的員工曾經回憶說：「這些演講看上去只是一個身穿黑色上衣和藍色牛仔褲的人在談論新的技術產品，真實情況是每場演講都包含了一整套複雜、精細的商品宣傳、產品展示。」賈伯斯通常提前幾個星期就開始為演講做準備，檢查要展示的產品和技術。為了5分鐘的舞臺演示，他的團隊曾經花了數百個小時做準備。在演講前，賈伯斯用整整兩天的時間反覆彩排，諮詢在場產品經理的意見。在幻燈片製作方面，他親自撰寫並設計了大部分內容，使得演講內容達到最佳。

賈伯斯曾為發佈 *Mac* 電腦進行彩排，按照設計，他話音一落，新款的電腦從一塊黑色幕布後面滑出。賈伯斯對當時的照明狀況不滿意，他希望光線更亮一些，出現得更快一點。照明的工作人員一遍又一遍調試，始終不能讓賈伯斯滿意，而他的情緒也越來越糟。最後終於調試好

了，賈伯斯在禮堂裡興奮得狂叫。

在後來的訪談中，賈伯斯說：「用戶付錢給我們就是要我們來完善所有細節，而他們要做的就是『享用』我們設計的電腦而已。我們需要精於此道，有時我們並不是沒有聽從用戶的建議，只是用戶通常很難準確告訴你他們要的是什麼，因為他們根本沒有見過甚至類似於此的東西。就拿桌面視訊短片來說，我從來沒聽哪個消費者說需要這樣的一個工具。因此，我們只需要設計最完美的東西，做出最精美的產品。在我們開發出後，讓用戶們驚呼：『噢，我的天，這實在是太棒了！』」

2. 一個都不能少的理由

成功學家格蘭特納說：「如果你有自己系鞋帶的能力，你就有上天摘星星的機會。」

要成功，要作出驕人的成績，要成就事業、創造財富，就必須最大限度地發揮自己的才能，盡最大努力把事情做好。所謂「謀事在人，成事在天」的本質，應該是「謀事在人，成事亦在人」，這個「人」就是那些能夠真正做到最棒的人。

社會上每個人的位置不同，職責也有所差異，但不同的位置對每個人卻有一個最起碼的做事要求，那就是：做事就做到最好，才能成為一個真正優秀的人。

　　人類永遠不能做到完美無缺，但是人們只有在不斷增強自己的力量、不斷提升自己的時候，才會對自己要求的標準越來越高。如果粗劣地工作、粗劣地生活，哪怕是僅僅一些小錯和小細節的問題都有可能影響效率，阻擋前進的步伐，成為獲取成功的障礙。

　　因此，在賈伯斯看來，凡事都要做到面面俱到，一個都不能少，永遠不要為自己留後路，永遠沒有B計畫。

　　《財富》雜誌曾稱讚賈伯斯獨特的管理風格「難得地將細節管理和全域視野結合起來」。他曾經親自讓廣告代理商改掉某個廣告文案第三段中的一個字眼，也曾經3次改變所有蘋果店的燈光佈置，為的是店內的產品看上去像廣告中那樣熠熠生輝。對於賈伯斯來說，企業戰略起步於顧客走進店面，打量產品包裝，打開包裝然後試用產品等等細節。賈伯斯高度重視產品的戰略視野已經引起整個行業的變革，他的視野出發點是對顧客產品體驗的癡迷關注。

　　在賈伯斯眼中，每一個細節都很重要，也值得花相當大的精力。儘管賈伯斯對於細節的偏執程度已飽受爭議，但他說：「當你關注細節的時候，你的腦子裡一定有另一個聲音與你作思想鬥爭，『會有人注意到這個細節嗎？』是的，我知道大部分使用者不會注意到我們精心設計的細節，即使注意到了，他們通常也不會覺得那有什麼意義。但我始終堅信，這些細節會產生強大的聚合力，當許多精心設計的細節彙聚在一起，用戶終將愛上我們的產品。」

　　正是這種對「產品如何使用」的癡迷態度，讓賈伯斯高度關注產品的細節以及與產品相關的任何東西的細節。在對細節的苛求上，蘋果2010年發佈的iPhone 4差不多到了登峰造極的地步。

從用料到手感，*iPhone 4*的每一個細節都是經過精心設計的。玻璃的光滑質感，和金屬邊框的磨砂質感在同一部手機上配合得天衣無縫，每一條曲線，每一個凹槽，每一個邊角，都有著設計團隊對美感的不懈追求。

在製造工藝上，蘋果規定*iPhone 4*主要零件的合縫間距不能大於*0.1*毫米，這個尺寸主要是為了避免打電話時夾到人的頭髮。據說，蘋果測試*iPhone 4*時，測試員會拿著手機反覆在臉頰上滑動，以確認沒有一根頭髮會被手機夾到。在側邊的音量調節按鈕上，加減號是兩個凹下去的符號。蘋果要求，即便是凹下去的部分，也必須平整、光亮。耳機插孔也是一樣，金屬觸片的光潔程度，插口內沿的坡度等，都有細緻的規定。

在包裝盒的細節上，*iPhone 4*把這種對完美的追求推上了頂峰。剛買*iPhone 4*的讀者可以做個簡單的實驗，用單手從桌子上輕輕提起*iPhone 4*包裝盒，不要托盒底，也不要用力握盒蓋，就讓裝有手機的盒子在盒蓋裡靠重力緩緩下滑。盒身的滑落速度不快不慢，差不多*8*秒鐘的時間，盒身就從盒蓋裡完全滑出─這不是巧合，而是精心的設計。

對蘋果公司來說，賈伯斯不是公司*CEO*，而是公司的最終顧客：一個讓公司最為發怵的顧客，一個咄咄逼人，要求極高，動輒生氣，有權衝設計師吆喝，當場炒掉設計師魷魚的顧客。所以，只有最大限度生產出完美的產品，才能真正滿足於他的要求，才是用戶眼中最偉大的產品。

鋼鐵大王安德魯·卡內基說過：「**輕率和疏忽所造成的禍患不相上下。**」許多人之所以失敗，就是因為做事輕率，對自己所做的事情從來不會做到盡善盡美，疏忽一些看起來不那麼重要的細節。但是這些看起

來並不重要的細節，卻有可能成為影響成功的關鍵因素。

　　追求完美無疑是賈伯斯一生行事的重要標準，也是他取得成就的一個重要原因。關於賈伯斯的離去，有人說：「不管賈伯斯創造了多麼偉大的成就，總覺得一切只是剛剛開始。賈伯斯如一曲優美的旋律引人入勝時卻戛然而止，隨後餘音繞梁魂牽夢縈。」

3. 了不起的木匠不用糟糕的木頭做櫃子背面

　　有人說，這世界上所有偉大的壯舉都不如生活中一個真實的細節來得有意義。因此，想要追求全方位的細節完美，不能是繡花枕頭表面光。

　　如果你打開早期 *Mac* 電腦的主機殼，會注意到在主機殼後面板的內部有一系列凸起的塑膠簽名。這是賈伯斯在 *1982* 年的創意，他和 *Mac* 電腦小組的成員在一張大紙上留下簽名，然後用化學方法將這些簽名蝕刻在電腦的主機殼上。

　　賈伯斯把工程師們看成是藝術家，讓他們在電腦內部署上自己的名字。蘋果公司產品對於細節的完美追求，深深地打動了每個用戶。你總能在不經意見在一個細微之處發現蘋果的用心之處，這種感動讓蘋果的品牌形象一直良好，而且吸引著越來越多的用戶加出到賈伯斯宣導的完美的用戶體驗中來。

正如賈伯斯說：「大師級的木匠不會用糟糕的木頭做櫃子的背面。」

賈伯斯認為，如果你是一個木匠，準備打造一個衣櫃，你不會用品質較差的膠合木板來做這個衣櫃的背面，儘管它對著牆壁，沒有人會看到它。但是，你自己心裡是清楚的。因此，你會用漂亮的木板來做這個衣櫃的背面。哪怕只是為了讓你自己睡得安心，你也要把品質與美觀貫穿始終。直接可見的要做好，直接不可見的部分也要做好，否則終會為自己的草率付出代價。

完美主義在企業文化中並不是被鼓勵的品質，因為它往往是執行力的天敵。但是，賈伯斯帶領自己的蘋果團隊調和完美主義的方法是「從細節開始」，如果不能把這件產品的十個功能都做到完美，我們就砍掉五個，哪怕其中包括在傳統智慧看來不可缺少的功能。在賈伯斯看來，如果找不到最完美、最好的東西，他寧可一無所有。這種偏執無論是在蘋果的產品設計中還是賈伯斯的生活中都隨處可見。

著名作家艾倫·多什曼在賈伯斯的傳記《賈伯斯再臨》中敘述：1980年代有人在賈伯斯位於加州洛斯加托斯的家中見到的一幕，客廳裡僅見的傢俱是兩把巨大的十七世紀風格椅子，整間房子裡沒有一張床。因為賈伯斯看過很多張床，但沒有一張令他滿意，於是他只睡床墊。

然而，這個席地而睡的富翁並非不捨得在家居裝飾上花錢，他看過很多家古董傢俱店，但總是找不到滿意的貨色。與他一同前往購買傢俱的裝修師說：「賈伯斯是過度選擇的受害者。」

生活是由一件件小事構成的，但不能敷衍應付或輕視責任這些小事。所有的成功者，他們大多與我們做著同樣簡單的小事，唯一的區別

就是，他們從不認為他們所做的事是簡單的小事。

對賈伯斯和蘋果而言，任何一個細微之處都有可能是關鍵環節，都不可小視，因為它有可能關係到產品在行業中的發展前景。有人將小細節的失誤比做一只有危害的老鼠，老鼠多了，破壞力自然就巨大。正如一部名為《細節》的小說在題記中所說，「大事留給上帝去抓吧，我們只能注意細節。」小的事情往往能成為大事情的基礎，只有持之以恆，用一種堅忍不拔的態度把小事情做好，才能成就一番大事業。

賈伯斯經常要求蘋果員工認真品味那些優秀的工業產品，讓他們在其中找到科技與藝術的完美結合，以給蘋果公司的產品設計帶來靈感。賈伯斯對賓士的設計情有獨鍾，他說賓士汽車銳利的細節與流線型線條之間的比例非常好，他們的設計不斷柔化變得更有藝術感，而且細節更加突出。賈伯斯認為這正是蘋果產品應該學習的地方。

一個人要實現成功的方法，很重要的一點，就是在做事的時候，抱著非做成不可的決心，要抱著追求盡善盡美的態度。許多年輕人之所以失敗，就是敗在做事輕率這一點上。這些人對於自己所做的工作從來不會做到盡善盡美。

4. 魔鬼型「完美主義」

老子曾說：「天下難事，必作於易；天下大事，必作於細。」

這句話的意思是說，天下所有的難事，都是從簡單的事情做起，天下所有的大事，都是從小事細節做起。

有人把這些小細節的失誤比做一只有危害的老鼠，老鼠多了，破壞力自然巨大。如果不能注重細節，把細節做到完美，勢必在會累積成大禍。

假如你去詢問賈伯斯最喜歡什麼樣的字體，那麼你一定會得到滿意的結果。因為賈伯斯對字體深有研究，他能夠為你詳細介紹什麼是有襯線字體。也許你也會好奇為什麼蘋果公司的產品會有那麼多具有藝術感的字體和線條，因為賈伯斯把字體的設計應用到蘋果產品的設計中。

賈伯斯堅持「把事情做得漂亮些」，不僅是因為他對完美主義的追求，而且是他自信的體現，因為相信自己的能力，所以才對自己做出嚴格的要求。而他這種「做得漂亮些」的觀念影響了蘋果員工，成為他們的工作動力，成為蘋果公司企業文化的一部分。賈伯斯有著無可挑剔的品味和卓越的設計感，而這就來自他想把事情做得漂亮些。

在賈伯斯看來，「魔鬼藏於細節之中」。關於賈伯斯對細節和設計的專注，還有另一個典型例子。在*Mac*筆電中有用於睡眠指示的小燈，儘

管其他筆電也有這一功能，但蘋果筆電有所不同。*Mac*筆電睡眠指示燈的閃爍頻率與成年人正常呼吸頻率一致，即每分鐘*12*次。可能像賈伯斯這樣的人才會關注這樣的細節。

當賈伯斯*2011*年8月辭去蘋果*CEO*一職時，谷歌工程高級副總裁維克·岡多特拉公佈了一份在*iPhone*發佈之前，賈伯斯與他聯繫的記錄。岡多特拉說，賈伯斯在一個星期天的上午給他打電話，談到了一個「緊急問題」。當時賈伯斯表示：「我正在研究在*iPhone*中顯示的谷歌圖示，我對這個圖示不滿意。『*GOOGLE*』中的第二個『*O*』傾斜程度不當。這是錯誤的，我會讓人明天解決這一問題。你們是否同意？」*iPhone*開發團隊有數百名設計師，沒有人注意到這個「*O*」的傾斜程度問題，然而賈伯斯卻注意到了。

前任西點校長潘模將軍說過：「細枝末節最傷腦筋。」

他說即使是最聰明的人設計出來的最偉大的計畫，執行的時候還是必須從小處著手，整個計畫的成敗就取決於這些細節。細節決定成敗，我們必須學會觀察細節，精準的細節精神來做事情。

其實，正是賈伯斯這種追求完美的精神和敢於挑戰「魔鬼細節」的魄力，才讓廣大消費者享受到如此精妙的產品。可以說，沒有賈伯斯，很難有如今的蘋果公司，賈伯斯是很多社會變革中最基本的元素之一，而他的其中任何一項變革都可以讓大多數人成就一番事業。

第十一章 讓產品成為一個宗教

在這個行業裡，你沒法騙人，產品自己會說話。

*1.*讓產品為廣告說話

以身飼鷹，是感化世人。而人品備受質疑的賈伯斯，用產品改變了世界。相比之下，哪一個更讓世人為之一震？

賈伯斯是一個佛教徒，他一定明白這個道理：在大的結果面前，一切方式都是「法門」。

那麼，讓賈伯斯一生為之付出的蘋果，讓無數粉絲為瘋狂的蘋果，究竟是什麼樣的「酷玩意兒」？

也許，它不僅僅是讓那些無數蘋果癡迷的產品，也並不是那個被咬

了一口的蘋果LOGO，更不僅僅是比爾·蓋茲的微軟一樣讓人景仰的高科技公司。從某種意義上說，蘋果本身就是一個宗教。

自然，賈伯斯是這個蘋果宗教的教主，他為蘋果迷們建立的這個宗教，為他帶來至高無上的榮譽。

蘋果的前CEO斯庫利在一次訪談中說：賈伯斯的天賦在於，他能將新的發現理解之後想方設法融合到他的設計方法之中，一切都圍繞產品的設計。對於產品，他從未改變過完美的首要原則，將產品不斷改進和完善。賈伯斯曾問我：「百事怎麼想出這麼好的廣告？是不是百事挑到好的廣告公司？」

其實，賈伯斯那時已經意識到，只有設計出一款令人興奮的產品，才有機會做大膽的廣告來呈現它。對賈伯斯而言，最重要的是完美的產品，而非產品的廣告。他曾說：「對於競爭而言，廣告是必要的。IBM的廣告無處不在。但是好的公關能夠教育人，僅此而已。在這個行業裡，你沒法騙人。產品自己會說話。」

因此，他在蘋果的宣傳方面並沒有大規模地投廣告，並且他還堅定地認為，不能讓廣告搶了產品的風頭，蘋果本身已經是一件足夠創新的產品，要讓人們都為之興奮的話，只在廣告上把它展示出來就已經足夠了。

賈伯斯為了能夠設計出最好的產品，他醉心於產品的設計。

在MP3市場，iPod成了年輕人夢寐以求的禮物。蘋果公司的前任高級行銷管理人員史蒂芬曾透露，蘋果iPod附帶的那些小小的白色耳機之所以採用白色絕非偶然。他在其電子書《蘋果市場》中寫道：「這些白色的iPod耳機不是由工程師設計的——這純粹是蘋果的行銷伎倆。因為

人們在用*iPod*聽音樂時，唯一能看得見的部分就是那個白色耳機，這就使得戴白色耳機成為一種新潮時髦的象徵。只有戴白色耳機，你才是真正的酷派一族。」

在手機市場上，*iPhone*幾乎成了*2007*年手機市場的一個奇蹟。*2007*年*6*月*29*日凌晨，作為蘋果的眾多粉絲之一，費城市長斯特裡特在蘋果一家旗艦店門口排了*15*個小時的隊購買了一台*iPhone*。也是在這一天，全球的蘋果粉絲為*iPhone*手機而瘋狂。事實上，*iPhone*並沒有大張旗鼓地做廣告，但是所有的媒體都在報導*iPhone*。

如果沒有偉大的產品，*iPhone*根本不可能一發佈就能吸引消費者狂熱的追求。在眾人眼中，*iPhone*是「革命性的行動電話」，已經「完全改變電信行業」。它不僅結合了*ipod*、手機和網際網路通訊設備等功能，還是智慧手機簡單操作的一次「飛躍」。

根據美國高德納諮詢公司市場研究機構得到的資料，*2007*年蘋果*Mac*電腦的銷量達*700*萬部，較上年增長*30*％。蘋果電腦在美國市場的市占率由此前的*2*％和*3*％之間徘徊，一下躍升到了*8*％，成為美國市場上的第三大電腦廠商。

*2008*年*1*月*15*日，*MacAir*筆記型電腦在美國舊金山的全球*Mac*大會發佈。新產品凝聚了當時工業設計、材料工程學以及半導體技術三方面的成就，外觀個性張揚，外形致酷。並且，這款蘋果筆記型電腦以超前的理念引領*IT*科技，使之達到了近乎極致的輕薄，成為第一批超薄筆電產業的主角，再一次掀起筆電市場的時尚新風潮。

當時，針對這款新產品，蘋果公司做了一個廣告，也就是賈伯斯從一個大信封裡拿出「全球最薄的」筆記型電腦的故事。廣告內容是用一

個像EMS的那樣大的快遞公司的信封，賈伯斯把蘋果的超薄筆記型電腦Mac裝進去，然後由快遞將他送到客戶的手中。這個廣告承載了筆電輕薄易攜帶的特點，而更為值得讚頌的是產品本身就是最好的廣告。

儘管外界有諸多異議，但在作業系統、圖形處理、工具軟體上，蘋果的技術總是保持一流水準，先進的網路技術和數位技術也在不斷突破。在工業設計和創意上，蘋果保持著良好的口碑。這些都成為創造蘋果偉大產品的基礎，也是支撐蘋果帝國的核心因素。

有人說，「賈伯斯改變了我們的生活，改變了我們看待世界的方法。」因為他帶給人們的不僅僅是好的產品，更多的是對產品理念的追求。

2. 蘋果獨有的「飢餓」行銷

2011年3月3號，有人在自己微博上發表感嘆：才買就成了絕版，看來可以收藏了賣個高價。

這是因為蘋果公司在*2011年3月2日*凌晨正式發佈了*iPad 2*，並停止第一款*iPad*的生產和發貨，所以剛買的*iPad 1*自然就成為了絕版，這也是蘋果產品特有的發售方式。

不得不承認，無論蘋果在發售和宣傳上都保持著神秘感，賈伯斯也非常樂意看到關於蘋果的猜測和爭論見諸各大媒體，因為這樣的結果導

致了所有人都在為蘋果做品牌推廣。有人說：「我們都被蘋果的宣傳策略利用了。」而這就是蘋果的行銷。

這就是讓人值得一提的「飢餓」行銷策略。賈伯斯認為，「得不到的就是最好的」，因此賈伯斯保持其產品價格的穩定性和對產品升級的控制權，讓市場始終處於一種相對「飢餓」的狀態，這些帶有蘋果味的*iPad*、*iPhone*讓「蘋果粉絲」瘋狂著迷。蘋果公司正是借助「粉絲」們的激情和狂熱，將忠實「粉絲」對其新產品的資料的強烈需求，變成*iPhone*行銷活動的絕佳催化劑。

在國外，*Mac*電腦的狂熱分子被稱作「麥客」；在中國，蘋果的忠實擁護者則自稱為「蘋民」。在「蘋果粉絲」眼裡，蘋果產品成為帶有某種文化含義的藝術晶，無論是*iPod*、*iPhone*還是*iMac*，都已經超越了數位產品本身，成為他們所信奉的圖騰。用蘋果的*iPod*聽音樂，用蘋果的*iPhone*打電話是人們嚮往的「蘋果」時尚數碼生活。粉絲們都以擁有這些產品，作為自己蘋果文化身分的象徵。但是，蘋果公司卻並沒有因此而擴大行銷，拓寬生產路線獨享市場。

相反，蘋果的新產品上市之後，不管市場對這款產品的呼聲多高，蘋果公司始終堅持透過與營運商簽訂排他性合作協定、分享營運商收入等方式，耐心地開拓市場。如此嚴謹的「飢餓」行銷方式使得產品更加令人信賴。在*iPhone*上市僅僅6天之內，就賣出了100萬部，深受粉絲熱捧。

在眾多的高科技產品中，便捷和完美的體驗成為人們選擇的主要標準。有人用浮士德的故事來比喻蘋果用戶與賈伯斯的關係。浮士德為了求得知識，將靈魂賣給了魔鬼。在電腦的世界裡，用戶就是浮士德，

「方便性」和「用戶體驗」就是知識，「自由」就是靈魂，而賈伯斯就是魔鬼。

想在iPod上播放任何格式的音樂？想在兩台iPhone間用藍牙傳文件？想往iPhone裡插一張8GB的SD卡？抱歉，在賈伯斯「飢餓」的行銷方式看來，想要獲取這些必須以金錢為代價。

何必操心iPod的音樂播放格式？在iTunes商店裡有夠你聽兩輩子的音樂，但前提是你必須將自己的信用卡掛在上面，為音樂的下載支付金額。為什麼要用移動磁片和SD卡傳檔？在賈伯斯看來，檔案應該全部存在雲端，如果購買一年僅九十九美元的MobileMe服務，其中的iDisk夠你存幾萬張照片，並且讓你隨時隨地可以訪問。至於iPhone的可更換電池，反正等到你電池壽終正寢的時候，下一代iPhone也就上市並等待你的購買。儘管如此，用戶也甘願追逐在賈伯斯掌控的蘋果帝國中。

被很多人視為異端的基督教科學派掌門人哈伯德曾說：「如果你想真正奴役一個人的話，就告訴他你會給他徹底的自由。」

雖然很多用戶多少都具備程式設計能力，但他們並不清楚自己想拿電腦來幹什麼，有一些的用戶不但不懂程式設計，連安裝軟體這類事情都是能免則免。谷歌曾經在紐約的時報廣場隨機挑選民眾進行採訪，結果大部分人甚至不知道什麼是「流覽器」。賈伯斯這個「魔鬼」要交換的，就是這些用戶保留技術主導權的自由，而他開出的條件，就是直覺的、好用的、但也是相對昂貴的電腦和數碼產品。

賈伯斯去世後，很多人開始來盤點他留給蘋果的遺產。人們首先會想到四條產品線和兩個線上商店：Mac、iPod、iPhone、iPad，iTunes和Apple Store，還有「蘋果零售店」。

賈伯斯在網際網路上開創性地創立了線上商店*Apple Store*，贏得世人矚目，同時他在全世界各地創辦的*327*家實體零售店成績也同樣彪悍。有資料顯示，如果按每平方英尺計算，蘋果零售店的年營收是*5600*美元，在美國*20*家各種零售連鎖店中排在首位，無論是從利潤率還是單位面積的營收看，賈伯斯的蘋果店都可謂是創造了零售業的奇蹟。

福特有句名言：如果你問十九世紀末二十世紀初的人要什麼，他們絕不會說「汽車」，而會說自己要一匹跑得更快的馬。賈伯斯是如此，他堅信用戶並不知道自己想要什麼樣的產品，只有發明出完美的產品，才讓他們知道真正的未來。

3. 偉大的演講也是一種品牌宣傳

《戰國策》開篇中說：三寸之舌，強於百萬雄兵；一人之辯，重於九鼎之寶。

戰國時代風雲激蕩、群雄逐鹿、弱肉強食，作為日漸衰落的東周的重臣顏率，為應對國難，在對人性的深刻把握基礎上和對遊說技能的熟練駕馭下，運用自己的智慧和口才，三言兩語、輕輕鬆鬆就挽救了一個國家的尊嚴和利益。

可見，會運用謀略和口舌的人，用語言足以隨時應對撲面而來的各種問題。

　　無疑，賈伯斯就是這樣一個善用口舌的人，他能夠用一種充滿感染力的激情，誘導使用者去完成對蘋果產品的體驗。宣傳新產品時，賈伯斯認為儘管選詞非常重要，但是表述的方式和演講的風格對演講的效果產生著決定性作用。他充滿經典領袖的風采演講，激發所有人沉迷於蘋果設計出來的「酷玩意兒」，並且成為蘋果的忠實「粉絲」。

　　當發佈 *video iPod* 時，賈伯斯說，「這是我們所製造過的最棒的音樂播放機」「它具有無與倫比的螢幕！有極致完美的色彩！還有令人驚嘆不已的視頻效果！」一連串發自內心的激情和驚嘆，為聽眾帶來煽動性的效果，並把聽眾全部吸入賈伯斯的激情演講狀態。

　　賈伯斯演講時，很少出現條條杠杠的文字內容。每一張幻燈片都盡量用圖形來表達，簡潔而明瞭。如當他談論電腦內部的新晶片時，背景就會在產品邊上配上一張色彩豐富的晶片圖片。因為在賈伯斯看來，「一張幻燈、一個觀點，是最有力的表達方式。」

　　因此，賈伯斯在2007年 *Mac* 大樓介紹 *iPhone* 時，先提出了三款「無中生有」的產品，即寬屏 *iPod*、手機、網路交流設備，並且為每個產品都製作了一張幻燈。對於幻燈片所展示的內容，賈伯斯也極盡簡化，沒有要點提示，也不用冗長的資料，盡可能發揮圖片的視覺作用。

　　有專家分析說：「人更善於圖片記憶，而簡化的內容更容易讓聽眾關注演講者所說的話。」賈伯斯深刻掌握了這句話的內涵，他認為太多文字會分散聽眾的注意力，因此以圖片來導向聽眾，把他們引向最關鍵點。

　　在每場演講快結束時，賈伯斯會補充道，「另外，還有一件事情……」。這件事情可能會是一件新產品，一種新功能或者一個樂團節

目秀。這個舉動使賈伯斯的演講變得更像是一場盛會：有一個衝擊力的開場，中段是產品演示，一個精鍊總結，最後還有「另一件事情」，正是這個「另一件事」引出了三種產品的結合——iPhone，成為整場演講的最後高潮，進而引發聽眾內心的狂熱。

賈伯斯演講時注重每一小節都條理清晰、突出重點，並且語言技巧處理得當，語氣、語調、節奏富於變化。為了配合演講，賈伯斯靈活運用手勢等肢體語言和聽眾交流。在他登臺時，總是顯得熱情洋溢，看起來似乎有無窮無盡的精力。

在賈伯斯演講時最明顯的一個特點就是他「開放式」的演講姿勢。賈伯斯很少雙臂抱肘，雙手在胸前交叉，或是站在講臺後面，這樣意味著他能夠和聽眾直接交流，沒有在自己和聽眾之間設置任何障礙。進行示範演示時，賈伯斯坐的位置和電腦平行，因此他和聽眾之間的目光交流保持通暢。他演示完產品的一項功能後，就立即轉向聽眾，向大家解釋他所作的演示。賈伯斯很少長時間中斷和聽眾之間的目光交流，因為在他看來有時候目光之間的交流比語言來得更實在。

另一方面，賈伯斯盡可能有效地控制說話的語音，就像恰當運用手勢一樣。他的演講內容、幻燈片和示範演示都能使觀眾興奮起來，但將所有這些融合在一起的是他的表述方式。賈伯斯不斷變換演講風格，不斷製造懸念、熱情和興奮點，帶動著聽眾的情緒。並且運用音調抑揚頓挫的變化傳達情感。賈伯斯音調明快，節奏適中，抑揚頓挫分明。當他說「大家聽明白了嗎」和「而是一款產品」時，他的音調高亢響亮。他總是召喚、鼓動聽眾隨著他的思路時而驚呼，時而讚嘆，時而大笑，時而震撼。

有人說，演講能力是一個人所具備的「軟實力」，而這種「軟實力」能夠看出一個人的領導風範。賈伯斯說話的方式為其贏得了聽眾的尊敬。在聽眾心中，他就是一位領袖人物，他的演講充滿了他對生命的敬畏，引發人們對他的信任感。他是一位能夠激動人心的溝通大師，用他的演講征服了所有聽眾，征服了所有追隨他的信徒。

*4.*蘋果吊人胃口的兩個支點

古希臘哲學家阿基米德說：「給我一個支點，我就能把地球撬起來！」

在賈伯斯的世界中，給他一個蘋果他就能轉動地球。在他看來，蘋果就是轉動地球的支點，它的出現已經改變了人們的生活方式。每次有新產品發佈都能吊起所有信徒的胃口，讓所有信徒永遠沉浸在賈伯斯的「酷文化」、「適用文化」、「身分文化」裡。

早在蘋果創立初期，賈伯斯和他的團隊就為蘋果產品的行銷策略定下了幾條原則：首先是理念，要將心比心地對待用戶，做到比別的公司更瞭解使用者的需要，也能讓使用者信任蘋果的產品與公司。其次是抓住重點，優先做好已決定的事，然後將次要的事情剔除，挑出蘋果有能力、有資源辦好的事，集中全力去做好它。另外，蘋果要以高品質的廣告、說明書、操作手冊以及其他組合用的材料，來創造高品質形象。

蘋果公司始終把用戶的體驗放在第一位，關注人的價值，把產品做到最完美，為蘋果品牌打下了堅實的基礎。

　　「全部都是在螢幕上控制！酷吧！」

　　這是2007年1月9日，賈伯斯在發佈iPhone時這樣說過的話。而「酷斃了」這個詞正是賈伯斯一直所追求的產品形容詞，他要的就是如此「酷」的蘋果品牌形象。

　　賈伯斯曾經在接受《財富》雜誌的採訪時說：「我們都用過手機，體驗總是極其恐怖。軟體爛得一塌糊塗，硬體也不怎麼樣，以致於每個人都痛恨自己的手機。」

　　因此，在賈伯斯看來只有好的產品才能吸引使用者，只有完美的產品才能引起使用者的胃口。在他心目當中，電腦應該是一款優雅、簡潔並且可以輕鬆方便地用來瞭解世界的時尚產品，而大眾應該人手一機，同時可以用它來做任何事情。

　　為了做出讓使用者滿意的產品，賈伯斯把自己當成被研究的消費者對象，他會偷偷地把玩那些新技術、新產品、新設計，然後記錄下自己的反應，然後將這些感受和體驗回饋給設計師，讓設計師即使修改設計方案。

　　有人帶著譏諷的口氣說：「賈伯斯的市場調查就是每天早上起來看看鏡子。」當面對一個非常難使用的東西時，賈伯斯就會如一個暴君一般斥責下屬，讓他們必須指出哪些地方必須簡化。賈伯斯相信，如果他自己滿意了，用戶自然也就滿意了。

　　除了設計完美的產品之外，蘋果另一個吊人胃口的地方就是賈伯斯對蘋果產品的創新。

　　2006年，在波士頓諮詢公司與《商業週刊》聯合舉辦的「年度世界十大創新公司」評選活動中，蘋果公司不出意料的成為第一，可見其創新理念已經深入大眾。有人說，可口可樂在大眾飲料市場上占據首位並且代表著美國價值。與此同時，賈伯斯也做到了讓蘋果在創新產品和創造文化上占據市場的首位並成為自己的一個行銷起點。

　　在當前的筆電市場上，很多品牌的筆電缺乏其獨特的產品設計，而且生產出來的產品非常相似，如果不看產品商標，人們根本無法辨認產品是什麼品牌，同質化現象越來越嚴重。正是因為賈伯斯意識到這個問題，才更加注重打造差異化的創新理念。因此，賈伯斯從其他產品中找到差異點與創新點，從而獲得更大的利潤和發展空間。

　　美可以存在於意想不到的地方，電腦、手機在賈伯斯眼中即是美的，也是好玩的。這便是賈伯斯帶給人們最大的啟示，完美的用戶體驗和創新成為賈伯斯對蘋果宗教一生的追求和信念。

第十二章 遵從你的內心和直覺

人生不帶來，死不帶去，沒什麼道理不去做順心而為的事。

*1.*死亡是生命最好的發明

2011年10月5日，賈伯斯離開了這個人世。

賈伯斯去世之前的一段時光過得平和且安靜。在與可怕的癌症抗爭多年之後，賈伯斯從*2011年2月*份開始，就瞭解自己剩下的時間並不多了。但是，對此，他平靜得像湖水一樣，只是通知了身邊幾個比較親近的朋友。

死亡對於賈伯斯來講，真的沒有什麼。

在賈伯斯還年輕的時候，他經常問自己：如果今天是我生命中的最

後一天，我還願意做我今天原本應該做的事情嗎？從中，我們就可以看出，賈伯斯對於生死的豁達。死，對於賈伯斯來講，並不可怕。可怕的是在死之前，沒有聽從內心的召喚，沒有去做自己真正想做的事情。

虔誠如賈伯斯，是一個徹底得不能再徹底的禪學家。

他曾在自己的一次演講中動情地講到：

當我17歲時，我讀到一則格言，終生不忘。這句格言是「把每一天都當成生命中的最後一天，你就會輕鬆自在。」這句話影響了我一輩子。在過去33年裡，我每天早上都會照鏡子，自問「：如果今天是此生最後一日，我今天要幹些什麼？」每當我連續多天都是一個「沒事做」的答案時，我就知道我必須下決心變革了。提醒自己快死了，是我在人生中下重大決定時，所用過最重要的「工具」。在面對死亡時，幾乎每一件事，包括所有期望、所有名譽、所有困窘或失敗的恐懼，都一下子消失了，只有最重要的東西才會留下。提醒自己快死了，是我所知避免掉入「自己有東西要失去」這一陷阱最好的方法。人生不帶來，死不帶去，沒什麼道理不去做順心而為的事。

一年前，我被診斷出癌症。我做斷層掃描時，在胰臟上清晰地看到一個腫瘤。在這之前，我連胰臟是什麼都不知道。醫生告訴我，那幾乎可以確定是一種不治之症，我大概活不到三到六個月了。醫生建議我回家，好好跟親人們聚一聚。這是醫生對臨終病人的標準建議。這話表示，讓我在這幾個月內把我幾十年想要講的話都講完。同時，也表示讓我把要做的重要事情安排妥當，讓家人盡量輕鬆些。總之，我要跟家人說再見了！

那天晚上，我做了一次切片，從喉嚨伸入一個內視鏡，從胃進腸子，插了根針進胰臟，取了一些腫瘤細胞出來。他們給我打了麻醉劑，不醒人事，但是我妻子在場。她後來跟我說：當醫生們用顯微鏡看過那些細胞後，大夫和護士都哭了！因為那是非常少見的一種可以用手術治好的胰臟癌！我接受了手術，康復了。這是我最接近死亡的一次經歷，希望這是最後一次。經歷此事之後，我感覺比以前對死亡的抽象理解深刻多了。我現在告訴你們我對死亡的認識：

沒有人想死。即使是那些想上天堂的人，也想活著上天堂。但是死亡是每個人最終的結局，沒有人逃得過。這是注定的結果，因為死亡是人生最棒的發明，是生命轉化的媒介。你們雖然年輕，但時間很有限，所以不要浪費時間活在別人的生活裡。被信條所惑或是盲從信條是難免的，但你要清醒地知道，這就是活在別人的思考結果裡。要記住，不要讓別人的意見淹沒了你內在的心聲。最重要的，一個有成就的人，要有擁有跟隨內心與直覺的勇氣，要知道你真正想要成為什麼樣的人。任何其它事物都是次要的。

死亡是生命最好的發明。它讓賈伯斯感受自己對事業，對蘋果的赤誠熱愛，感受自己與家人難得的溫暖親情，感受這世界帶給他的無上榮耀與無盡詆謗.

在生命的最後歲月裡，賈伯斯更加堅定自己對於死亡的理解。他的妹妹莫娜·希普森說：「在他辭世前的幾週裡，賈伯斯最擔心的就是那些依賴他、信任他的人，包括蘋果的每一個員工，他的四個孩子和妻子。他的語氣是那麼溫和且充滿歉意，他為即將離我們而去感到痛苦。」

賈伯斯珍惜他死前的每一分鐘，正像以前的任何時刻一樣。

他與自己的老朋友迪安·歐尼斯共同到自己最愛的餐廳享受美味的壽司。他也一一與他

的老同事們告別。他對自己的孩子——蘋果仍然念念不忘，為公司裡的高管們提供了很多建議，這段時間最主要的事情就是為iPhone 4S發佈會做準備。

傳記作家沃爾森·以撒森也與賈伯斯進行了溝通，抓緊最後的時間，再留一點印記給這個世界。

更多的時間裡，他是與妻兒在一起。

這是賈伯斯，死亡的見證者。

2. 記住你即將死去

2003年，賈伯斯被診斷出患有胰臟癌，但並未對外公佈。

2004年，賈伯斯因胰腺癌接受第一次手術，治療後恢復良好。

2005年，賈伯斯在史丹佛大學畢業典禮的演講中談到與癌症抗爭，醫生告訴他無法活過六個月，但賈伯斯透過努力奇蹟般恢復了健康。

2009年，賈伯斯因肝癌休假並接受肝臟移植手術，在休假近六個月後重回蘋果工作，但身體明顯消瘦，有人稱其走路「像是70歲的老人」。

2011年，賈伯斯第三次因病休假，日常工作交接給蘋果COO蒂姆庫克負責，或與肝癌有關。

賈伯斯的傳奇不僅是因為他是「蘋果園」的掌門人，不僅因為他是一個創新者一個發明者，還因為他面對生死那份坦然和鎮定自若。在史丹佛大學畢業典禮上，賈伯斯曾講：

「死亡可能是生命的最佳創新，因為它將徹底改變你的生命。死亡讓老人消失，從而為年輕人讓路。現在你們是年輕人，但會逐步變為老人並消失。也許我的講話過於戲劇性，但這是事實。」

貝多芬也曾說：「我願證明，凡是行為善良與高尚的人，定能因之而擔當患難。」

面對惡性腫瘤的侵犯，賈伯斯依然能夠笑容滿面的勤勞工作，這是一種高尚的品德，也需要超人的意志力和良好的心態。

沒有人可以選擇命運，即使是披著神秘光環的賈伯斯也是如此。他出生不久就被父母送給別人撫養，家庭的困窘讓年輕的他就感受到生活的壓力。少年時代的賈伯斯是一個任性和叛逆的孩子，經常吸著大麻讀名著，成為嬉皮士放縱自己，以為這樣可以掌控自己的命運。可是當他告別迷幻藥時，也曾坦誠：「並不是自己有多麼超人的意志力，而是因為徹底被寧靜的心態征服。」

賈伯斯坦然地接受了自己的命運。在2003年被查出患有胰臟癌時更是如此。當賈伯斯最初被確診得癌症時，醫生認為他已時日無多。但是，他從未被病魔盯到，一直保持著健康人的工作狀態和心情。

一直到2004年，賈伯斯成功的接受手術，他才給朋友、蘋果的員工發出了一封說明自己情況的郵件：

有一些私人問題，我希望你們能從我這裡直接得知。

這個週末，我成功的接受了切除胰腺裡的癌症腫瘤的手術。這種胰腺癌是癌症史上罕見的一種疾病，叫做「小島細胞神經內分泌腫瘤」。雖然，這種病不好治癒，但是要及早發現，用手術切除即可治癒，我就是這種情況。

我將在8月份休養，9月份開始工作，我也期待9月份與你們的重逢。

賈伯斯的這種樂觀的生活，讓他迅速的康復。正如賈伯斯預期的那樣，他又回到了自己的崗位上。他說：「記住你即將死去」幫我指明了生命中重要的選擇。因為所有的榮譽與驕傲，難堪與恐懼，在死亡面前都會消失。我看到的是留下的真正重要的東西。當你擔心你將失去某些東西時，「記住你即將死去」是最好的解藥。如你能夠清空一切,你沒有理由不去追隨你心。

記住你即將死去，這種心態賦予了賈伯斯生命中有一定的特殊的意義。現在，蘋果的這位締造者已經離開了我們，但我們還要謹記他對生活的信念：「**帶著責任感去生活，嘗試著為這個世界帶來點有意義的事情，為更加高尚的事情做點貢獻。這樣你會發現生活更加有意義，生命不再枯燥。**」

3. 你的時間有限，不要為別人而活

　　賈伯斯一生只活了56歲，真的就如他所言：時間有限。但他卻在這個世界上留下了大大小小的痕跡，也真正做到了不為別人而活，只為蘋果的輝煌而奮鬥。

　　賈伯斯永遠清處地知道自己現在要做些什麼，未來要做些什麼。這在外人的眼裡就成為了一種偏執，但也是因為這份偏執，賈伯斯做到了一般人沒有做到的。

　　賈伯斯的生母是當時是一名在校研究生，未婚就生下了賈伯斯，而他的生父直到賈伯斯去世之前的一段時間裡，才知道鼎鼎有名的蘋果CEO就是自己的兒子。由於養父母沒有大學學歷，賈伯斯的生母猶豫了一段時間是否把孩子交給他撫養，後來還是因為養父母一再承諾讓賈伯斯接受良好教育，以後上大學，賈伯斯的生母才同意在收養文件上簽字。

　　幼年的賈伯斯就非常有主見，《世界跟著他的想像走：賈伯斯傳奇》的作者王詠剛說，小時候的賈伯斯成績還不錯，但絕對不是個聽話的好孩子，他甚至因為調皮搗蛋而被學校勒令退學。他還是個不合群的孩子，當受到其他同學戲弄後，他會躲在角落裡流淚。

　　人小鬼大的小賈伯斯偷偷打量著這個世界，逐漸形成了只屬於自己

的人生觀和價值觀。想必「你的時間有限，不要為別人而活」就是在賈伯斯尚年幼時形成了基本的框架。

直到賈伯斯選擇在念大學時退學。他更加堅定了自己的這一想法。

世界上有兩個人的退學常常令人們津津樂道。一個是賈伯斯，一個就是比爾·蓋茲。拋開性格的成分不談，賈伯斯與比爾·蓋茲一定會在某些方面達成共識：大學的學習無法滿足他們對人生的追求，更多珍貴的時間應該用來做更有意義的事情上。於是一個人開始與沃茲尼亞克潛心鑽研*AppleI*，另一個人狂熱癡迷於各種程式設計。

多年之後，已在中年的賈伯斯在回憶起這段經歷時，仍然津津樂道。

現在的蘋果，在賈伯斯個人魅力和產品獨特風格的感召下，收穫了一大批忠實的粉絲，這是明星才有的光環效應。卻在一家做電子產品的公司身上成功出現了。並不是賈伯斯與消費者走得有多麼近，有多麼聽消費者的話。恰恰相反，賈伯斯遵從自己內心的想法，將偉大的創意變成現實，像手拿一支指揮棒一樣指揮著消費者向自己的目標前進。

義大利管理學教授羅伯特·韋爾甘蒂曾經對賈伯斯與蘋果的事例有過這樣的論斷：「這種領悟事物的洞察力並不是從用戶向蘋果傳遞的，而是相反的路徑，我們去聆聽蘋果的聲音遠比它聆聽我們的多。聽取消費者建議對於漸進的革新是可行的，但絕難產生重大突破。」

4.親近朋友，更親近你的敵人

傳說有這麼一個故事，古印度有位英勇無比的王子，某次征戰之後，率兵得勝回朝。在盛大的慶功宴上，王子謙遜地舉起金杯，向父王、大臣、在座的將士以及黎民百姓一一表示感謝，甚至連為他牽馬的僕人也沒忘記，這使得大家深深感動。此時，旁邊坐著的老國王提醒道：「我的孩子，有一個最重要的人，你還沒向他致謝呢。」王子怔了半晌，終想不出，只好向父王請教，只聽老國王一字一句地說：「你的敵人。」

賈伯斯從來明白敵人對自己的重要性，只有敵人越強大，賈伯斯和蘋果才能成長得越快，成熟得越早。賈伯斯最應該舉杯向他的敵人們說聲謝謝：「IBM、微軟、英特爾，還有數不清的大大小小的敵人們，你們辛苦了！

蘋果的第一個敵人就是IBM。

那個時候的蘋果還非常稚嫩，羽翼未豐。但是賈伯斯與生俱來的強硬與不服輸，竟然絲毫不害怕與IBM的正面接觸。多年來，賈伯斯從來沒與IBM合作過，曾有人感嘆說：如果當初賈伯斯選擇與IBM聯手，可能就沒有今天的微軟，也沒有今天的Windows。

但是時光不會倒流，賈伯斯亦不會後悔。或許多培養幾個敵人，更

能讓他精神百倍，鬥志十足。

現在的*IBM*成為政府機構和商業使用者青睞的對象，已經不是當年的那個藍色巨人了。但是它對蘋果的鞭策作用依然不會減小。

微軟是蘋果的第二個敵人，也是與蘋果恩怨最深遠的敵人。

蘋果一向提倡將電子產品的軟體與硬體結合在一起，這卻與微軟的做法背道而馳。微軟是將兩者分開，事實證明，它成功了，微軟研發的*MS-DOS*系統是當年普遍採用的模式。但是，蘋果一直沒有放棄自己的努力，賈伯斯在*1998*年推出了「迷人」的*iMac*電腦，引起了一陣風潮，愛它的人一般都成為了蘋果的粉絲，也為賈伯斯後來產品的套路提供了標準。*iMac*的成功讓微軟十分嫉恨。

蘋果與微軟也不是時刻都劍拔弩張著，彼此對立的敵人有的時候也會選擇合作。

*1997*年，比爾·蓋茲向他的「老朋友」賈伯斯拋出了一隻和平鴿，他向蘋果注資了*1.5*億美元，並且承諾為蘋果的*iMac*電腦開發一個專用的*Office*軟體套裝。賈伯斯的言行也十分友好，不僅接受了注資，還在*MacworldExpo*大會上將蓋茲的頭像放到了螢幕上，以示尊重與感謝。這對於賈伯斯來說，似乎很難。但也很好理解，在賈伯斯心裡，比爾·蓋茲是應該感謝的敵人，而不是朋友。

谷歌是蘋果最近的一個敵人，直到賈伯斯去世，戰火的硝煙還沒有散盡。

曾經的賈伯斯和施密特有一段看似美好的友誼。在*iPhone*的發佈會上，施密特和賈伯斯的手握在了一起，鎂光燈哢嚓一片，見證兩位科技巨人的合作。施密特甚至還開玩笑說，蘋果與谷歌的合作如此親密，可

以考慮合併成一家公司，起名叫「*AppleGoo*」。

但是沒過多久，就因為移動運算和手機的面貌及未來等問題，產生了分歧。谷歌和蘋果在各個領域開始了一系列的競爭，包括收購、專利、董事以及*iPhone*應用程式等。戰爭一度白熱化。

現在，蘋果促進了智慧手機的繁榮，但是卻不肯開放自己的系統，也絕不允許別的公司將谷歌*Android*作業系統放在自己的產品裡。而谷歌也不甘示弱，施密特一直希望智慧手機是一個開放的平臺，能安放一切優秀的軟體。

在一次員工大會上，賈伯斯就說過：「我們沒有進入搜索業務，但是谷歌卻進入了手機領域，毫無疑問，谷歌希望扼殺*iPhone*，而我們不會令其得逞。」

賈伯斯或許不在乎敵人有多少，或是有多強大。在他看來，沒有挑戰的生活是乏味的，這也促成了賈伯斯個人的成就。或許未來，失去賈伯斯的蘋果還會迎來更多的敵人，但是只要謹記，親近朋友，更親近敵人這句話，就會越挫越勇，賈伯斯的精神總是存在的。

比爾‧蓋茲的成功課

第一章 我應為王，不做第二

想像一下，閉上眼睛，假如你和自由女神像一樣高，你會看到什麼？他的兒子說是全美國。

1. 與其做綠洲的小草，還不如做禿丘中的橡樹

「我應為王」是一種王者的霸氣。「只做第一」是領跑者的一種銳氣。

比爾·蓋茲說曾說：「任何事情，無論是演奏樂器還是作文，要嘛不做，要做就傾盡全力，只做第一不做第二。」即使是屈居第二，對比爾·蓋茲來說，也是一種恥辱。

童年的蓋茲對和小夥伴們一起追逐玩耍不敢興趣，他只做自己認準

的並能做好的事情。只要他想辦的事情，就一定要做到最好，如果是與別人比賽，就非得勝不可，認準了的事情，任憑別人說什麼，他都要一門心思做到底。他的同學在後來的回憶中也說「比爾做什麼事情都要達到登峰造極的地步。」

這種想要成為傑出人物的欲望和信念，讓他用眼永遠走在了別人的前面，也看到了別人看卡不到的先機。他天生的競爭意識為他增添了一種獨特的魅力，這也與他童年時代教育有著密不可分的聯繫。從和姐姐一起玩拼版遊戲，到每年一度的家庭體育項目比賽，再到鄉村俱樂部的游泳池，比爾·蓋茲每一件事情都盡全力達到完美。他從不願意放棄任何一次可以證明自己能力的機會。

有人說苦難磨礪人才，坎坷造就英雄，但蓋茲卻並不在此列，他出身於一個有著良好教育的幸福家庭。蓋茲的首任秘書這麼評價蓋茲：「他出身於一個十分良好的家庭，家庭成員對他的教育、成長以及生活的哲學觀點、都產生了十分良好的影響。」

在寬鬆的家庭環境下，比爾·蓋茲從小就受到了良好的培養和教育。1968年，當蓋茲在湖畔中學度過第一年之後，學校當局作出了一個對比爾·蓋茲的未來具有重大意義的決定，他們決定引入一台印表機，然後將其和學校租用的型號為PDP-10型的電腦相連作為電腦來使用。

在學校和家長的共同努力下，這台電腦終於落戶在了湖畔中學。很快，比爾·蓋茲瘋狂的熱愛上了電腦。

比爾·蓋茲後來回憶這段時間對於他興趣的發展產生的意義時，用了一個形象的說法：「跟所有的兒童一樣，我們不僅胡亂鼓搗我們的玩具，我們也改變它們。如果你曾觀察過某個兒童用紙板卡通和一箱蠟

筆創造出一艘帶冷溫控制儀錶的太空船，或是聽到他們即興制定一些規則，諸如『紅色小車可以超越別的車』等的話，你就知道這種要求一個玩具具有更多功能的衝動是創造性兒童遊戲的核心。這也是創造性活動的本質。」

狂熱和執著讓比爾·蓋茲對自己的追求更加篤定。同時他也認識到，幹什麼事情，有能力和學識是成功的一個先決條件，但是沒有「我要為王」的氣度和野心，做什麼事情都不能臻於完美。

「比爾沒有幹不成的事，」他的朋友布萊特曼說，「他總是集中精力幹好一件事，絕不輕易放手。他的決心就是，不做則罷，要做就做好。」蓋茲在湖畔中學上學時期，他的數學成績是最好的。他的數學老師這樣回憶他當時的情形：「他能用一種最簡單的辦法，來解決某個代數或電腦問題。他可以用數學的方法來找到一條處理問題的捷徑。我教了這麼多年的書，他甚至可以和同我工作過多年的那些優秀的數學家媲美。」

進入哈佛大學學習後，比爾·蓋茲依然在數學才能依然突出。如果蓋茲一直堅持學習下去，他或許會成為一個優秀的數學家。但是蓋茲知道在哈佛大學還有一些數位偏執狂在數位方面比他更勝一籌。於是，他放棄了攻讀數學的打算。這也與他「做事情不屈居第二」的信條有關。

一個人的視野決定了一個人的胸懷。一個人的志向決定了一個人前進的方向。比爾·蓋茲曾對他童年時代的好友說：「與其做一株綠洲的小草，還不如做一棵禿丘中的橡樹，因為小草毫無個性，而橡樹昂首天穹。」陳勝吳廣的一句「燕雀安知鴻鵠之志」，撼動了秦王朝的大旗，比爾·蓋茲的做「一顆仰首天穹的橡樹」，為他打造了一個微軟神話。

2.永遠都要快一步

科萊特是比爾·蓋茲大學的好朋友。1973年，遠在英國利物浦市的克雷爾遠渡重洋來到哈佛大學求學，比爾·蓋茲是他在哈佛的同學。

大學二年級那年，比爾·蓋茲找到科萊特，邀請他一起退學去做32 bit的財務軟體發展。蓋茲的理由是，要開發Bit財務軟體，首先要學會進位制路徑轉化，而這一課程在新的教科書中已經出現。比爾·蓋茲相信憑這些知識足以做到對Bit財務軟體的進一步研究。

科萊特毫不猶豫的地拒絕了比爾·蓋茲的邀請。他覺得比爾·蓋茲想法太過天真，教科書上學到的只是一些皮毛，不足以開發要開發Bit財務軟體。他們還需要更深一步的學習和研究。

一晃十年過去了，克雷爾成為了哈佛大學電腦bit軟體的博士，可是，他也在美國《富比士》雜誌億萬富豪排行榜上看到了比爾·蓋茲的名字。當年那個19歲就退學的小夥子躋身於富豪行列。直到克雷爾拿到博士後學位，成為bit行業的專家，比爾·蓋茲也在這一年成為美國第二富豪，他的財富值僅次於股神巴菲特。

走在別人的前面，就要時刻保持領先的戰略眼光。比爾·蓋茲認為，做領跑者，不僅僅是走的比別人快，超過別人的時候不能停下來走，和別人並肩的時候要想出與眾不同的主意，不如的別人的時候要抓緊時間

補上，這也是一種領先。

　　永遠都要快一步，是蓋茲成功的秘訣，也是微軟能走在IT前端的必殺器。蓋茲的成功與他不大懂得謙虛謹慎，有著冒險家的躍躍欲試和膽大若狂有關。也正是這些異於常人的性情成就了他的傳奇。

　　20世紀60年代的美國，原本就是一個充滿激情與活力的年代。活躍的因數摻糅在時代的空氣氛圍中，隨時迸發著理想的熱情。蓋茲的進取心與高瞻遠矚，讓他走在了時代的最前端。即使科萊特拿到博士後學位，想要趕上蓋茲也卻舉步維艱。

　　具備精深的專業知識之後在再創業是人們普遍認可的一種方式心理。然而，如果蓋茲在補習完所有的知識後再去創業，他還會有機會成為世界首富嗎？

　　蓋茲從1975年創立微軟，到2008年離開微軟，一直保持著這種領先別人的信念和氣度。當初蓋茲放棄哈佛大學的學位，是因為他看到了別人看不到的商機。這與他從中學到大學在電腦方面的知識累積，並一直參與電腦軟體的開發與編寫有關，並且這時候的蓋茲已經有了經營公司的經驗，這一切的條件為蓋茲的成功奠定了基石。

　　15歲時，蓋茲在當地的一家電腦公司打工，在這幾家公司倒閉之後，蓋茲以最低價格買下了這個公司最有價值的電腦磁片，不久，蓋茲將這個磁片以高價賣給了一個開發商。這是蓋茲的第一桶金。也正是這個事情讓他明白「走在別人前面」的重要性。

　　後來的蓋茲沿用自己的速度飛速前進。在20世紀90年代末，微軟加大了在有線電視和電信公司的投資，將軟體研發應用到更為廣泛的領域，其中包括MSN網際網路業務部門和許多消費者Web服務。這又讓微軟

領先跑在別人的前面，成為微軟行業的先驅者。就想像蓋茲所說：微軟知道自己的財富來自哪裡。

在機上盒領域，微軟是第一。在視頻遊戲領域和手機領域，微軟也正以自己的形式向第一邁進。在之後推出的平板電腦、*CarPoint*等領域，上市第一年這些產品就受到了消費者的青睞。永遠都要快一步，讓微軟搶占了先機。也正是快一步，讓微軟一直成為*IT*行業的前行著者。

比爾·蓋茲喜歡速度與激情。他曾經說：「我的工作其實是一場競賽，我喜歡在事情到了緊要關頭的時候全力以赴的感覺。」因為駕車超速，蓋茲曾多次被罰。

在一次回西雅圖的途中，蓋茲駕著他的「保時捷」，因為超速行駛，而被高速公路上空的一架車速監測飛機開罰了兩次。對蓋茲而言，一兩張罰單對他來說是產生不到作用的。他追求的就是走在別人前面，比別人快一步的感覺。

就像蓋茲的那輛「保時捷」一樣，微軟在比爾·蓋茲的帶領下飛速前進，他不因任何事情阻止微軟前進的步伐。在這個前進的路上，蓋茲的夢在前進，微軟的夢在繼續，人類的夢也在前行。

3. 一個人的視野決定了世界的方向

比爾·蓋茲曾經這樣跟他的兒子說：「想像一下，閉上眼睛，假如你和自由女神像一樣高，你會看到什麼？」他的兒子說是全美國。

比爾·蓋茲就是想透過這個問題要兒子知道想要得到更好的，就必須站得更高。對於這個道理，比爾·蓋茲比誰都明白，他就是因為具有高遠的目光才成就了今天的事業。

第一台微型電腦誕生的時候，訂單如雪花般飛向它的發明人羅伯茨。這時蓋茲有遠見的提出，以後隨著電腦硬體的降價普及，真正的利潤將在軟體。但那時的羅伯茨只看到了眼前的市場，沒有聽從蓋茲的勸告。兩人因為這事還吵了好幾次。蓋茲和艾倫看到羅伯茨對整個電腦行業缺乏長遠的目光，如果跟著他幹下去，必然會自取滅亡。於是他們果斷辭職另起爐灶。在這種情況下，微軟誕生了。

在硬體和軟體之間，蓋茲用自己的遠見卓識正確的選擇了軟體行業，而且在軟體上不斷的推陳出新，將微軟公司成功的變成世界上一流的軟體公司，這也充分表現了他的遠見。

比爾·蓋茲常常說，有遠見的人常常首先發現誰會幫助自己。一旦發現就要積極的爭取，與巨人合作，搭順風車，在微軟公司的初創階段產生了極為重要的作用。

比爾蓋茲的成功課

IBM公司自1951年起就開始經營電腦。到20世紀70年代，IBM已經控制了美國60%的電腦市場和大部分歐洲市場。那時候的IBM公司就像一個文雅的藍色巨人，IBM它幾乎已成為電腦的同義詞。

IBM公司的訂單鋪天蓋地，有時甚至出現排隊的現象。一句俗話說：「上漲的潮水可以浮起所有的船。」誰能搭上這條船，其成功自然指日可待。

當IBM公司找到微軟合作的時候，比爾·蓋茲敏銳的意識到一定要與IBM合作，這樣微軟將立刻擁抱前所未有的巨大市場。在與IBM談判前，比爾·蓋茲就樹立了目標，整理了自己的思路。他明白誰控制了占支配地位的作業系統誰就控制了未來。沒有作業系統的電腦是無法啟動的，所以誰贏得這場控制主導系統的戰爭，誰就將控制電腦市場。在與IBM談判過程中，比爾·蓋茲堅持他的計畫。

最終比爾·蓋茲取得了與IBM合作的機會，而且在許可權收益的問題占盡了上風。與IBM的這次合作，微軟有了一個飛躍式的進步，正如比爾·蓋茲所說：「我慶幸被IBM選中，這是上帝賜予我們的機會。否則，也許我們要在巨人的陰影下掙扎很長時間。」

而當時比爾·蓋茲的競爭對手基爾代爾教授並沒有意識到與IBM合作的巨大意義，因此將這個機會拱手讓給了微軟。如果沒有比爾·蓋茲的遠見，讓微軟拿下IBM的訂單，也許微軟還要走很久才能達到現在的規模，甚至有可能在中途已經被其他公司取而代之。

一個公司只有擁有一個具有長遠目光的領導者，才能總是走在別人前面，不斷的推陳出新，占領市場的制高點。

從1994年10月起，微軟公司啟動了一項計畫，那就是每年都針對9到

12歲的兒童舉辦一次主題為「請描述出你心目中最有魅力的電腦」的徵文活動。兒童們紛紛揮筆寫出自己的想法，其中寫得好的還有機會被邀請到微軟總部和比爾·蓋茲面對面。

其實1994年起，微軟公司就開始為青少年研製了開發智力和培養電腦使用能力的套裝軟體，這在一定程度上打擊了市面上的那些充滿暴力內容的軟體。這一舉措受到了家長和孩子的歡迎，也讓微軟公司名利雙收。

其實微軟公司面對青少年所舉辦的一系列活動，除了有比爾·蓋茲的社會責任感，還有一點就是孩子們代表了未來，他們對電腦的幻想就是未來電腦系統的樣子，這是對未來幾十年的提前考慮，體現了公司的創新意識，同時這些青少年也是微軟公司未來的潛在消費者。

比爾·蓋茲認為，不管你的公司是做什麼的，如果你認真地思考，經常研究市場需要，抓住商機，你就肯定會成功。如果目光短淺，閉門造車，只會寸步難行，直到破產。

4. 做我自己的和我想做的

自信讓我實現所有一切全部都改變，

我不再去想別人怎麼看我就是喜歡自己很勇敢，

就請你和我跟著音樂一起來搖擺，

現在我只想做我自己真的很愉快。

這首《做我自己》的歌詞激蕩人心，讓我們在旋律的碰撞下產生積極的火花。在世界上，真的有那麼多人奮不顧身地追求自己的夢想，堅持做自己麼嗎？

玫瑰，粗看起來都十分相像，其實不然。只要仔細看，便會發現它們朵朵不同。如生長的速度、花瓣曲捲的程度、顏色的均勻與否等，只要仔細分辨，均可發現它們各有獨特的風姿。不僅自然界如此，人類的情形也是如此。我們每個人都是獨一無二的，就好比朵朵不同的盛開的玫瑰花，我們的生活面貌都由自己塑造而成，如果我們能正確認識自己、瞭解自己，看清自己的長處，明白自己的短處，便能踏穩腳步，達到目標；這樣就不至於浪費許多時間精力，而空自苦惱。發現自我，保持自我本色，做自己想做的事情，這是一個人健康快樂的第一要訣。

比爾·蓋茲就經歷這麼一個過程。當年的蓋茲前面有兩條路：要嘛繼

續在哈佛大學中規中矩的讀完法學專業，要嘛快刀斬亂麻，建立自己的公司。

在一個週末，他在回家的路上都在想如何跟自己的家人開口，他已經下定決心去開拓自己的事業。

回到家，蓋茲就把自己早就準備好的話一股腦的說了出來，然而父母並不支持他，甚至激烈反對。蓋茲沉吟了一會兒，堅定的說：「爸爸，媽媽，對你們以前對我的支持，我一直心懷感激，這次不管你們是否答應我的決定，我依然像以前那麼愛你們，不會心存一點怨恨，因為我深知，你們完全是為了我們好。但是，我想說的是，我對電腦前景的預見要比你們遠一些，我知道一場席捲全球的電腦革命即將來臨，如果我錯過這一大好時機，我將遺憾終生。而如果我抓住了這個機會，我也許能取得無比輝煌的成就，從而使哈佛學位變得不值一提。」

為了讓蓋茲死心，他的母親瑪麗動用了自己一位多年的老友——薩默爾·斯托姆，想借助他的威望和經驗使蓋茲回心轉意。斯托姆接受了瑪麗的託付，決定好好的勸勸這個小年輕，於是他和比爾深聊了一次。也是這次談話，成為比爾創業的轉捩點。

在面對保羅提所問的電腦的發展趨勢時，蓋茲表示：「軟體時代到來了，我如果現在不去抓住機會，那麼以後我永遠也不會有這個機會。」蓋茲激情而且真誠的發言打動了斯托姆，看到這個年輕的小夥子在這侃侃而談，他彷彿也回到了自己創業的階段，斯托姆開始認可了蓋茲的說法，還不時的附和幾句。

最後，斯托姆真誠地告訴比爾·蓋茲：「任何一個對電子學有所關注的人，都會明白電腦革命馬上就要來臨。」蓋茲看到這位他尊敬的前輩

如此支持自己，他也覺得自己做的沒有錯。

1975年7月的一天，一個看似普通的日子，但是卻是比爾和保羅的公司成立的日子但是卻是蓋茲和保羅的公司成立的日子。由於他們公司的主業就是為微型機設計軟體，因此他們就用「Micro-Soft」來命名自己的公司，後來又去掉了名字裡的那個小短杆，就叫「Microsoft」，中文名就是「微軟公司」。

正因為蓋茲堅持自己的想法，為了做自己想做的事情而堅持不懈，最後才成就了微軟神話。他堅定自己的信念，懂得發現自我，為自己創造了千載難逢的發展機遇。假若當年的蓋茲在面臨父母的反對時就放棄了親自去實現電腦大眾化的夢想，那麼世界上會少了一個IT界的盟主，少了一個享譽世界的業內名企。

比爾·蓋茲很好地詮釋了追求自己想做的事情，另一方面，做我自己也是生活的一部分。

人生在世，每個人的發展軌跡都不盡相同，不用刻意去遵循別人的道路，而應該活出自己的精彩，走自己的路線。這樣的人生，充滿了神秘色彩，等待著我們去探索，去追尋。正如前文所說，每朵玫瑰都不相同，每個人也有自己的個性，要像玫瑰花那樣，開出自己的美麗。

5.不斷創新的悲觀主義者

　　微軟公司文化中還有這樣一句話：「每天早晨醒來，想想王安電腦，想想數位設備公司，想想康柏，它們都曾經是叱吒風雲的大公司，而如今它們已經煙消雲散了。一旦被收購，你就知道它的路已經走完了。有了這些教訓，我們就常常告誡自己——我們必須創新，必須要突破自我。」

　　比爾·蓋茲非常瞭解「人無遠慮，必有近憂」的道理，他堅信只有創新才能讓微軟在軟體行業的道路上越走越遠，也正是懷著這種信念，他帶領著微軟從小到大，從一個默默無聞的小公司變成現在的行業巨頭。

　　比爾·蓋茲很早就提出硬體可以和軟體分離，這也使得電腦尚未生產出來，與其配套的軟體和應用程式先行開發出來成為可能，同時這也是搶占市場的最好方法。微軟開始和*IBM*合作的時候，*IBM*的個人電腦尚未研製出來，但是微軟卻在這種情況下研製出了適用於*IBM*新產品的*MS-DOS*系統。為蘋果公司開發系統時，微軟採取了同樣的戰略。這兩次的成功讓比爾·蓋茲和微軟都意識到了未雨綢繆的重要性。

　　除了未雨綢繆的前瞻意識，比爾·蓋茲還把創新放到了一個非常重要的位置。比爾·蓋茲曾在一次演講上說：「在過去兩個世紀裡，許許多多的創新已經從根本上改變了人類的生活條件，例如壽命延長了一倍，

能源更加便宜，食物更加充裕。如果我們假設在未來十年內，在健康、能源或者食品領域都沒有任何創新，那麼前景是非常的黑暗的。對於富人來說，健康的成本會不斷攀升，因此將不得不做出令人頭疼的選擇；而對窮人來說，他們將不得不繼續處於目前所處於的糟糕境地。我們將不得不提高能源價格，以減少能源消費，窮人則不得不在承受高價的同時，還要承受氣候變化帶來的不利後果。我們還將面臨食品大規模短缺的局面，因為世界人口不斷增長，我們沒有足夠的土地來餵養他們。」他認為能使我們避免這種糟糕後果的方法就創新，在創新在一領域，我們大有用武之地。

比爾·蓋茲歷來重視創新能力，強調產品需要不斷創新，因為創新是保持企業競爭優勢的前提。他說過一句很著名的話：「**成功的大公司在別人淘汰自己的產品之前，已經自行淘汰了它們了。**」微軟公司不斷自我突破的法寶就是微軟研究院。微軟充分認識到基礎科學研究的重要性，缺乏基礎研究，產品就缺乏後續力，就沒有創新和發展的基礎，即使一時產品賣得火，但也不會維持太久。為此比爾·蓋茲成立了微軟研究院，讓每位研究人員都與公司產品工程師密切結合，每項研究課題都涉及微軟公司向市場交付的每一種產品。

創新成了微軟公司不變的宗旨，不管是產品技術還是商業管理，只有不斷創新，才能持續成功，戰勝自己，超越競爭對手。

守舊失敗，創新必勝，已經成為時代的潮流。任何企業，任何人，如果停滯不前，不思進取，其結果必定是機失財盡，被時代淘汰出局。只有努力發展，尋求新起點，適應事物與時代發展的特點，才能不被時代淘汰，永遠走在別人前面。

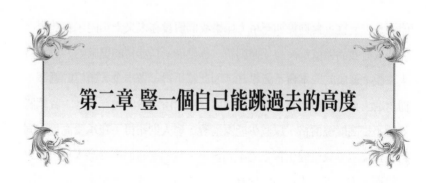

第二章 豎一個自己能跳過去的高度

一個遠大的目標就像是一個望遠鏡。從一端觀望的話，你可以放眼無邊的宇宙。

1. 賺錢是最壞的目標

法國女作家西蒙·波娃曾在她的回憶錄中說：不可過分追逐金錢，金錢本身給你帶來不了什麼；追逐金錢，會給人一種為了活著而活著的感覺。為活著而活著是一種原始的生活，為真正的文明的現代人所不能容忍。

被人們譽為「鋼鐵大王」的安德魯·卡內基在他33歲時就使自己建立的鋼鐵公司躍升為美國最大的鋼鐵公司。那一年，他在自己的備忘錄中

寫道：「人生必須有目標，而賺錢是最壞的目標。沒有一種偶像崇拜比崇拜財富更壞的了。」

用「是否可以賺錢」來衡量事情，以「是否賺到了錢」來評價個人，這已經成為這個社會衡量人生價值的一個標準。可是，這個標準俗化了事情原有的境界，使它由純潔地追求一個崇高的目標，降低為「有利可圖就好」。

比爾‧蓋茲再次回憶起湖濱湖畔中學的年代，覺得尤為難忘。那個時候，蓋茲和朋友們整天夢想著有一天擁有一臺屬於自己的電腦。然而，對於還是中學生的他們，那好像是誰想擁有一艘核潛艇似的瘋狂。

要實現某一方面的理想，首先要有錢。蓋茲和他的朋友們商量要找到一種最快的賺錢方式。於是，他們開始了他們的電腦製造。透過一場軟硬體激烈的爭論，蓋茲的朋友艾倫認識到他們搞軟體有優勢，而且不易虧損。他終於同意蓋茲的設想說：「我們兩個人的綜合實力不在硬體上面。我們注定是搞軟體——電腦靈魂的料。」

對那時的他們而言，編寫軟體不僅是賴以糊口的工作，而且是使命，充滿樂趣。然而，緊張的生活使他們若有所失，許多機會丟失了，因為產業有了重大改變而工程師們並不談論它。蓋茲和艾倫，兩名年輕人飢渴地吸收任何找得到的電腦資訊。不久，這些學生的電腦知識就比老師還多，而且湖濱湖畔中學的那部機器也再無安靜的時刻。

在電腦室裡，蓋茲和艾倫越來越親近，雖然相差兩三個年級，可是他們還是成了好朋友。他們一直想測定電腦的極限，並很早就有了一同努力的成果，他們決定以電腦知識獲取利潤。為了這個目標，比爾‧蓋茲、理查‧魏蘭、肯特‧伊萬斯和保羅‧艾倫共同組建了一家公司。

蓋茲的小公司所接到的第一份委託工作，是替ISI公司設計薪資表的程式。這個年輕公司所獲得的好處是——可以免費使用電腦了。

一家公司是不夠的，比爾·蓋茲和保羅·艾倫又共組了「交通資料」公司，專門提供以電腦計算交通的軟體。他們替ISI工作一年之久，以電腦分析資料。可是之後就再也未接到工作，「交通資料」公司因而只停留在網上公司的階段。不過，這兩位年輕的老闆，口袋裡倒還盈餘了幾千美元。

1967年夏季，蓋茲與艾倫因編寫排課程序而賺得了價值5000美元的電腦使用時間。蓋茲和艾倫因為找不到另一部電腦而洩氣。他們最後只好自掏腰包買下8008晶片，然後兩人與朋友保羅·季爾伯特一起製造電腦。蓋茲出資360美元，當包著鋁箔的晶片送達時，看起來是那麼的神奇，這些人幾乎不敢伸手去摸。他們製造電腦所吃的苦頭，使蓋茲和艾倫確信，他們應該將從事軟體生意作為自己的目標。

對於蓋茲而言，賺錢不是首要目的，重要是他們能在這個工作中找個樂趣。快樂與金錢有關，但快樂卻不以金錢的多寡來衡量。在製造電腦這個工作中，蓋茲和他的朋友找到了自己真正的目標和理想。

「理想」的本身應該是件「浪漫」的事，它追求的是一項高遠美麗的目標。它是一種力量和熱情，使你為它花費時間與金錢而在所不惜。由於這理想本身的美麗動人，常會吸引來許多志同道合「同好」者，人們一起全用這種「浪漫」的心情來為這理想奠基，為它耕耘與開拓。於是，在力量與熱情的支持下，它開花結果，漂亮極了。

不是說，工作可以永遠不靠金錢的維持，更不是說，人們可不靠金錢而生存。金錢原該是工作的回報，而且應該是工作越好，金錢的回報

越多。問題只是，當人們把注意力由工作轉向金錢之後，分散了對工作的專注，偏離了工作原來的意義，摻入了功利的雜質，為求迅速達到賺錢的目的而急切完成，為求較普及的市場需求而迎合俗眾，誤以初步的成功所賺來的金錢為終極的成功巔峰。不再追求精進，只在淺薄的水準上重複一項初步的完成。

我們看到太多有天分的鋼琴學生為了教琴賺錢，而未能成為一位更好的鋼琴家；我們看到太多的藝人，在剛起步時的成功之後，就停留在這一階段，在舞臺上蹦跳一陣之後，迅即消失。

急功近利的做事態度，使人直接地奔向金錢，而無心顧及理想，更無暇完成理想。賺錢是最壞的目標。能在直接的財富之外，有眼力見到間接財富，在狹義的財富之外，有胸襟見到廣義的財富的人，才能真正瞭解財富的涵義。

2.每張書桌上會有電腦，每個家庭會有電腦

緊緊抓住夢想，

因為一旦夢想消亡，

生活就象折斷翅膀的小鳥，

無法自由翱翔。

這是美國詩人蘭斯頓·休斯一首關於《夢想》的詩。夢想，是人類所具有的種種力量中最神奇的一種能力。有偉大夢想的人，即使阻以銅牆鐵壁，也不能擋住他前進的腳步。這是人們的一種期待，也是一種精神動力。幾乎每個人都會說，偉大的夢想造就了天才。但比爾·蓋茲卻是一個善於把偉大的夢想與時代的精神結合起來的人。

比爾·蓋茲生於1955年。他從小酷愛讀書，除了童話故事，他最喜歡的書就是《世界圖書百科全書》。他常常一讀就是幾個鐘頭，對書的迷戀和狂熱無人能比。蓋茲強烈的進取心、執著的性格在同齡人中是罕見的。他還常常自勉道：「只要有時間，只要有機會，我一定會成為億萬富翁。」

蓋茲的父母對自己的兒子寄予厚望，他們把他送入西雅圖收費最高的私立湖濱中學讀書。正是這所學校激發了比爾·蓋茲智慧的火花與創造力。

湖濱中學是美國最先開設電腦課程的學校。蓋茲如魚得水，求知欲得到極大的滿足，凡能弄到手的電腦書刊、資料，蓋茲總是百讀不厭，還能舉一反三。同窗好友保羅·艾倫，常向蓋茲發難和挑戰，堅強的意志力和強烈的進取心使他倆成為知己。艾倫曾說：「我們都被電腦能做任何事的前景所鼓舞……蓋茲和我始終懷有一個偉大的夢想，也許我們真的能用它幹出點名堂。」

當艾倫醉心於專業雜誌時，蓋茲還喜歡讀一些商貿雜誌。他們甚至想到用學校的電腦賺上一筆。蓋茲的電腦水準提高極快，以致有許多高年級學生向他請教。在破壞電腦安全系統方面，蓋茲可算是行家。在電腦中心公司，他們發現了一種弄虛作假的辦法，使電腦按他們的程式工

作，而使用的計時記錄卻保持不變。時間一長，只要系統出現問題，公司人員立即就會猜出是蓋茲搗的鬼。作為免費使用電腦的交換，蓋茲和艾倫把發現的問題逐一記錄，彙編成冊，起名為《問題報告書》。半年後，《報告書》已增至300多頁。孜孜不倦於軟體的創業歷程，蓋茲用自己奇異迷人的舞姿在懸崖邊上迎風舞動出了動人心弦的華章。

從比爾·蓋茲的青少年時代，我們可以看出，也許蓋茲最初的夢想與一般人相差無幾，財富、成功、金錢對一般人只是一個抽象的觀念而已，但蓋茲卻能夠將這一夢想與自己新接觸的電腦聯繫在一起，這就使得他的夢想有了堅硬的基石。

蓋茲有個盡人皆知的著名夢想：將來，在每個家庭的每張桌子上面都有一台個人電腦，而在這些電腦裡面運行的則是自己所編寫的軟體。當然，這一夢想並非僅僅出於一種純粹的理想主義，少年蓋茲在為自己的這一夢想激動的同時，也隱隱看到了在它背後蘊藏著巨大的商業機會。這沒有什麼不好理解的，因為這位西雅圖著名律師的兒子從小酷愛閱讀的就不是兒童圖書，而是法律和商業方面的成人雜誌。

正是在這一偉大夢想的催生下，微軟公司誕生了；也正是在這個公司的推動和影響下，軟體業才從無到有，並發展到今天這種蓬勃興旺的地步。

史蒂芬孫原先是一個貧窮的礦工，但他製造火車機車的夢想也變成了現實，使人類的交通工具大為改觀，人類的運輸能力也得以空前地提高。

電報在沒有被發明之前，也被認為是人類的夢想，但莫爾斯竟使這夢想得以實現了。電報一旦發明，世界各地消息的傳遞，從此變得非常

便利。

　　馬可尼發明無線電，是驚人夢想的實現。這個驚人夢想的實現，使得航行在驚濤駭浪中的船隻一旦遭受到災禍，便可利用無線電，發出求救信號，由此拯救千萬生靈。夢想正以它獨特的方式占據這人們的思想，走進人們的靈魂。

　　對世界最有貢獻、最有價值的人，就是那些目光遠大，且有先見之明的夢想者。他們能運用智力和知識，來為人類造福，把那些目光短淺、深受束縛和陷於迷信的人解救出來。有先見之明的夢想者，還能把常人看來做不到的事情一一變為現實。

　　有人說，想像力這東西，對於藝術家、音樂家和詩人大有用處，但在實際生活中，它的位置並沒有那樣的顯赫。但事實告訴我們：凡是人類各界的領袖都做過夢想者。不論工業界的巨頭、商業的領袖，都是具有偉大的夢想，並持有堅定的信心，付諸努力奮鬥的人。

3. 遊蕩的人，未必是迷路的人

　　剛剛踏入社會的年輕人可能對未來的人生道路感到迷茫，這是一種正常現象，心理學家認為每個人在某個特定的階段都會出現這種迷茫和不安。適當的迷茫可以促使人奮發向上，激發向上的原動力。比爾·蓋茲傳奇人生，也遭遇過一段迷茫時期，那是他還在大學的時候。

在哈佛就學的日子並非如蓋茲所願，一些無聊的課程讓蓋茲覺得浪費了很多時間。在學校裡，蓋茲把大部分時間交給了電腦，不過，他也常常和朋友一道玩別的遊戲。很快，蓋茲便沉迷上了撲克牌。

每天晚上，蓋茲和一群無聊的小夥子聚集在房間鄭重其事地打牌賭錢，一個晚上的輸贏甚至達到了幾百上千美元，蓋茲起初技藝欠佳，但撲克牌其實是一門需要花費心思的遊戲，而蓋茲憑藉著自己超強的記憶力和判斷力，以及肯鑽研的個性，很快成為了牌場的高手，牌癮之大甚至不遜於他對電腦的熱情。

蓋茲很快在牌場上戰無不勝，多年以後他回憶這段日子的時候是這樣說的：「我牌打的不賴，打牌比上無聊的希臘文可更能體現出我的價值。有時醫學院和商學院也有一夥人經常來玩，他們的技術不行，我們就提高籌碼，讓他們輸了個精光，結果他們再也不來了。不過我們這夥人堅持到了最後，大家水準相當，也就沒有太多的輸贏可言了。」

癡迷於打牌對蓋茲來說並非是玩物喪志，不愛服輸的個性使得他常常鏖戰到深夜，特別是運氣沒有站在蓋茲這邊的時候，蓋茲絕對不會善罷甘休。他有著自己的一套經驗：誰叫牌大膽，誰已經出過什麼牌，誰叫牌和詐牌的方式如何，然後再加以分析和總結，爭取笑到最後。

在交友方面來說，蓋茲的興趣顯然沒有打牌興趣高，他在這方面與他的許多同學很不一樣。他似乎確實同一個名叫卡洛琳·格洛伊德的女孩有過交往，那是他父親同事的女兒。卡洛琳很快就發現比爾·蓋茲對女人沒有什麼吸引力，他同她們的交談中，除了談電腦考試方面的事情似乎就沒有別的內容。他也不好交際，同女孩們在一起便感到無趣，但他更願意同年長的人打牌。卡洛琳覺得她同比爾·蓋茲之間沒有什麼共同愛

好，甚至懷疑比爾·蓋茲有心理障礙，便只好同他分手。不過許多年後，卡洛琳對比爾·蓋茲的看法有了變化，認為他的心中只裝著他感覺認為對的東西，而不願意在他不感興趣的事情上浪費時間。

　　無聊的生活讓比爾·蓋茲對他的未來感到茫然，他的心思始終在電腦上，但他不得不迫使自己去修完哈佛的課程。

　　有一天，他又沒有去上課。而是一個人坐在椅子上，作沉思狀，有同學看到比爾·蓋茲現在如此安靜，走過去拍了下他的肩膀，問他為什麼沒有去上課？

　　蓋茲聳了聳肩膀，感到非常無奈，說那些無聊的課實在是浪費時間，他只對電腦感興趣，可是現在每天要修一些以後根本用不上的課程，他希望自己一天二十四小時都與電腦呆在一起，所以現在感到無所適從。

　　好在蓋茲的迷茫只是暫時性的，沒過多久他便作出決定——從哈佛退學。這個看似瘋狂的決定事後被人們認為是英明的抉擇。蓋茲迷茫但他沒有迷路，他知道自己今後的一生必將致力於電腦領域，他只是矛盾於哈佛學業的退與不退。當蓋茲陷入了抉擇的兩難，他沒有拘泥於痛苦的判斷，而是讓自己換了一種方式——用打牌來為自己調整心態，尋找新的刺激點。

　　等到蓋茲下定決心，勇敢的踏上屬於自己的道路時，陰霾的天空也就重現了陽光。迷茫並不可怕，可怕的是心中沒有方向，暫時性的迷茫並不意味著你已經迷失了道路，對於心中有夢想的人來說，短暫的「迷失」只是一種「休息」，只要我們認定目標，調整好心態，迷茫過後就是成功。

4. 把目標變成「望遠鏡」

　　鹽湖城住了一個年輕人。他具有勤勞節儉的美德，因而獲得許多讚美。但他的一項舉動使他的朋友們都認為他瘋了。他從銀行取出他所有的存款，到紐約參觀汽車展，回來時買了一輛新車。更糟糕的是，當他回到家之後便立刻把車停到車庫中並將每個零件都拆卸下來。在研究完之後，他又把車子組裝起來。那些旁觀的鄰居都認為他的行為實在太不正常了，而當他一再重複拆卸組裝的動作時，旁觀者更加確定他瘋了。

　　這個人就是後來的汽車大亨克萊斯勒。他的鄰居們不瞭解隱藏在他看似瘋狂行為中的目標，更不瞭解成功意識對他的重大影響力。

　　從貧窮到富有，第一步是最困難的。其中的關鍵，在於你必須瞭解，所有財富的獲得都必須先建立清晰且明確的目標。當目標的追求變成一種執著時，你就會發現，你所有的行動都會帶領你朝著這個目標邁進。

　　在湖畔中學時，蓋茲和艾倫決定開發軟體，他們那時想從開創性的工作中更多地體會創造的樂趣。但是蓋茲在這個軟體的推廣中就有了一個獨特的計畫。他的創業計畫就是將原來自娛自樂、甚或只是為了顯示自己技術水準的軟體變成賦予商業價值，使其變成盈利的工具。

　　蓋茲是第一個提醒人們重視軟體非法複製問題的程式師，也是蓋茲

結束了最初一些程式設計人俱樂部所宣導的開放共用的傳統。

對於具有遠大戰略眼光的蓋茲來說，這些還只是一個開始。自創業之始，蓋茲希望透過軟體銷售，將自己的軟體在整個世界市場上占主流。為了實現這個目標，蓋茲不遺餘力的地等著著能實現目標的任何一個機會。

1975年夏天，蓋茲和艾倫創建的公司與羅伯茨正式簽署了授權合約，這個協議著重申明了關於8080電腦的配套軟體的使用權利，它給予了微型儀器微軟公司獨有的在全世界範圍使用和許可BASIC的權利，包括向第三者發放從屬許可的權利。也正是這個協議決定了蓋茲和微軟公司最初的命運。

協定中規定的每個拷貝收權利金的軟體轉讓方法，也在當時開了軟體盈利模式的先河。這個潛在的商業利潤讓蓋茲從軟體發展中賺取了巨大的利潤。但這並不是主要的，更重要的是，他們已經有了一個清晰可行的創業計畫：透過開發軟體並進行市場推廣，從而達到盈利的目的。

目標可以開闢一個充滿選擇的世界，可以讓人們更清晰未來的路，每一個遠大的目標都應該增加我們的人生選擇範圍。1981年，微軟藉由授權許可MS-DOS作業系統大賺一筆，這個軟體系統微軟公司先向當時最大的電腦公司IBM出售，之後又捆綁賣給其他的電腦製造商。這種低價授權，賣給多家的銷售方式，讓微軟很快成為電腦行業的軟體標準。微軟就是透過這種方式迅速占領了市場，成為軟體發展的第一製造商。

從一個既定的創業計畫，再到軟體發展路上的鑑定推廣，蓋茲駕著他的軟體飛車駛向了微軟帝國的巔峰。每一個目標都是人生的一個分解，它是人們成功的「基因」和縮影，也是人們前進路上的動力和精神

寄託。

　　有人說，一個遠大的目標就像是一個望遠鏡。從一端觀望的話，你可以放眼無邊的宇宙。既然人生由我們打造，那麼望遠鏡朝哪兒轉就應該由我們自己決定。偉大的目標不只是一個空洞的不可追的方向，將目標融入生活才不至於繁瑣的日常相脫節，生活才真正有了精神寄託，這樣每一件小事才會變得有意義，工作、生活就會因此而充滿樂趣與活力。把目標變成「望遠鏡」，透過這個鏡頭，我們看到的是一個清晰的人生方向。

5. 在奮鬥之前，別指望你擁有更多

　　比爾·蓋茲生活節儉，唯一的奢侈可能就是那個位於西雅圖市郊的華盛頓湖邊的豪華宅邸。它用了7年建成，是一座名副其實的高科技豪宅。這座豪宅由幾個大的樓閣組成，下有通道連接，並裝上暗道機關。每個來訪者都有自己的個人密碼，並把它們儲存在屋內電腦中。在家庭聚會上，電腦會記得每個人對電影和音樂的喜好，當你走回房間時會為你播放你偏愛的影片。當客人走進和離開房間時，燈會自動點亮和熄滅。據說在蓋茲夫婦驅車回家時，電腦還能把浴盆調到合適的水位和合適的溫度。群屋之中一座是電影院，一座是娛樂中心，還有一座包括巨大游泳池的健身房。

目前比爾·蓋茲有3個孩子，大女兒珍妮佛，兒子羅理和最小的女兒菲比。這三個小傢伙生活在這樣的豪宅裡，錦衣玉食，而他們的父親又是這個世界上最富有的人，因此在外人看來他們可謂是「含著金湯匙」出生的孩子，平時必然是衣來伸手、飯來張口。但是只有蓋茲家的孩子們知道他們的生活並不像外人想像得那麼輕鬆。

「豪門出敗子」，富家子弟由於養尊處優，生下來就不愁吃喝，無憂無慮，因此極易養成揮金如土、逍遙度日的不良習氣。這一點比爾·蓋茲非常明瞭，所以為了讓孩子們明白家世並不應該成為「高人一等」的資本，蓋茲夫婦可是可謂費盡了心思。

比爾·蓋茲與妻子都十分疼愛自己的孩子，但是在滿足孩子們的一些要求上，他們絕對是一對吝嗇鬼。蓋茲比爾從不會給孩子們很多的零用錢，他們獲取零用錢的方式可以是幫家裡做家務，或者出去打工，但是想要從「吝嗇」的爸爸那裡直接拿到錢是幾乎不可能的。

他認為，越早讓子女瞭解世界的不平等，越早鼓勵子女到貧窮國家去接觸當地人，對孩子的成長越有幫助。「我女兒看過一段錄影後，總想知道貧窮國家同齡人的生活是怎樣的，她能為錄影中的那個孤兒做點什麼。」

蓋茲總是不放過任何一個讓孩子認識社會不平等的機會。他總是對3個尚且年幼的孩子說：「如果你認為老師過於嚴屬，那麼等你們長大了有了老闆，就知道老師簡直就是大好人」。大女兒珍妮佛正處在愛幻想的年齡，總恨不得一夜之間長大，成為電視劇裡的白領靚女。每當這個時候，蓋茲就會毫不留情地給女兒「潑冷水」：「電視劇裡都是騙人的，生活才不是那樣呢。現實生活裡每個人都不得不去工作，而不是成

天在咖啡館裡閒聊」。

　　他們已經是世界上最慷慨大方的慈善人士，但是對於自己的孩子，他們並不想為他們留下很多的財富，蓋茲曾經公開宣佈：「我不會給我的繼承人留下很多錢，因為我認為這對他們沒有好處。」據報導稱他將給每個孩子留下1000萬美元，這僅占其個人資產的1/10000，其餘的都將捐助給有困難的社會貧困群體。

　　在他看來留給子女最大的財富是教會他們生存的能力而不是金錢本身，財富海洋也許不會給子女帶來幸福，反而很可能讓他們「溺死」其中。另外，蓋茲還認為給子女過多財富實際上是破壞了美國社會最基本的一條遊戲規則——機會均等。他要讓自己的孩子從一開始就站在和別人同樣的起跑線上，而他自己當年就是如此。

　　蓋茲認為，自己的成功只與個人努力有關，而與金錢多少沒多大關係。確實，比爾·蓋茲幾乎所有創業的錢都是他自己在上學之餘打工賺來的，而從來沒有向父母伸過手。幾乎所有人都欽佩他這點。

第三章 成功不求規模，只求實質

優勢可以為我們提供機遇，開闊我們的生活空間，增加我們人生範圍的選擇。

1. 有優勢，才能有所成就

小狗和媽媽生活在一起。這幾年，小狗媽媽年邁，失去了工作的能力。小狗就決定出去賺錢養家。可是，小狗投了好多簡歷，卻沒有公司要它。

過了一個月左右，小狗很沮喪的和媽媽說：「媽媽，我覺得自己是一個很沒有能力的人，我對工作的要求很低，但是卻沒有一家公司來聘用我。而我的同學們卻找到了好工作。蜜蜂因為會飛行被航空公司錄

用，做了飛行員；蜘蛛因為一直玩網路，在一家 it 公司做網路工程師；馬和綿羊雖然沒有上過大學，但馬可以拉戰車，綿羊可以生產羊毛。但是我什麼優勢都沒有。」

小狗媽媽仔細的想了一下說：「的確，你不是會拉著戰車奔跑的馬，也不是會吐絲的蜘蛛，但是你身上有他們沒有的優勢，就是忠誠，你的天性讓你用眼不會背叛你的助人。只要你有優勢，就有機會向社會展現自己的優勢，也會有你存在的一片天地。」後來，因為小狗比其他動物忠誠，被一家富豪聘為私家管家。

這個故事，比爾·蓋茲很小的時候，就聽媽媽講過。美國媽媽們給孩子講這樣的故事，就是要讓孩子認識到：不管我們有什麼樣的家庭背景，不管我們有沒有讀過大學，只要自己有優勢，就能找到自己存在的價值。

每個人都有自己擅長點。有的人因為嗓音好成為歌唱家，有的人因為對數字敏感成為數學家，有的人因為思維敏捷成為偵探。這都是人們能夠充分發揮自己的優勢。優勢可以為我們提供機遇，開闊我們的生活、空間，增加我們人生範圍的選擇。

找到自己的優勢，然後把它做的更好。這是蓋茲一直追尋的目標。當蓋茲第一次見到學校機房裡的電腦的時候，震驚遠遠大於激動，電腦對於那時的他們來說，無疑是一個新事物，湖畔學院的老師和學生都抱著探索的精神開始研究起來，個子矮小，臉上還長著雀斑的八年級學生擠進高年級的圈子，開始和他們一起探討電腦的問題，課下也去找到所有關於電腦的材料。一字一句地去研讀，很快，蓋茲就成為這群人中的佼佼者。

蓋茲的校友布拉德·奧古斯丁回憶說：「蓋茲對電腦迷戀到那種程度，可以說是共命運同呼吸，以至經常忘掉他自己的事情。……他完全是一個沉迷者，不管他做什麼，他都是那麼投入。」

　　蓋茲那個時候還未住校，晚上都是住在家裡的，於是因此他蓋茲經常為了電腦而在半夜偷偷溜出家門，然後再快到天亮的時候偷偷的地溜回來睡覺。不過看到兒子對這個新生事物如此熱情，瑪麗夫婦也就睜一隻眼閉一隻眼。天賦超群，再加上刻苦鑽研，以及深厚的數學功底和邏輯能力，比爾·蓋茲在電腦方面的優勢愈發突出，「電腦神童」的名氣越來越大，他甚至成了許多高年級電腦愛好者的老師。

　　優勢有先天的成分，可任何一個優勢都不是一天形成的。蓋茲就是一個善於利用一切機會把自己的興趣、愛好轉化成自身的資本的人。微軟公司從1975年蓋茲和艾倫創業開始到現在成為軟體行業的龍頭，靠的是技術，也是人才。蓋茲也說過，微軟最驕傲最寶貴的不是技術，而是微軟現在擁有的一大批突出優勢的人才，微軟最缺的也是具有突出優勢的人才。

　　任何機會，都屬於占有實力優勢的人。有優勢的人，比沒有優勢的人更善於認識機會、把握機會。找到自己的優勢，並且加以利用，人們才能更好的發展自己的才能並有所成就。

2. 把工作當作事業，而不是職業

　　一個企業管理者，如果不能被他的員工所接受和支援，其工作績效果就會大大降低。比爾·蓋茲認為，員工對公司、自己的職位、產品以及工作都會有自己的認識，這種認識往往和管理者是不一致的。由於這種不一致，往往導致員工不能把企業的使命和目標當成自己的使命和目標，但是如果讓員工具有「管理者的態度」，成為企業的主人翁，情況就完全不同了。

　　比爾·蓋茲意識到，要使員工真正具備管理這態度，必須把員工當作「合夥人」，讓員工把工作當作自己的事業，而不是職業。因此，微軟採取了與員工分享財富的方式來加強員工的主人翁意識。

　　微軟是第一家用股票來獎勵普通員工的企業，這是很多公司做不到的。微軟公司的工資比較低，但是微軟公司有年終獎金和員工配股。年終獎金很多公司都有，但是像微軟一樣和員工分享股權，只有極少數的公司才能做到。微軟的員工除了可以擁有微軟的股份，還可以享受很多優惠政策，凡事在微軟工作滿一年的員工都享有一定的股票買賣特權。微軟公司員工擁有股票的比率是所有上市公司中最高的。就這樣，微軟公司把公司的收益和員工的收益緊密的結合在一起，這給員工以很大的激勵，使他們感覺到自己是公司的主人，從而更心甘情願的為微軟公司

效力。

世界富翁排行榜上總是以微軟人最為耀眼，而微軟的員工也以百萬富翁眾多而出名。

微軟的管理理念是建立在一種平等基礎上的人性化管理。無論怎樣，為企業創造效益最終要靠人，要靠員工。尊重員工，把員工當作企業的「合夥人」，這樣員工就會把工作當作是一種責任和事業，而不只是謀生的方式。這也是現在很多世界級企業的管理理念。

因為員工是公司的主人，所以他們在面對自己的工作的時候，責任感也會大大的增強。

在微軟，所有的員工都必須具備責任感。比爾·蓋茲認為，這是取得卓越成就的關鍵。微軟公司管理的一個獨到之處是充分授權，就是讓員工權力許可的範圍內自由發揮。但是這種授權有一個前提，那就是授權對象必須具備較強的責任心。在微軟，員工必須對自己和自己的決定負責。

微軟公司注重員工的分工合作，強調每一環節、每一個人所承擔的責任，可以說，責任感是公司高效運轉的保證。

在微軟公司，每個人的前途和公司的命運是緊緊連在一起的，微軟員工有著強烈的主人翁意識，這使得他們在做任何事時都為公司著想，全力以赴。正是微軟員工的主人翁精神激發了他們無盡的責任感，微軟公司才能取得今日的輝煌。

3.走別人想不到的「未來之路」

比爾·蓋茲是一個拿未來打賭的人。十幾歲時，他就預見了低成本電腦可能會具有衝擊性的影響。「讓每一個家庭，每一張桌子上都有一台電腦」成為年輕的比爾·蓋茲的使命，他為此而奮鬥了幾十年。

1996年，蓋茲出版了他自己的書《未來之路》，立即掀起了世界出版史上的一個高潮，並迅速躍居美國暢銷書排行榜首位。除了它引導人們走向「未來之路」以外，另一個重要原因就是作者本身所具備的魔力，使得人們趨之若鶩。

章正坤先生在《譯後記》中說：「門在英語中叫做GATE。饒有興味的是，這本《未來之路》的作者比爾·蓋茲的英文名字就叫GATES（一道道的門）。所以透過一道道的門，我們就可以進入資訊公路，從而在未來之路上縱橫馳騁，周遊八極。」比爾·蓋茲以他從容不迫的風度向人們指引了一條通往資訊公路的途徑。

IBM的董事長在1995年11月曾提出當時已經步入以網路為中心的電腦時代。在網景公司和太陽公司的帶領和發展下，將網際網路逐漸向資訊公路的方向發展，並用兩年的時間將資訊公路基本變為了事實，進而使電腦行業發生了巨大的變化，結束了電腦由電腦軟體統治的時代。而且，人們發現網路的作用比以前的軟體還要大。於是，網景公司的網路

流覽器軟體在電腦軟體市場上占了上風。

「資訊公路」是以資訊為交流目的的基礎性設備。這天貫通美國各個大學、研究機構以及個人家庭的資訊網路，是資訊流通的主要管道。這條資訊網直接通往美國的學校、醫院、工廠和幾乎所有的家庭，美國人稱之為「高速公路」。

比爾·蓋茲在《未來之路》中提到了講電腦聯網服務、電話和有線電視等功能，人們可以透過「資訊公路」視訊會議面對面的交流。「透過攝像機連接在個人電腦或者電視機上的微型視頻設備，將能使我們透過資訊公路更便利地召開會議，而且能以更低的代價獲得品質更高的圖像和聲音效果。」透過這種網路服務器可以流覽圖書館的最新書刊。

人們可以透過「資訊公路」與辦公室「通信」。「電子郵件以及螢幕共用將淘汰對大量會議的需要。資訊超載並不是資訊公路獨有的問題，而且也不必是個問題。」

透過「資訊公路」，孩子可以在學校享受到最好的教師、課程，而不用考慮家庭與學校的距離、家庭人們都可以在舒適的家裡選看最新電影、選聽最喜愛的歌曲或選購最需要的物品。

根據比爾·蓋茲的預想，「資訊公路」將成為一個進行商業交易的場地，他還預言「這個『資訊公路』在電子世界產生的交易量將超過迄今為止的任何時期。我們正提出讓『視窗』軟體處於中心地位，為所有這些交易服務。」「可以說，我們對今後10年的主要見解是這樣的：如果數位通訊是免費的，會出現什麼情況呢？回答是，我們學習、採購、社交、做生意和娛樂的方式將截然不同。我們希望軟體和軟體標準在其中起重大作用。」

　　蓋茲的戰略性眼光，讓他看到更遠的一片領域。從這些大膽的想法和預測中，我們可以看到蓋茲思想的超前性。這位當今世界的電腦教父，不僅想藉由軟體進入我們的房間，還想透過軟體逐步進入教育、出版、娛樂等領域的壟斷侵占我們的心靈。

　　不斷的超越自我，內心也會沒有目的的向前奔跑。「資訊公路」是多媒體的更高級，不斷的將自己與更高的東西聯繫起來，才能領先在別人的前面。

4. 投資風險分散

　　比爾·蓋茲的金錢觀是：「哪怕只是很少的幾塊錢甚至幾分錢也要讓每一分錢發揮出最大的效益。一個人只有當他用好了他的每一分錢，他才能做到事業有成，生活幸福。」

　　就向像很多的美國人一樣，比爾·蓋茲的投資方式也是分散投資，因為這樣可以有效地降低投資風險。蓋茲擁有股票和債券，並進行房地產的投資。同時還有貨幣、商品和對公司的直接投資。據悉，在他除股票以外的個人資產中，美國政府和各大公司的債券所占比例高達70%，而其餘部分的50%則直接貸給了私人公司、10%投到了其他股票上、5%則投在了商品和房地產上。他認為，「雞蛋」不能放在一個「籃子」裡，否則一旦「籃子」出現意外，所有的「雞蛋」就都很難倖免於難。

比爾·蓋茲雖然在電腦方面是一個天才，但是在理財的具體操作方面常常「技不如人」，對此他採取的措施是委託專家，不讓自己在理財方面勞神費力，耽誤自己在微軟公司的工作。因此早在1994年的時候，他就聘請了33歲的華爾街經紀人邁克爾·拉森主持自己的投資業務，。這位經紀人雖然當時不大出名但是頗有眼光。，而且，蓋茲還答應了拉森說，如果微軟股價一直上升的話，拉森就可以用更多的錢進行其他的投資。1995年的時候，蓋茲還專門為其建立了「小瀑布」投資公司來為自己的投資理財服務。

比爾·蓋茲的投資比較偏重於生命科學方面，一方面是因為比爾他從小就對生物科學表現出了極大的興趣，另一方面也是因為比爾·蓋茲的母親就是因為癌症去世的，而他的好朋友保羅·艾倫也是因為癌症離開公司的。他希望將資產投資到生物技術方面的研究來推動癌症或者其他疑難病症的治療，實際上在生物科技領域的投資也可以獲得豐厚的回報。

1990年的時候，由3個科學家建立的生物技術公司，請求比爾·蓋茲為他們的公司投資，同時想要聘請他作為他們的董事。蓋茲在仔細研究了他們的企劃書後，投入了500萬美元，這家公司現在已經是全美最大的生物科技公司之一了。蓋茲也並不是投資之後就撒手不管了，他會經常參加這家公司的董事會議，而且在每次會議結束後都會和其他董事商討一些具體的事項，如果有什麼事情沒有弄明白，他一定會刨根問底，直到搞明白為止。

比爾·蓋茲還在西雅圖遺產學公司購買了股票，而且還擁有西雅圖另外一家研究癌症和傳染病的生物製藥公司的股票，另外他還與這家公司合辦了一個用於研究黑熱病的非盈利機構。比爾·蓋茲他還為華盛頓大學

投資建立了分子生物學系。

　　除了生物醫學，他還對太空方面的研究有著濃厚的興趣。因此，他與行動電話的開穿著格雷·麥克合作，創建了泰勒迪克公司，目的是向太空發射288個低軌道地球通訊衛星，從而建立一個世界範圍的衛星通訊網路。

　　雖然比爾·蓋茲看好生物技術產業和通訊產業，但是他也並不排斥傳統經濟。他曾經購買紐波特紐斯造船公司的股票，這些股票後來幾乎上漲了一倍；他在加拿大國家鐵路公司的投資同樣給他帶來了豐厚的收益。

　　蓋茲多元化的投資不僅僅表明他是一個懂得躲避風險的聰明的投資者，而且使蓋茲的個人財富像滾雪球一樣越來越大，總是能在富豪排行榜上名列前茅。

第四章 最大的財富是生存能力，而非金錢

在興趣濃厚的時候做一件事，與在興味索然時做一件事，其間的難易苦樂相差很大

*1.*創造的第一原則是樂在其中

科學研究表明，如果一個人對某一項工作有興趣，他就能發揮他的才能的80%~98%，並且能長時間保持高效率而不感到疲勞；而對工作沒興趣的人，只能發揮其全部才能的20%~30%，也容易疲乏。在興趣濃厚時，做事是一種喜悅；興味索然時，做事是一種痛苦。」

樂在其中在職業生涯中發揮著十分重要的作用。興趣可以凝結成一股非常強大的力量，推動他們在各自的研究領域內潛心研究，不斷做出

巨大的成就。

微軟公司原來是合作制,公司的股票只允許少數人購買,他們大多數是公司元老,或者是比爾·蓋茲特別看重的人。在公司性質改變之後,員工還是沒有權利購買股票,在這種情況下,員工們怨聲四起。

鮑爾默聽了這些傳言後,非常焦急的找到比爾·蓋茲,他希望能將公司的股票購買權放寬,他認為當務之急是滿足員工的要求。只有大家持有了股票,大家才會有歸屬感,才會更努力的工作,比爾·蓋茲同意了這一觀點。

但是對於公司上市這件事,比爾·蓋茲卻一直很猶豫。一方面,微軟公司的資金很充裕,另一方面比爾·蓋茲擔心一旦上市,持有股票的員工可能獲得更多的財富,使他們總是盯著公司的股票價格而無心工作。不過最終,在其他高層的勸說和公司員工的期盼中,比爾·蓋茲還是同意了上市。

上市之後,公司裡一下子多了很多百萬富翁,停車場上的高級車也如雨後春筍般冒了出來。有的公司員工的房間甚至貼上了股票漲跌的圖表,整個公司的注意力一下子渙散了很多。這讓比爾·蓋茲很不舒服,他經常警告員工股票的價值是與公司業績關聯的,如果大家的興趣不放在自己的工作和興趣上,總有一天股票會變成廢紙一張。員工在他的教導下,慢慢的又將興趣重新轉回到自己的工作上來。

工作是第一位的,為了工作,為了心中的夢想,他帶領著微軟人勤奮工作,始終將興趣放在第一位。

有一年,美國戴爾公司在電腦領域取得了巨大的成功,比爾·蓋茲專門趕去祝賀戴爾公司總裁邁克爾·戴爾。比爾·蓋茲對這位競爭對手很欣

賞，他說：「我們都堅持自己的信念，並且對這一行業富有激情。」

戴爾的父母一直希望他們的兒子能成為一位體面的醫生。可是，戴爾讀到高中便被電腦迷住了，每天都在操弄著一台十分落後的蘋果機，他把電腦的主機拆下又裝上。他的父母告訴兒子，要好好讀書，然後做一名優秀的醫生。可是戴爾對醫生這個行業根本沒有興趣。但是迫於父母的壓力，戴爾考入了一所醫科大學，但是對於醫學，他仍然沒有任何興趣。

在大學的第一學期，他買來降價促銷的IBM個人電腦，在宿舍裡改裝升級後賣給同學。他重新組裝的電腦性能優良，而且價格便宜。因此他的電腦不僅暢銷學校，連附近的許多小企業也紛紛前來購買。

第一學期將結束時，戴爾告訴父母自己要退學，父母堅決不同意，只允許他利用假期推銷電腦，而且規定，如果在暑假期間，電腦的銷售情況不好，他就必須立即放棄電腦，乖乖讀書。可是，戴爾的電腦生意突飛猛進，僅用了一個月的時間，他就完成了18萬美元的銷售額。憑藉對電腦的熱愛和執著，他的父母最終做出了讓步。

後來戴爾組建了自己的公司，打出了自己的品牌。十年後，他創下了類似於比爾·蓋茲的神話，擁有資產43億美元。和比爾·蓋茲一樣，只有選擇了自己喜歡的行業，戴爾才能投入自己的熱情，也才能取得如此巨大的成功。

一個人如果能根據自己的愛好去選擇自己的職業，他就會積極主動的發揮自己的才能和潛力，面對喜歡的工作，總是興致勃勃，不知疲倦；即使很多困難，也精神飽滿，鬥志昂揚。

生活中有很多人擁有一份不錯的工作，高薪，高職位，但是還是會

比爾蓋茲的成功課

覺得生活一點都不愉快。這其中的重要原因就是他們從事的職業與自己的興趣發生了衝突。那些違背自己意志，只為高薪而參加工作的人注定在工作中難以有激情，同時很容易缺乏工作的動力。選擇一份自己喜歡的工作，它不僅能給人帶來快樂，而且會使自己變得更有競爭力。

比爾·蓋茲在事業上能夠取得這樣大的成就很大程度上是因為他所從事的行業是自己的興趣所在。他認為凡是有力量、有能耐的人，總是能夠在對一件事情充滿熱忱的時候，就立刻去做。每天有每天的事，今天的事是新鮮的，與昨天的事不同，而明天也自有明天的事。他說：「在興趣濃厚的時候做一件事，與在興味索然時做一件事，其間的難易苦樂相差很大。」

2. 不斷創新的悲觀主義者

比爾·蓋茲並不是一個悲觀主義者，但是他經常以悲觀的論調來警告自己公司的員工：「微軟離破產只有18個月！」這是因為軟體行業日新月異，每個軟體的生存週期最多只有18個月，如果沒有及時的推陳出新，微軟極有可能被其他的軟體公司所取代。

微軟公司文化中還有這樣一句話：「每天早晨醒來，想想王安電腦，想想數位設備公司，想想康柏，它們都曾經是叱吒風雲的大公司，而如今它們已經煙消雲散了。一旦被收購，你就知道它的路已經走完

了。有了這些教訓，我們就常常告誡自己——我們必須創新，必須要突破自我。」

比爾·蓋茲非常瞭解「人無遠慮，必有近憂」的道理，他堅信只有創新才能讓微軟在軟體行業的道路上越走越遠，也正是懷著這種信念，他帶領著微軟從小到大，從一個默默無聞的小公司變成現在的行業巨頭。

比爾·蓋茲很早就提出硬體可以和軟體分離，這也使得電腦尚未生產出來，與其配套的軟體和應用程式先行開發出來成為可能，同時這也是搶占市場的最好方法。微軟開始和IBM合作的時候，IBM的個人電腦尚未研製出來，但是微軟卻在這種情況下研製出了適用於IBM新產品的MS-DOS系統。為蘋果公司開發系統時，微軟採取了同樣的戰略。這兩次的成功讓比爾·蓋茲和微軟都意識到了未雨綢繆的重要性。

除了未雨綢繆的前瞻意識，比爾·蓋茲還把創新放到了一個非常重要的位置。比爾·蓋茲他曾在一次演講上說：「在過去兩個世紀裡，許許多多的創新已經從根本上改變了人類的生活條件，例如壽命延長了一倍，能源更加便宜，食物更加充裕。如果我們假設在未來十年內，在健康、能源或者食品領域都沒有任何創新，那麼前景是非常的黑暗的。對於富人來說，健康的成本會不斷攀升，因此將不得不做出令人頭疼的選擇；而對窮人來說，他們將不得不繼續處於目前所處於的糟糕境地。我們將不得不提高能源價格，以減少能源消費，窮人則不得不在承受高價的同時，還要承受氣候變化帶來的不利後果。我們還將面臨食品大規模短缺的局面，因為世界人口不斷增長，我們沒有足夠的土地來餵養他們。」他認為能使我們避免這種糟糕後果的方法就創新，在創新在一領域，我們大有用武之地。

　　比爾·蓋茲歷來重視創新能力，強調產品需要不斷創新，因為創新是保持企業競爭優勢的前提。他說過一句很著名的話：「成功的大公司在別人淘汰自己的產品之前，已經自行淘汰了它們了。」微軟公司不斷自我突破的法寶就是微軟研究院。微軟充分認識到基礎科學研究的重要性，缺乏基礎研究，產品就缺乏後續力，就沒有創新和發展的基礎，即使一時產品賣得火，但也不會維持太久。為此比爾·蓋茲成立了微軟研究院，讓每位研究人員都與公司產品工程師密切結合，每項研究課題都涉及微軟公司向市場交付的每一種產品。

　　創新成了微軟公司不變的宗旨，不管是產品技術還是商業管理，只有不斷創新，才能持續成功，戰勝自己，超越競爭對手。

　　守舊失敗，創新必勝，已經成為時代的潮流。任何企業，任何人，如果停滯不前，不思進取，其結果必定是機失財盡，被時代淘汰出局。只有努力發展，尋求新起點，適應事物與時代發展的特點，才能不被時代淘汰，永遠走在別人前面。

3. 找到真正喜歡做、世界也願意為此付錢的事

　　找到自己喜歡，世界也願意為之付錢的事情。這才是人們最穩定的一筆財富。

　　「用金錢代替愛」、「為子女鋪就平坦的道路」，這是現代大多數

父母對子女一種愛的方式。比爾·蓋茲並不認為這種教育方式是正確的。找到自己可以接受的事業，才能用盡所有心思和力量去追求他們，這樣人們在自己喜歡的領域中，在所做的每一件事情中，才能留下自己的印跡。找到自己喜歡做的事情，才能有創造性的開創自己的生活。

　　微軟的巨頭比爾·蓋茲從退學到現在，只做過一種職業，那就是——電腦軟體。對比爾·蓋茲他來說，這個工作不僅是他喜歡的，還是他最擅長的。30年前，少年蓋茲在西雅圖湖畔中學第一次接觸到電腦。蓋茲沒事就鑽進學校的機房裡面，有好友回憶說：「他瘦小的身材在當時龐大的電腦面前很不顯眼，但是總能聽到他指甲碰到機器的聲音，因為經常坐在那裡，以至於手指甲長得很長他也沒時間或者說根本懶得打理。」

　　這位天才少年將這個興趣執著的帶進了哈佛大學，他從哈佛退學也是對電腦更加的迷戀的結果。

　　從最初的愛好到微軟的崛起，蓋茲一直沒有放棄也沒有中途打過退堂鼓。在電腦是一個新興的行業，沒有人指點沒有人可以效仿的情況下，蓋茲依然執著的專攻電腦領域。也正是他對這個工作的熱愛，以及他驚人的毅力，和別人沒有的專注，他才把微軟打造得這樣強大。

　　他的這種對工作的喜歡程度在外人看來有時候甚至是一種固執。但是蓋茲認為，固執有時候並不是一件壞事，如果一碰見稍微有點困難的事情就妥協和退縮，那人永遠不會前進，也不會創造奇蹟。「我喜歡聚精會神的人，我覺得工作的時候旁若無人的那種感覺很令人愉悅。」比爾·蓋茲說。

　　找到自己喜歡做的事情產生的力量是非常強大的。任何人，無論做什麼事，只要能夠做到熱愛和喜歡，就可以最大限度地釋放出自己的能

量，並把自己取得成功的可能性提高到最大。一位效率提升大師說過：
「一次做好一件事的人比同時涉獵多個領域的人要好得多。」

　　比爾·蓋茲成功了，因為他找到了自己喜歡的事情，把自己的意志全部集中在了一個特定的目標上，並竭盡全力付諸實施，直到成功為止。他對員工的要求也十分苛刻，他常常說，找到一個適合工作的員工比找到大的客戶更重要。

　　一個人如果不喜歡這個工作，那麼不管他的工作條件有多好，他都抓不住成功的機會，更不會收穫財富。在成功的道路上，找到自己喜歡做的事情，獲得的財富才會像雪球一樣越滾越大。任何人都應把所有的能量聚焦在自己的工作領域，透過不斷的工作、不斷的磨煉，使自己變得更為出色。

　　現代社會競爭激烈，一個人如果想成就自己的事業，必須喜歡自己的工作，把自己完全沉浸在工作裡，此外沒有別的秘訣。因為喜歡，我們會對自己想要達到的目標產生恭敬之意；因為喜歡，我們內心才會泉湧出無限的激情；因為喜歡，世界也會為之付錢。

4. 哪怕只有1美分也要花在最需要的地方

　　微軟創立的初期，比爾·蓋茲非常節儉，不該花的錢絕不花。一次，為了給辦公室創造更好的條件並且看起來更氣派，兼任微軟總裁的魏蘭德為辦公室購買了幾件看起來比較豪華的傢俱，比爾看到後非常生氣地指責魏蘭德把錢花在了這上面完全是浪費。他對魏蘭德說微軟還處在創業時期，如果形成這種浪費的作風，將不利於微軟的進一步發展。

　　但是在微軟成為世界第一的軟體公司之後，成為世界首富的比爾·蓋茲仍然非常小氣。他對衣著毫不在意，從不追求名牌。如果沒有重要的會議，他經常是一件襯衫，一條牛仔褲。上次到大陸清華大學演講時，也就是這樣的一身打扮，走在街上和普通人沒有什麼兩樣。有一年夏天，32位世界級的企業家舉辦了一次「夏日派對」，比爾·蓋茲應邀參加。他當時身上穿的衣服是在泰國休假時花了不到10美元買的。

　　出差的時候，他從來不坐頭等艙。他的理由很簡單，既然頭等艙和經濟艙都在同一時間到達目的地，為什麼我要坐頭等艙，多花冤枉錢呢？

　　有一次在歐洲召開一次會議，會議的主辦方私自將蓋茲訂的經濟艙換成了頭等艙，以便蓋茲和其他業界人士坐在一起。但是蓋茲上飛機後大發脾氣。隔了一會兒，他走到主辦人面前，向他要200美元，因為頭等

艙和經濟艙的差價是200美元。他還生氣的說：「這200美元我不向他要向誰要？」

有一次出差他的手下幫他訂了大飯店的一個房間，他一進門就驚呆了：一件大臥室，兩間休息室，一間廚房，還有一架鋼琴。一推開裡面的門，竟然還有撞球台、會議室，為此蓋茲氣得破口大罵。這一夜，他氣得沒有睡好覺。

他用餐也很節省，漢堡是他的最愛。平時他和梅琳達經常會去肯德基或者普通的咖啡館進餐。關於他的節儉還流傳著這樣一個笑話：蓋茲和手下一幫人去麥當勞吃午餐，蓋茲點了餐以後，手下一個人說他要替老闆付帳。蓋茲白了他一眼，埋怨道，早知道是你掏錢，我就要兩份了。

只有在應酬的時候，他才會選擇高級餐廳。據說胡錦濤主席訪問美國西雅圖的時候，首場晚宴是比爾·蓋茲做東，但是晚餐只有三道菜：煙熏珍珠雞沙拉、黃洋蔥配製的牛排或大比目魚配大蝦（任選其一）、牛油杏仁大蛋糕。

婚後，比爾·蓋茲和梅琳達非常喜歡一起去逛一些很有特色的小商店。在西雅圖有法國、俄羅斯、日本，以及南美一些國家的人開設的商店。在那裡可以找到這些國家的一些特色商品。

有一次兩個人來到一家墨西哥人開的食品店，這裡被稱為是西雅圖最實惠的商店。一進門，比爾·蓋茲就被「降價50%」的標籤吸引，不遠處的葡萄乾麥片上也寫著這些字。蓋茲十分激動，但是為了辨認真偽，他湊上去仔細端詳。當他確認貨真價實時，便毫不猶豫的地出手買下來。他興奮地告訴梅琳達，「看來這裡確實像人們說的那樣實惠，我真

高興，今天沒有多花錢。」

梅琳達說，比爾·蓋茲是一個與眾不同的人，單從他對待金錢的態度上就可以看得出來。對他而言，創業是他人生的旅途，財富是他價值量化的尺規。比爾總是告訴妻子自己努力工作並不只是為了錢。對待這筆巨大的財富，他從沒有想過要如何享用它們，相反在使用這些錢時卻很慎重。他不喜歡因錢改變自己的本色，過著前呼後擁的生活，他更喜歡自由自在地獨立與人交往。他說：「我只是這筆財富的看管人，我需要找到最合適的方式來使用它。」

蓋茲不僅在自己的生活中這樣，還把這種節儉帶到了公司。在微軟，比爾·蓋茲已經成為員工，尤其是一些新員工的榜樣，他的作風感染了許多人。比爾·蓋茲告訴他的員工：「**我們賺的每一分錢都來之不易，是我們的血汗錢，所以不應該亂花，應花在刀刃上。**」

時至今日，微軟仍然保持著「創業維艱」的心態，十分節儉。

節儉不光是一種習慣，它還是一種美德，貧困時，或許很多人都能做到；富貴時，卻有極少數人才能保持。比爾·蓋茲財富如山，卻保持了一個普通人的本色。從他的故事中我們知道，不懂得節儉的人，不知道如何成功，任何成功的事業都在於點滴的積累；不懂得節儉的人，無法成功，過分的驕奢還會敗壞其品質。儉以養德，是為人做事的良訓，更是成功者的信條。

第五章 工作其實是一場競爭

讓許多無利可圖的事情永遠擱置起來，只為對等的事情買單。

*1.*借他人技術，為自己做「嫁衣」

中國有句古話：「取乎其上，得乎其中；取乎其中，得乎其下；取乎其下，則無所得矣。」大意是說，想追求得到最好的，卻得到了中等的；追求得到中等的，卻只能得到下等的；追求下等的，就什麼也得不到了。

引申開來，用什麼方法決定了事情的結果，想得到好的結果就要追求卓越的辦法。眾所周知，英明的合作可以帶來巨大的好處，而強強聯合則更能促進對方和自身的發展，獲得非同尋常的成就。

在蓋茲和保羅建立微軟公司的開始，他們就確定公司以開發軟體為主業。當時日本電氣公司和微軟的合作也帶來了微軟的另外一個貴人——IBM公司。

1980年8月的一天，IBM公司給蓋茲打了一個電話：「你好，是比爾·蓋茲先生麼，我們是IBM公司的工作人員，希望和你談一談希望和他談一談。」蓋茲放下了電話以後，有一種不敢相信自己耳朵的感覺。IBM公司創建於1911年，是美國本土很有名的大企業，而微軟當時只是剛剛起步的公司，與這個巨人相比，如同小孩子一般。

IBM公司在看到個人電腦浪潮鋪面而來的時候，也決定開始生產個人電腦。1980年蘋果公司推出的「蘋果二號」電腦占領了微型電腦市場以後，IBM就想到了要推行「象棋計畫」，決定與其他公司秘密合作，在處理器方面他們選擇了英特爾公司的晶片，而在軟體方面，微軟公司則引起了他們的關注——在他們搜集相關資料的時候，微軟公司的名字總是反覆出現，經過分析和研究，他們認為微軟公司在軟體行業有很大的潛力和一定的地位，所以決定和微軟公司合作。

蓋茲放下電話以後，開心的地對鮑爾默講道：「我們要和他們好好談談，最好是可以說服他們用我們的BASIC軟體，這樣我們的公司肯定會發展得更快的。」

不過，雖然蓋茲穿得整整齊齊的，但是按照鮑爾默的說法就是「一個衣冠楚楚的中學生」。所以一開始他還是被IBM公司給忽視了，以為他只是公司的一個辦事人員，可是後來經過交談以後，他們卻發現蓋茲是微軟的創始人，並且他一個非常聰明有頭腦的商人。

於是IBM向微軟派了一名叫薩默斯的特使，他知道微軟公司的一些

情況，為了表明誠意，他閃爍其詞的地講到了IBM公司正在考慮某個專案，可能是和電腦一樣的插入式卡，他們還無關痛癢地問了些蓋茲關於生產的軟體、家用電腦的功能等一些基本問題之後，就結束了這次訪問。

這次洽談以後，IBM派出了律師和微軟進行正式談判，IBM希望微軟能為他們的英特爾8080處理器提供軟體合作，第一次交易金額為60萬美元，蓋茲深知，如果能和IBM合作，這對微軟公司來說是一個極大的發展機遇，能使微軟公司發展有一個巨大的飛躍。

這次IBM的代表沒有閃爍其詞了，他們告知了微軟自己的「象棋計畫」，並希望微軟能成為他們的軟體提供商。

蓋茲爽快地保證沒有問題，不過希望IBM使用8086晶片而不是8080。8086晶片是專用於微型計算的，而且存儲量高達100萬個位元組，速度也比8080不知道要快多少倍……蓋茲的建議讓IBM代表不停點頭。

這次IBM找到蓋茲，他們除了要購買BASIC等軟體以外，還請求微軟開發出新的軟體來替代CP/M滿足IBM需要，蓋茲看到這個機會，豈容再次放過？

可是，他們去哪裡找一個可以代替CP/M作業系統呢？顯然由於時間的限制，自主開發一個不太現實。這時候市場一個名叫86-DOS的作業系統進入了他們的視線，蓋茲很快判斷出來，只要將這個系統稍微修改下，他們就可以達到IBM公司的要求。

當時西雅圖電腦公司打算以15萬美元的價格將86-DOS版權賣給微軟公司，但是保羅認為5萬美元的價格就可以成交。很快，微軟公司就派代表把協定送到了西雅圖電腦公司的辦公室，再加上5萬美元，匆匆完成了

交易。這成為了微軟公司最便宜的一次交易。它的重大意義在於這套系統不僅為微軟公司賺取了巨額的財富，還成就了微軟公司的未來，為微軟公司的霸業奠定了基礎。

拿到這個程式以後。蓋茲就和保羅、鮑爾默一起飛往佛羅里達的博卡拉頓，向IBM公司提交報告，這次他們和對方的14位技術人員談了整整一天，蓋茲盡心地回答對方提出的每一個問題，對方甚至問道：「像你這樣的人，你們公司還有多少個？」

蓋茲巧妙的回答道：「我們公司的每個人都這樣，而且我是我們公司裡學歷最低的一個人。」

微軟公司為IBM開發作業系統和應用軟體的合同在1980年11月6日正式簽署，從此也開始了微軟公司的新一輪發展，對於微軟來說，和IBM的合作是微軟進入西雅圖以後最重要的一件事，後來微軟帝國的建立和壯大無疑離不開IBM這樣一個巨大的客戶和合作夥伴。

微軟借助IBM的平臺成為自己「奔騰」的「跳板」，雖然比爾·蓋茲的「第一印象」並沒有讓IBM感覺非常好，但是在後續的談判合作中，他展示出了一名「巨頭企業」CEO的潛質，最終贏得了與IBM的一次「跨越式」合作。

當今國際化的環境，沒有哪一家企業會孤軍奮戰，合作鑄就雙贏才是今天的主題。微軟正是從與IBM的合作開始，用他人的平臺為自己做「嫁衣」，包括後來與蘋果以及諾基亞的合作，最終達到了互利共惠的結果，一步步走向輝煌。

2.是對手，也可以是朋友

比爾·蓋茲從1995年到2009年曾經14次在《富比士全球富豪排行榜》上占據世界首富的位置，而微軟也成為電腦行業的霸主。

能夠在一個行業中長期占據霸主的地位，而且還擁有讓世人豔羨的財富，比爾·蓋茲很快成為世界上很多人的偶像，但是在同行的眼中，比爾·蓋茲就是一個惡魔。他就像海中的大白鯊，所到之處必然將對手打個落花流水。所以很多競爭對手都千方百計的地想要把微軟搞垮。

美國的「矽谷」是全球高新科技產業的聚集地，有7000多家電子企業和軟體公司聚集在這裡。這裡每天都上演著企業崛起和財富累積的神話。但是這一切在微軟的輝煌面前都黯然失色。為了反抗微軟的統治，矽谷形成了一個專門對抗它的組織「反微軟聯盟」，他們的終極目標就是摧毀微軟。

在「反微軟聯盟」的代表人物是斯科特·麥克尼利。他是微軟的死對頭「SUN」微系統公司的首席執行長、總裁和董事長。他創辦的SUN微系統公司擁有專有的網路服務器作業系統以及CPU，這些產品都是同類產品中的頂尖者，所以「SUN」微系統公司也成為電腦行業最負盛名的公司之一。

斯科特·麥克尼利在矽谷曾經帶頭起義，試圖組織一個反微軟陣線

聯盟，以對抗微軟這股龐大的壟斷勢力。他時常口出驚人之語，在公開場合大肆批評微軟，他曾經狂傲的說：「摧毀微軟是我們每個人的任務。」

在*IT*行業，幾乎每個人都知道「*SUN*」和微軟一直是水火不容的死對頭。麥克尼利批評微軟的*Windows*系統是只能看不能動的乳酪，「如果你不買他的乳酪，那就不能吃。」不僅是*Windows*，麥克尼利還將針對微軟的每一個產品和計畫都發表了許多笑話。他曾笑話微軟的「.net」是「.not」，並稱微軟公司的管理如同「雜耍」，微軟的技術是「毛團」。他說*SUN*公司的*ONE*可以在所有系統和處理器上運行，而.net只能在*Windows*上運行，這是人類對微軟的競爭，.net是個笑話。他還把微軟公開原始程式碼的行為比作一種「誘餌」，這個誘餌可以麻痺官員，使官員產生安全感。

面對麥克尼利的刻薄，比爾·蓋茲也毫不示弱。他稱*SUN*微系統公司的*Java*技術「不過是另一種程式設計語言」；他說「*SUN*公司與微軟在信仰上屬於完全不同的兩個世界，*SUN*相信昂貴的硬體」，「他們認為不應該為軟體的研發投資」，「他們認為鼓勵有知識的雇員是一個壞主意」。

*2002*年*3*月，*SUN*以「微軟妨礙*Java*平臺的普及，並發佈未獲授權的*Java*支援產品」為由，狀告微軟違反美國反壟斷法，要求微軟在*Windows XP*和*Internet Explorer*中嵌入*SUN*現有的*Java*外掛程式二進位碼後再行發佈，並停止微軟*Java VM*的單獨下載。美國聯邦地方法院支持了*SUN*的主張，但是微軟以「此判決對自由市場行為造成了不必要的干涉」為由，於*2003*年*2*月提起上訴。聯邦法院做出終審判決，支持地方法院此前的判

決結果，但是駁回了地方法院要求微軟在 *Windows* 中嵌入 *Java* 技術的決定。

2009年4月2日，*SUN* 公司和微軟竟突然宣佈，微軟以19.5億美元的代價與 *SUN* 公司化干戈為玉帛，以平息 *SUN* 針對微軟的反壟斷訴訟和專利訴求，並與 *SUN* 公司達成一項期限長達10年的協議，相互分享對方的技術和智慧財產權。

在舊金山的王宮酒店，麥克尼利和當時任微軟首席執行長的鮑爾默的雙手握在了一起。世人無不為之驚詫，但是他們彼此之間稱兄道弟，好像過去的一切根本就沒有發生過一樣。兩人都在底特律度過童年，兩人的父親都在汽車製造廠工作。兩人都是藉由領導新型企業最終成為電腦行業的顯要人物的，兩人都是底特律紅翼職業冰球隊的球迷，長期的互相爭鬥之後，他們終於找到了共同點。

麥克尼利與鮑爾默的說法如出一轍，他們都聲稱自己是為用戶著想，但是專家說他們的和解是因為來自 *IBM* 的競爭壓力以及 *IBM* 支援的 *Linux* 系統。此外，*SUN* 公司內部出現了比預期更加嚴重的虧損，專家稱也許這是麥克尼利主動向微軟求和解的根本原因。

「**我敵人的敵人，就是我的朋友。**」這似乎成了商業的一個競爭模式。什麼是商人？商人就是關鍵時刻始終維護自己利益的人。越來越多的競爭對手在鬥爭中因為利益反目成仇，也因為利益的引導變成了朋友。合作讓團隊之間發揮的機會更多，也可以讓彼此之間可以更頑強的競爭。

3.只是滿足於現狀，那麼只能做雜貨店的老闆

從20世紀80年代起，比爾·蓋茲每半年都要進行一次大約一週的「閉關修煉」。最開始的時候，這一週的時間是用來陪伴祖母的，但是後來變成了比爾·蓋茲的「修煉週」。但是這一週並不是比爾·蓋茲的放假休息週，它是比爾·蓋茲的思考週。在這一週裡，他把自己關在一所別墅裡，誰都不見，包括自己的家人。

在這裡，他每天的工作時間甚至達到18個小時，他在這一週時間裡會閱讀大量的報告。有一次，他一週的時間就閱讀了112份報告。這些報告來自各個小組提交的最新研究成果或者是對未來最生動的幻想。從這些報告中，比爾·蓋茲可以迅速學到最新的知識，使他擁有更大的思考空間。有的時候，他會專門聘請專家來給自己講解某一個專題，這時候蓋茲就會把全部的精力都投放在吸收新知識上邊。

在這座別墅裡，他思索著科技業的未來，然後將體現著比爾·蓋茲對未來把握的結果傳到整個微軟王國，成為另一次改變世界的起點。

蓋茲不喜歡看電視，他認為從書本上獲得的知識要遠遠多於從電視上得到的知識。你一定想不到，作為軟體行業的巨頭，比爾·蓋茲的家裡有一間巨大的私人圖書館，裡邊的藏書達到一萬多本。他還經常訂閱對工作有幫助的雜誌，獲取各類資訊。

　　就連休假他也沒有停止思考。每次休假，他都會給自己定一個專題，然後就在邊放鬆邊給自己充電。

　　保羅·艾倫說過：「蓋茲總是想著如何讓公司的產品更成功，更具有市場競爭力。如果換一個人回到當初那個年代，我真不知道他是否會擁有同蓋茲一樣的遠見卓識。」

　　為了保證自己的產品不被市場淘汰，比爾·蓋茲時時刻刻都注意這吸收新的資訊。他說：「**如果你沒有自己擅長的東西，那麼需要去發現、學習自己的長處。即使有了自己的專長，你也不能懈怠，要記得隨時充電，防止被時代拋棄**。」比爾·蓋茲從小就擅長電腦技術，長大後更成為業內翹楚，即便如此，他在學習方面也從未有過鬆懈。

　　比爾·蓋茲對知識的熱愛從小的時候就能看得出來。他很小的時候就愛讀書，但是卻對卡通畫、連環畫、童話故事書等沒什麼興趣，他常常把自己關在父親的書房，如飢似渴的翻閱一本本厚重的大書。他十幾歲的時候就已經開始閱讀財經類的雜誌。正是這些書開啟了他通向未來世界的大門，為今後事業的成功打下了基礎。

　　現在的比爾·蓋茲仍舊喜歡讀書，而且閱讀範圍不斷擴大，內容也越來越奇特。比如《瘧疾與人》、《老鼠、蝨子和歷史》、《談傳染性疾病的消除》等書。比爾·蓋茲每讀完一本書都熱切的希望與別人討論，但這也似乎給他帶來了麻煩。在雞尾酒會上遇到熟人時，人家會轉身逃開，因為他們害怕蓋茲會抓住他們大談傳染性疾病的症狀。

　　比爾·蓋茲的妻子梅琳達也說自己的丈夫似乎對知識和周圍的世界有著永無止境的好奇心。婚後兩個人的家佈置得溫馨實用，他們的家庭圖書館是蓋茲夫婦的「充電室」。因為兩個人的閱讀喜好相似，每次有新

書兩個人都會搶著看，後來這種爭奪戰升級，梅琳達不得不採取了一項措施：以後訂購的書都訂兩本。

比爾·蓋茲不但自己喜歡讀書，他也鼓勵員工讀書，希望他們具有廣博的知識。據說有一次一位年輕的哈佛畢業生，自以為學識淵博，信心十足地去微軟面試，面試官正是比爾·蓋茲。比爾·蓋茲問：「你是從哈佛大學畢業的嗎？」年輕人回答說：「是的。」蓋茲接著問：「你是否覺得自己很聰明呢？」他說：「先生，我是以第一名的成績畢業的，我相信我的智商還是不錯的。」

蓋茲饒有興趣的地看著他：「你今天是來應徵微軟公司的產品部經理嗎？」

「是的，希望我能盡快加入到您的隊伍中為您服務。」

「年輕人，不要著急，我想問下，你既然這麼聰明的話，那亞馬遜河有多長？」那位哈佛畢業生頓時傻了。

「答不出來是不是？」比爾·蓋茲笑了笑說：「顯然你不夠聰明，如果你願意回去多讀點書，我會很樂意以後再和你談談的。」那位哈佛畢業生慚愧的走了。

一位已經站在財富巔峰的超級富豪都不忘隨時補充知識，我們更應該隨時累積知識，培養自己的能力，提高素質，挖掘自身潛能。在這個日新月異的時代，在這個競爭激烈的社會中，滿足現狀，只能趨於平庸。

只有這樣，我們才能在這個日新月異的時代，在這個競爭激烈的社會中立於不敗之地。但是我們不光要學會讀書，更重要的是在讀書中學會思考，讓這些思想的火花照亮我們前進的道路。

4. 加入優秀團隊並成為優秀之人

「我覺得，如果你有想法，要化不可能為現實，這條道路可能比較漫長，但是你可以找到你的夥伴或者幾個朋友互相鼓勵完成這個漫漫征途。你可以設立自己的小圈子，你們的俱樂部等等，制定出一些可行的步驟，確保你每一天都在朝夢想前進。」

這是比爾·蓋茲在2011年與北京大學生面對面交流的一段話。任何人的成功都離不開合作，加入一個優秀團隊並成為優秀之人使蓋茲的一條成功法則。

早在湖畔中學的時候，蓋茲就加入了一個團隊開始了他們的創業之路。這個名叫「湖畔程式編制小組」的團隊為蓋茲後來成為微軟奠定了堅實的基礎。這個團隊包括蓋茲的好朋友艾倫、理查·韋蘭德和肯特·伊文斯。他們都是一群電腦愛好者。在湖畔中學成立的這個程式編制小組，主要好似指望利用電腦賺點錢。

湖畔程式編制小組為了自己的電腦夢想而到處招攬業務，1971年初，他們招攬到了一項重要的業務，波特蘭市的資訊科學公司想請一批人來為它的客戶編寫一份工資表程式，它的總裁湯姆·邁克雷林知道湖畔中學有一群人非常擅長編寫程式，於是派手下找到了保羅·艾倫。為了順利完成這個項目，他們推舉蓋茲成為項目的負責人。

由於編制工資單程式很麻煩，而且搖涉及到稅法、工資扣除法以及很多法律、商業上的知識，蓋茲確實是獨一無二的人選。蓋茲統管這個專案以後，立刻與對方展開談判，不願意按工時收費，而是提出按版權協議或者專案利潤收費。

　　蓋茲咄咄逼人的氣勢和本身擁有的技術優勢讓這個公司最終同意，他們會將這個程式利潤的百分之十，以及版權費給予他們小組，另外還贈與他們大概一萬美元的電腦使用時間。這個時候程式組其他三個人都由衷的開始佩服比爾，他這麼小的年紀，就知道按照版權抽取利潤，而且還是和一家大公司打交道。其實比爾的法律知識和商貿知識都來源於自己家庭的教育，只不過比爾能夠很快的把這些知識在生活實際中應用起來。

　　1972年，已經在華盛頓州立大學電腦專業就讀了一年的保羅·艾倫在雜誌上發現一篇文章，介紹一家名叫英特爾的新公司退出的一種8008微處理晶片。保羅·艾倫對蓋茲說，這個8008晶片絕對有發展潛力，因為8008晶片適合於「任何計算、控制或決策系統，猶如一個靈巧的終端」。但是8008微處理器處理資訊的能力並不強大，後來蓋茲給這種晶片的定義為「慢而有限」。

　　敏銳的洞察力讓蓋茲覺得這是一線商機，他和艾倫商量在這晶片的基礎上開發出這麼一個軟體。他們成立一家軟體公司，專門蓋茲和艾倫湊到了360美元買下了據說是第一個透過經銷商銷售的8008晶片，並用延期付款的辦法聘請了一位工程師，來說明設計硬體。

　　「這套軟體可以更準確地測試出交通流量，並進行系統的科學分析，能夠得出最佳的控制方法……」蓋茲和艾倫順利的將這個軟體賣給

了市政管院。這項業務給蓋茲帶來了兩萬美元的報酬。

掘到了公司的第一桶金後，蓋茲和艾倫繼續再接再厲，接下了不少單子。1973年。一家名叫TPW的美國國防專案承包商的公司急需開發出一套管理水庫的電腦監督控制系統，可是總有不少問題和bug。而他們和國防部的協議時間馬上到期，專案卻始終在調試之中，他們只有找尋專業的程式組來幫忙，於是一個電話聯繫到了蓋茲他們。

而湖畔中學也破例同意了蓋茲不用上課而是去TPW公司實習的請求，這讓蓋茲非常感激。當蓋茲和保羅一身學生打扮來到公司以後。公司的前臺以為他們只是助理而已，後來問清楚情況以後，前臺小姐吃驚的睜大了眼睛。

這的確是一項艱苦而繁瑣的任務，不過對於鍾愛電腦的艾倫和蓋茲來說，這是一個很難得的鍛鍊機會，而且在TPW實習的過程中，蓋茲和保羅還得到了一個TPW公司的專家的技術指導和建議，他們本身的電腦技術也有了進一步提高，經過幾個月的努力，他們順利的完成了合同。

蓋茲和他們這個「程式編制小組」的這些商業經濟活動，不僅提升了自己的技術水準，也大大鍛鍊了自己，為以後的微軟帝國鋪就了一條寬闊的路。

5.只為最對等的事買單

把無利可圖的事情擱在一邊。這是比爾·蓋茲的經營理念。

在做慈善之前，比爾·蓋茲一度被媒體稱為：一毛不拔的「鐵公雞」、「吝嗇鬼」等等。這個商業界的「魔鬼」一直以自己獨特的理念去運作自己的公司，經營自己的人生。在每一年的公司集會上，蓋茲都會發出同樣的資訊：「我們把公司的前途賭在視窗上或我們把公司的前途賭在網路上」。這個資訊傳遞的資訊是讓許多無利可圖的事情永遠擱置起來，只為對等的事情買單。

微軟最早以MS-DOS起家，這項軟體一經推廣，就占領了百分之九十的市場。在當時，這是微軟最賺錢的產品。可是隨著時代的發展和資訊的不斷更新，蓋茲果斷的放棄DOSdos產品，取而代之的是視窗軟體。有人說，放棄一個最賺錢的商品，而去推廣一個還不知道未來發展狀況的心產品，未免有點冒險。可是蓋茲並不這麼認為。他覺得，DOSdos在再發展下去已經無利可圖，它早晚會被更新的產品替代，只有自我更新才能獲得更大的市場。事實證明，蓋茲的眼光是正確的，「視窗」一推廣就占領了軟體市場，成為微軟的又一賺錢商品。

隨著WINDOWS 98、WINDOWS 2000、Windows 2000 SP5免費技術的相繼開發，蓋茲也先後放棄了這些為他立下汗馬功勞的主力產品。作業系

統的不斷升級，讓蓋茲在不斷的捨棄原來的那些產品，也正是他「只為最對等是事買單」的這種理念讓他敢於捨棄，敢於冒險。

除了放棄這些一度引領科技行業的產品，遇到市場難題，他也會毫不猶豫的放棄相關的開發工作，不管之前有過多大的開銷，沒有發展前景的產品，他一概不做。微軟的軟體每次出來都有很多「臭蟲*bug*」，「臭蟲」，其實就是電腦程式裡的一些錯誤。人們在便用電腦的時候，發現程式經常出現錯誤，後來找到了原因，是一隻「臭蟲」在作怪，像是染上了病。

人們也一度質疑：難道微軟不能做出完美的產品，再推出來嗎？微軟雄厚的人力資源當然可以做到這一點，但是微軟卻從來都不這麼做。因為這樣會使它喪失很長一段時間的盈利時機。而且不完美的版本在升級的過程中，微軟還能再賺一筆。

*2003*年，微軟在與三星和*LG*的合作，為他們顯示器廠商開發智慧顯示器的軟體。智慧顯示器是微軟使用微軟的*Windows CE*處理器和無線連接技術，為了使用戶能夠在室內自由辦公而提出的一個新的理念。在這個顯示器最初發佈後，顯示器的前景還很樂觀。但是由於智慧顯示器的顯示面積比大多數平板個人電腦小，並且顯示器的成本比平板電腦貴，又笨重，不便於再在室內移動。這樣發展下去，智慧顯示器很快就會被新的軟體更迭。蓋茲認為這項開發不會為自己帶來打的利潤，就果斷的中止了開發智慧顯示器開發*2.0*版作業系統。

*2004*年，微軟又撤銷了另一個項目，這個項目是未來蘋果*Macintosh*版本的*IE*流覽器。這個項目撤銷的道理也很簡單。蓋茲認為，隨著蘋果的*Safari*流覽器的出現，微軟認為用戶使用蘋果的流覽器可以得到更好的

服務。微軟沒有必要介入與其競爭的*Macintosh*作業系統。這些果斷的捨棄一方面說明了蓋茲有著深遠的戰略眼光，當然，這也是蓋茲「只為對等的事情買單」的理念。

　　蓋茲在他認為無利可圖的項目上的放棄之舉，並不意味著他只是一個唯利是圖的商人，懂得放棄意味著他可以集中更優勢的兵力在公司主打產品上進行更完善、更迅速的研究。他在軟體的開發上所表現出來的這種戰略的眼光與膽識，已經成為微軟良性發展的要素之一。

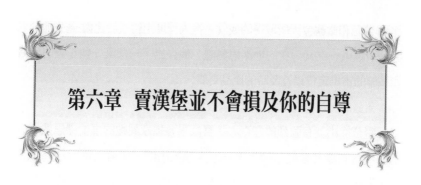

第六章 賣漢堡並不會損及你的自尊

航行中的風雨不會去阻礙你前行，
它只會吹淨你自信心上的灰塵。

*1.*要成為首富，思考才是第一位的

　　一個人沒有技能，可以拜師學藝；沒有知識，可以求學問道；沒有金錢，可以籌借貸款……但一個人如果不善於思考，一切都無從談起。不肯動腦的人，其一生也只能平庸地度過。思想決定成敗，頭腦決定成敗，有思想、有頭腦的人是最有價值、最有發展前途的人。

　　「成功的軌跡作為一種策略路線，從一開始就應該走上正軌」。幸運的是，比爾·蓋茲從一開始就確定了自己的目標，走上了成功的正軌。

比爾·蓋茲和微軟今天所取得的成就，很大程度上得益於比爾·蓋茲他的思考——經過一次又一次的地深思熟慮，他得出了一個又一個正確的策略和準確的市場定位以及及時的產品更新。

蓋茲的父親曾經講過這樣一個故事：

蓋茲從小就有強烈的好奇心，喜歡對各種感興趣的事情深思熟慮。這個場景在蓋茲家經常發生：一家人準備出門，所有人都已經準備完畢，坐在了汽車裡，唯獨少了小蓋茲。這時候會有人問：「特利（比爾·蓋茲的昵稱）在哪裡？」立刻會有人回答：「他還在他的房間裡！」

每到這時候，蓋茲的父親和母親就會走到他的房間附近大喊：「特利！你還待在房間幹嗎？」

有一次，年幼的蓋茲這樣回答母親的問話：「我在思考問題啊，」他甚至反問他的母親：「媽媽，難道你們從不思考嗎？」

他的反問讓母親和父親面面相覷。當時，蓋茲父親的律師事業正處於最艱難的時刻，而他母親是一位工作繁忙的美國慈善總會志願者，同時夫婦倆還在照顧著三個孩子，每天生活都十分忙碌，怎麼會有時間來思考？對兒子的提問，他們異口同聲地回答：「不！」

將近半個世紀後，老蓋茲在書中這樣寫道：「是的，我確實需要對很多事情深思熟慮。」對於老蓋茲來說，這個覺悟來得似乎有些晚。幸運的是，比爾·蓋茲從小就一直堅持思考的習慣，這使得他的人生與絕大多數人相比有了非同尋常的意義。

當業界公認全社會處於「主機」主宰的時候，比爾·蓋茲敏銳地察覺到個人電腦時代即將到來，他立即著手開發適用於個人電腦的作業系統搶占市場先機；20年前，業界認為沒有必要也不可能給每個人都配備一

台電腦，而比爾·蓋茲則預言，世界上有桌子的地方就會有電腦，而現在他的預言正在逐步變為現實。

20世紀90年代初，當「資訊公路」等字眼出現在人們眼前時，比爾·蓋茲也在時刻關注著發起這場劃時代革命的數位新寵——多媒體。比爾·蓋茲知道要迎接這個世紀大變革，就必須開發出真正意義上的多媒體軟體，投入資訊公路的建設。

他的遠見和思考為微軟帶來了一個又一個的發展機遇，使微軟成為一道壯觀的資訊革命風景線。

現在的微軟公司正在積極拓展遊戲機、手機作業系統、搜尋引擎等多元業務，而當家電逐漸出現融合的浪潮之時，微軟公司又順應潮流地開發可在資訊家電上運行的視窗作業系統。

微軟的未來在哪裡？比爾·蓋茲從來沒有停下對這個問題的思考，他表示：「越成功，我就越發感覺到自己不堪一擊，因為沒有人知道明天將會發生什麼。但**領導者必須要去沉思未來的事情。不能策劃未來的公司，永遠都無法成為市場競爭中的勝者，只能是任強手宰殺的羔羊。**」

對於比爾·蓋茲而言，持續思考意味著無限接近正確的決策、意味著不斷地修正微軟這艘巨輪的航向。可以說，沒有思考，就沒有比爾·蓋茲的事業；沒有思考，比爾·蓋茲就不會一次次成功地影響世界

2. 像打磨鑽石一樣打磨信心

　　《時代週刊》曾經刊登過這樣一段話，「21世紀，除了你自己，沒有誰會改變你的命運，更不要期盼有人會來幫你。『學習、改變、創業』是帶你通往新世界的唯一途徑。」

　　擁有並保持自信，才能讓創業變成一個創造機會並捕捉機會，並由新奇的思維開發出新產品，提升服務品質，將潛在價值賦予實現的過程。創業者的素質決定了創業是否成功。

　　今天的美國，尤其是矽谷，許多人見面的第一句話就是「你創業了嗎？」

　　創業是一種冒險和付出的行為，其中會遇到很大的風險和挫折。蓋茲經過十七年的堅持不懈，才取得了今天的成就。在創業的十幾年間，這位億萬富翁每年只有幾天的假期，其餘時間他都是在腥風血雨的商海中捉對廝殺。在經歷了創業初期的衝動和挫折之後，越來越多的創業者走向了理性和成熟，真正理解了創業的真諦。當然蓋茲是無數創業者當中的典範。

　　可以說，蓋茲就是微軟，微軟等於蓋茲。從創業初期收購DOS，到模仿了蘋果電腦的視窗介面；從幾個簡單的辦公軟體，到戰勝IBM OS/2成為王者，蓋茲都是像打磨鑽石一樣打磨信心，才取得了無比巨大的成

比爾蓋茲的成功課

就。雖然有許多軟體並不是當時技術的尖端，但是微軟和蓋茲贏了，他們的產品成為了市場上最受歡迎的。

蓋茲的父親在談到兒子時說：自信是蓋茲最讓他驕傲的地方。雖然老蓋茲還一一列舉了他的其他優點，諸如洞察力強、明白事理、工作勤奮，而且有敏銳的判斷力和風趣幽默的性格等等。但是他把自信排在了第一位，不得不說自信對蓋茲人生產生的巨大作用。

微軟的飛速發展經歷了許多挫折，但蓋茲始終沒有將自信拋棄，再加上他聰明的大腦和審時度勢、把握機會的決策力，能夠造就今天稱霸世界的微軟帝國也就不足為奇。蓋茲有一個有點，只要是他覺得有必要做的事，無論面前有多少艱難險阻，他都有信心開拓出一條新的捷徑。

蓋茲擁有者預言家般的眼光，他堅信個人電腦日後會成為每個家庭的必備產品，也相信微處理器與軟體的結合會將電腦的體積大大縮小，方便使用。正是由於蓋茲在個人電腦革命的初期把握住了這個稍縱即逝的創業機會，其後又鍥而不捨的堅持自己的想法，終於憑藉這份執著成為全球首富和最具影響力的資訊界人士。

當年蓋茲離家到哈佛上大學的時候，他發誓要在25歲之前成為百萬富翁，這種非凡的自信在當時的年輕人中是不多見的。事實證明他說到了也做到了。等到蓋茲而立之年，他已經成為了享譽世界的億萬富翁，並且開始了連續十多年成為世界首富的傳奇。的確，有把握的信念能夠發揮自己最強大的威力。

同樣，蓋茲在數學和電腦程式設計方面的天分讓他成為了這一領域的翹首。從早期的為阿爾塔電腦編寫 *BASIC* 程式開始，蓋茲以一種捨我其誰的自信發揮著電腦水準和創業能力。不到短短的八個星期，蓋茲拼

盡全力，最終編寫出一套程式語言，並由其產生了電腦領域的「蝴蝶效應」，擴大了電腦的世界，最終促使個人電腦問世。

蓋茲在完成這個空前絕後的任務後，這一驚世創舉一下子在電腦愛好者激起了千層浪，因為在此之前沒有人完成過這樣的事情。

當然，蓋茲的自信也不是與生俱來的。蓋茲在六年級的時候個頭矮小、性格內向，一副弱不禁風的樣子，甚至他還被帶到心理診所就醫。有一次他為了邀請一個女孩作為舞伴參加學校的舞會居然考慮了整整兩個星期，最後的結果還是被拒絕了。

直到進入哈佛，蓋茲仍然是個內向老實、靦腆拘謹、不善言辭的男孩。只是在其他同學的帶動和強迫下，蓋茲出現在學校更多的社交場合上。

有人勸說蓋茲參加「卡雷」男子俱樂部，這個俱樂部的目的就是為自卑的同學培養自信。

有一次，同學們讓蓋茲身穿禮服，悄悄的蒙上了他的眼睛把他帶到學校的自助餐廳，讓他向餐廳內的所有人講述有關電腦的事情。蓋茲在一片黑暗之中忘記了不安與羞澀，侃侃而談，最終贏得了在場所有人的掌聲。這些鍛鍊成為蓋茲日後商業談判的最初經驗。

美國哲學家羅爾斯曾說過：「信心是我們能從自己的內心找到一種支持的力量，足以面對生或死所給我們的種種打擊，而且還能善加控制。」信心的力量就是能夠讓氣場逐漸強大的動力和源泉，凡是能找到這種力量的人，總是可以不斷提升自己的氣場高度。信心也是一顆經過精心打磨的鑽石，只有用生活的細沙去磨礪信心，它才能散發更耀眼的光芒。

3. 起點不重要，重要的是如何實現夢想

　　生活中，人們往往把起點看得特別重要，像「好的開始是成功的一半」、「起點決定了終點」，這些名言都是在向人們強調，人生的道路不能在一開始就落後於人。然而對於成功者來說，起點的好壞真的占很大比重嗎？沒有誰會喜歡被別人甩在身後，但這個世界不是平等的，有些時候就注定了我們會暫時跑在別人後面。當這種情況出現時，你是就此放棄，還是懷揣著夢想奮起直追？

　　比爾·蓋茲的創業初期經歷了很多得的失敗和挫折，他研發出來的一些產品並非是當時業內的尖端。可以說，在創新上，比爾·蓋茲已經落後於像蘋果這樣的電腦公司。然而這種落後局面並沒有讓比爾·蓋茲氣餒，因為電腦始終是他的夢想，這個夢想有一天沒有實現。，他都不會輕言放棄。

　　1977年4月15日，第一屆西海岸電腦博覽會在舊金山舉行，幾乎整個微型計算機工業的負責人都聚集到了這裡，當時微軟的資金不多，不過蓋茲很想參加，他和保羅商量道：「我們應該參加這次的盛會！聽說很多電腦企業都會參加，我們必須把握好這樣的機會！」

　　保羅沉吟道：「是這樣的，這次博覽會一定會展出很多新型的電腦，而且這也是一個宣傳我們的好機會，說不定我們還能碰到不少業界

的專家呢。」

展覽會上的產品豐富多彩，*Commodore*展位上，展出的是個人電子處理機和微軟公司的*BASIC*。專家和技術公司展示的是最新的木製控制板，含鍵盤和盒式磁帶走帶結構的*sol*電腦，蘋果公司演示的是蘋果*II*型機，這是一台比較現代化的電腦，另外，軟體業也很活躍，有打靶遊戲，有電子筆演示出來的用於微型電腦的第一個真正的文字處理程式，

這些新的產品都深深地刺激了比爾·蓋茲，他深感自己在起步上已經落後與其他電腦商，不能再這麼等待下去了。

幸運的是，在這次博覽會上，比爾·蓋茲遇到了他的老朋友——基爾代爾教授，比爾·蓋茲在一次為電腦中心找漏洞的時候，和基爾代爾結識，而這次展銷會上見面時，基爾代爾已經是數位研究公司的教授了。他這次展示的是一個叫做*CP/M*的程式，這是仿照*POP—10*機的*DEC*的*tops—10*而開發出來的，也可以叫做是微型電腦控制程式，就是我們現在所說的作業系統。

這是一個極大的進步，電腦在發展初期，許多公司為了保持自己的獨創性，通常選用一套獨特的作業系統，而軟體公司為了生存，不得不為不同的作業系統編寫軟體，這不僅極大的浪費了軟體公司的心血，也無法給整個電腦行業提供一個規範的標杆。而基爾代爾的這套作業系統則不同，可以應用到所有使用*8080*微處理器的電腦上面。

其實這個構思也是蓋茲一直考慮的，他在《個人計算》專欄中指出：「假如所有的個人電腦硬體商在許多年前就聚在一起，討論出一個標準的作業系統的話，那對於使用者就是最好的事情了……軟體公司可以編寫在標準的作業系統之下運行的程式，而不必為許多這樣那樣千奇

百怪的版本操心，這太方便了。」

蓋茲一下就看出了基爾代爾教授的*CP/M*作業系統的市場，他決定以後編制的程式都以這個作業系統作為環境，這個步驟為以後「微軟帝國」的誕生和發展奠定了堅實的基礎。

一次博覽會，一次偶然的相遇扭轉了比爾·蓋茲落後的局面。天底下沒有誰會從一開始就能知道自己是否成功，比爾·蓋茲也不例外，所以重視你的起點，但不要過分的放在心上，尤其對於創業的人來說。白手起家是最難的，比爾·蓋茲在一開始也沒有雄厚的資金可以調動，也沒有大客戶理睬他，但是他有條不紊的經營並且抓住了機遇，將公司一步一步做大，所以，你決定不了開始，但是你可以決定過程和結局。

起點的不同造就了多樣的人生，或悲或喜，或富或貧，雖然我們站在不同的起跑線上，但是夢想的終點一定處在是同一水平面，關鍵是看奔跑的過程中，你願意拼盡多少分力量！

4.不要讓信心蒙上一層灰塵

當本來一帆風順的航行變得狂風驟雨，你還會對遠方的目的地抱有期盼嗎？

《財富》雜誌曾經有一篇文章，講的是作為微軟創始人比爾·蓋茲的創業故事。蓋茲被譽為「坐在世界巔峰的人」，他是無數創業者心中的

圖騰。不過，說到成為「傳奇人物」的訣竅，最有發言權的也許不是蓋茲本人，而是他的父親。

在一次採訪中，老蓋茲透露了一些他兒子創業的故事：那時微軟剛剛名聲大噪，很多人都開始知道比爾·蓋茲的大名，從報社記者到當地便利店的收銀員，每個人都問老蓋茲：「您是怎樣培養出這麼優秀的孩子的？有什麼教育的訣竅嗎？」每到這個時候，老蓋茲的心裡就犯嘀咕：「哦，這個訣竅其實我自己也不會知道。」

還在哈佛大學的時候，比爾·蓋茲和幾個大學同學創辦了他們的第一家公司，公司的主要工作是製造和銷售他們自己研發的一種稱為*Traf-O-Data*的設備。這種設備一般用於搜集和分析家庭轎車的資料。比爾·蓋茲的產品屬於計算裝置，他在公路街道上鋪滿一根一根的細軟管，然後將這些軟管連接到一個個小盒子上。*Traf-O-Data*的主要用途就是從這些被鋪在路面上的小盒子裡提取原始資料並製成圖表，記錄下每小時通過這條路的車流量。

比爾·蓋茲將該裝置反覆實驗，並取得成功，然後他將西雅圖市的幾個負責交通的政府人員請到家門，給他們做現場演示。然而，不幸的是那一天的實驗並不順利，*Traf-O-Data*關鍵時候出了狀況，系統的第一次現場演示最終以失敗而告終。這讓比爾·蓋茲失望之極，他沮喪地衝進廚房，對他媽媽說：「媽，媽！出來跟他們說，之前的實驗都是成功的，它非常好用。」那一天，*Traf-O-Data*一台也沒有賣出去。

「慘痛」的失敗並沒有讓比爾·蓋茲失去信心，相反，他投入了更多的精力用來改進*Traf-O-Data*，最終*Traf-O-Data*走向市場，取得成功。從這件事，比爾·蓋茲獲取了經驗，那就是：**失敗對於充滿自信的人來說只**

是暫時的。

比爾·蓋茲1975年蓋茲從哈佛大學輟退學，那一年他剛剛讀大二。讓他下定決心的是一個電話，這個電話是比爾·蓋茲他在宿舍給阿爾伯克爾基的一家公司打去的，因為那家公司是全球第一個生產個人電腦的公司。

最初的機遇是被比爾·蓋茲的一個合作夥伴發現的，他看到《大眾電子》有一篇關於這家公司的報導，於是急匆匆地將這份雜誌拿給比爾·蓋茲。比爾·蓋茲看到報導，非常興奮，因為他一直堅信個人電腦時代遲早會到來，而伴隨著這一歷史時刻的到來，軟體將會與個人電腦迸發出熾熱的火花。於是，比爾·蓋茲他趕忙放下雜誌，拿起電話就給那家公司打去，向他們說明自己可以開發並提供軟體。聽到比爾·蓋茲的想法，這家公司也產生了濃厚的興趣，為今後改變世界的「微軟帝國」鑄造好了基石。

面對這個千載難逢的機遇，比爾·蓋茲有了退學創業的想法，他把自己這個想法告訴了父母，老蓋茲夫婦聽到後以為他們的兒子瘋了，並全力阻止。可是比爾·蓋茲卻說如果等到他畢業，機會早已經轉瞬即逝。

為了既能滿足自己的夢想又不想和父母把關係搞僵，比爾·蓋茲向他的父母保證，以後一定會回到哈佛完成學業。最終，在2007年，哈佛大學授予蓋茲法學博士學位，他在現場發表了演講，這一天蓋茲的父母也完成了夙願。

有些心中充滿想像力的孩子從一開始就不想被束縛，為了夢想無所畏懼的去實踐。也許，對於這些孩子的家長來說，比爾·蓋茲的成功經歷正在於：孩子的夢想是可貴的，沒有人可以用任何方式加以限制。因為

失敗的人永遠不會感覺到夢想成真的喜悅。

阿里巴巴的馬雲曾說：「成功者要具備三大素質：實力、眼光、胸懷，而一次又一次的失敗，就是實力。」當我們面對失敗和挫折時，不要讓自己的自信心蒙上一層灰，我們要把這些阻礙當作命運的試金石，在一個人輸得只剩下生命時，潛在心靈的力量還有幾何？沒有勇氣，沒有不服輸的精神，自認挫敗的人的答案是零，只有無所畏懼，一往無前，充滿自信的人，才會在失敗中崛起，奏出人生的華章。

世界上有無數人，儘管失去了全部資產，然而他們並不是失敗者，他們依舊有著不可磨滅的自信，憑藉這股自信精神他們依舊能成功。

航行中的風雨不會去阻礙你前行，它只會吹淨你自信心上的灰塵。

5. 像「數學奇才」那樣做天才夢

每個人都會有夢想，但是如何將夢想照進現實，卻不是每個人都能夠掌握的要領。那麼作為「數學奇才」的比爾蓋起是如何懷抱自信一步一步實現自己的「電腦夢」呢？

比爾·蓋茲對數學的迷戀在湖濱中學時期就表現得淋漓盡致。他當時就已經開始學習華盛頓大學的數學課程。他的數學老師這樣回憶他當時的情形：「他能用一種最簡單的辦法，來解決某個代數或電腦問題。他可以用數學的方法來找到一條處理問題的捷徑。我教了這麼多年的書，

他甚至可以和同我工作過多年的那些優秀的數學家媲美。當然，比爾·蓋茲在各方面表現得都很優秀，不僅僅是數學，他的知識面非常廣泛，數學僅是他眾多的特長之一。」而最後校委會在評定他的數學成績時給了他一個800分的滿分。

很快，蓋茲的名字就傳遍了學校的每個角落，大家都知道他是湖畔中學頂尖中的頂尖。

漸漸地，這個遨遊在湖畔中學電腦世界的男孩長大了，他也要去讀大學了。比爾·蓋茲的父母從來不認為他對電腦的迷戀是認真的事情，在他們看來，這不過是兒時的玩樂罷了。他們一直希望比爾·蓋茲繼承父業，最終做一名開業的律師。

最終蓋茲以優異的成績進入哈佛，對他的父母來說，這簡直是天大的喜訊，也算是解除了他們的一塊「心病」。比爾·蓋茲當時不是沒有過當律師的想法，雖然他最喜歡的學科是抽象數學和經濟學。同時，他還認為到了哈佛大學可以向許多比他更有才華的學生討教。

哈佛大學是個人才輩出之地，而且是開放的、崇尚自由的天堂，能進入這所世人矚目的學校學習和深造，實在不是誰都可以得到的機會。但是比爾·蓋茲發現自己人到了哈佛之後，心卻仍然留在電腦上。所幸的是哈佛的教學比較靈活，他在學習本科之外，還可以選修數學、物理、電腦等課程。

一進哈佛大學，蓋茲就選擇了最難的「數學第55」這門課程，不僅如此。他還信心百倍的和同學們打賭，就算不去上這門課程，他依舊會取得A。雖然最後蓋茲輸掉了這場打賭，但是他的這門課程依舊取得了不錯的成績。

每次上數學課，別的同學都很認真的聽老師來講課，或者奮筆疾書記錄著講課中的精華，但蓋茲卻總是兩手抱著腦袋，看上去一副心不在焉的樣子。但是，每當老師在上課的過程中出現一點點紕漏，他就會站起身，指出老師的錯誤。好在哈佛大學校風就是崇尚自由，老師也不覺得蓋茲衝犯了他的權威，反而會笑呵呵的看著蓋茲發表自己的意見。

　　蓋茲曾經還在數學史上留下了自己的一筆：一個數學雜誌上的難題被他解決了，這個題目是一個廚師做了一疊大小不同的煎餅，他要不斷的從上面拿幾個煎餅翻到下面，最後將煎餅按照大小順序排列，最小的煎餅在上面，最大的煎餅在下面，試問：假如這裡有n個煎餅，廚師需要翻動多少次，才能完成這個排列。

　　這個問題看起來很生活化，但其實做起來很不容易。蓋茲經過一段時間的思考以後，給數學教授克里斯托斯·潘帕萊米拖提出了自己的想法。後來這位教授真誠的說：「蓋茲說他知道有一個辦法可以解決這個問題，而且這個辦法比其他人的都要好，他對這個辦法作出了很詳盡的解釋，我耐心的聽完了。」後來，他把蓋茲的方法記錄整理下來，發表在1979年的《非線性數學》雜誌上，使得這個領域的研究提前了15年。

　　然而蓋茲最終沒按照老師和同學們的估計那樣向數學方面繼續發展，因為蓋茲的信條是「**永遠不做第二名**」，哈佛大學數學系裡有不少人在數學方面擁有特別的天賦和理解，所以蓋茲放棄了數學這方面的深造。

　　後來，蓋茲不顧各方的阻撓，為了自己的「電腦夢」毅然從哈佛退學，這其中包括他在哈佛的好友史蒂夫·鮑爾默。有趣的是，幾年後當鮑爾默來到史丹佛大學商學院讀MBA時，蓋茲又勸他退學來自己的公司工

作。

　　懷揣著「電腦夢」的比爾·蓋茲從此一門心思鑽研電腦，他認為這將是自己今後的職業。比爾·蓋茲他總是喜歡在別人面前強調，之所以選擇進入電腦產業，是因為他想編寫出「偉大的軟體」，並且為客戶創造出最好的產品。但在早期，比爾·蓋茲更強大的願望還是賺錢，因為只有豐沛的資金才能讓自己的公司規模擴大，因此在學校期間他一直走在創業的路上。

　　功成名就後，當比爾·蓋茲再談到數學與電腦之間的關係時說：「許多著名的電腦專家同時也是數學家，因為這樣可以很容易的把握證明定理的純粹性。這種純粹性必須用確切的語言來論述。在數學中，你也必須將定理用一種潛在的方式加以聯繫，你要經常讓自己用最短的時間解決一道題。數學與電腦程式設計有著非常密切的關係。我一直堅定的相信這是正確的，從我看問題的觀點出發，電腦與數學是一種自然而然的融合。」

　　比爾·蓋茲實現了自己的「電腦夢」，創建了「微軟帝國」，然而透過表面，我們更應該看到他堅守夢想的那份執著和自信，因為這同樣也是我們邁向成功的「風向標」。沒有沒有夢想的人生，也沒有脫離於人生現實的夢想，在人生的岔路口上，你是選擇與夢想漸行漸遠，歸於平庸，還是像比爾·蓋茲一樣，將信心裝進自己的「西服口袋」，大踏步的邁向成功，每個人心中自然會有答案。

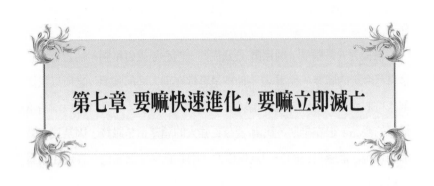

第七章 要嘛快速進化，要嘛立即滅亡

全世界的目光只會聚集在第一名的身上。冠軍才是真正的成功者。

*1.*微軟離倒閉永遠只有18個月

比爾·蓋茲經常說，「微軟離倒閉永遠只有18個月。」他這麼說一方面是告誡自己戒驕戒躁，時刻懷有創新的意識，另一方面，他也是想要告訴自己，不要滿足於現在的成績，要面向未來。

微軟的員工全都懷著這樣的想法，每天過著心驚膽戰的日子，因為他們明白他們所處的行業是一個競爭十分激烈的行業，是一個不去創新就會失敗，不去前進就會落後的行業，而在微軟人的眼裡，微軟也並不

是外界眼中一個已經成熟而且十分強大的「軟體帝國」，相反它是一個時時刻刻都需要人擔心和照顧的「成長中的孩子」，稍有不慎，微軟就有可能被其他公司取而代之，消失在世界上。

微軟公司從創業之初就是一個不滿足於現狀的公司。正是憑藉著在軟體領域的不斷發展，開發出比競爭對手更優秀的產品，才使他能夠占領絕大部分市場，成為軟體行業的第一名。即使是在比爾·蓋茲落後於競爭對手的情況下，他也會想辦法弄清楚對方的優勢和劣勢。針對優勢，他會做得比競爭對手更好；針對劣勢，他會利用自己的優勢把對方打垮。

比爾·蓋茲也時時刻刻都在考慮著微軟的下一步怎麼走。他意識到微軟的發展中必然會遇到很多無法預知的挫折，所以他時刻保持著憂患意識，他把長遠的計畫作為重要的戰略方式。比如當蓋茲意識到未來的戰場在網路的時候，他僅僅用了9個月的時間就把微軟從一個以網路為次要策略的公司轉變為以網路為焦點的公司。如果蓋茲只是滿足於已有的成績，那麼微軟很可能早已經被時代的大潮淘汰了。

*Microsoft Windows1.0*是微軟公司*Windows*系列的第一個產品，是微軟公司第一次嘗試開發圖形介面的個人電腦操作平臺，它擁有很多新穎的特點：*Windows 1.0*中滑鼠作用得到特別的重視，使用者可以透過點擊滑鼠完成大部分的操作。

Windows 1.0 自帶了一些簡單的應用程式，包括日曆、記事本、計算器等等。總之，現在看那時的*Windows 1.0*，總會讓人感到它像是一個*PDA*，甚至可能功能還趕不上現在的*PDA*，不過這在當時已經相當吸引人了。*Windows 1.0*的另外一個顯著特點就是允許使用者同時執行多個程

式，並在各個程式之間進行切換，這對於*DOS*來說是不可想像的。

　　Windows 1.0 可以顯示256種顏色，視窗可以任意縮放，當視窗最小化的時候桌面上會有專門的空間放置這些視窗（其實就是現在的工作列）。在*Windows 1.0*中另外一個重要的程式是控制台（*Control Panel*），對驅動程式、虛擬記憶體有了明確的定義，不過功能非常有限。

　　從微軟開發*Windows*作業系統可以看出，蓋茲有著非常精明的商業頭腦和卓越的商業眼光，他不僅能夠十分準備地分析和判斷軟體市場的發展方向，還能夠在這場電腦革命中洞察先機，就像當初人們對電腦還沒什麼概念的時候，蓋茲就藉由英特爾的晶片預測到個人電腦時代即將到來一樣。

　　可以說，正是蓋茲對電腦發展的前景和未來有著準確的把握和理解，才能使得他提前為微軟制定好發展的方向和策略，其實這也是微軟在技術方面能不斷領先對手的原因。

　　為了讓公司的產品更有競爭力，比爾·蓋茲將技術部和市場部緊緊聯繫在一起。市場部要及時向技術部反應市場動態，使技術部根據市場變化來制定自己的開發研製計畫，而技術則把新技術成果及時的交到市場部，讓市場部檢驗產品是否符合客戶的需要，進而滿足微軟的發展需要。

　　有些人覺得微軟走得太快了，比爾·蓋茲太貪心了，是「一隻貪心的老狐狸」，但是蓋茲不這麼看，「如果一個商人只是滿足於現狀，那麼他只能是個雜貨店的老闆。」

2.讓廣告為產品做好代言

如何讓自己的新產品引起消費者、媒體、業界從業者的關注呢？宣傳是極為重要的。一個好的宣傳大戰能讓一個好的產品一炮走紅，產生意想不到的宣傳效果。

在微軟公司展開宣傳大戰之前，電腦公司大多只是依靠在雜誌上做廣告和用戶的口碑來宣傳自己的產品，就連微軟公司也不能免俗。

1983年11月10日，蓋茲在紐約舉行了新聞發佈會，宣佈微軟公司的視窗作業系統將在年底推出，而且信誓旦旦的告訴用戶，他們可以把視窗安裝在任何一台電腦上，都不會發生不相容的問題，發佈會的關鍵之處在於，與微軟簽訂協定的24個不同電腦生產廠家出席發佈會公開支持微軟公司視窗作業系統，雖然這些生產廠家之間有些是競爭中的宿敵，但是微軟竟然能讓他們同時出現在發佈會的現場，顯示出了視窗作業系統的巨大魅力。

其實，紐約發佈會對於蓋茲來說只是視窗產品行銷活動的序幕，因為拉斯維加斯的電腦展銷會才是微軟的真正舞臺。作為美國最大的電腦行業的展銷場所，拉斯維加斯電腦展銷會是眾多行業菁英和消費者的雲集地，為了讓微軟成為電腦行業熟知的品牌，蓋茲為Windows營造了一場展銷的盛會，而且蓋茲向行銷部的所有人強調說，一定要把Windows的發

佈會充實起來，並特意強調這次只能成功不能失敗，於是所有行銷部的人都投入了緊張的準備活動中去了。

參加拉斯維加斯電腦展銷會的人們驚奇的發現，拉維加斯街道上的計程車都帶有*Microsoft Windows*的標誌，而且後座的車窗上貼著微軟公司的宣傳畫，微軟公司還想辦法給拉斯維加斯的兩萬多家旅館的枕套上都印上了*Windows1.0*的標誌圖，當參加展會的人在旅館中想要入睡的時候，都會看到枕套上的*Windows*標誌，進而使得他們對微軟的展位充滿了好奇心。不僅如此，在展銷會的一週裡，每天早晨都會有人把有關*Windows*的不同資料發放到各個旅館的客房裡。

當人們來到電腦展銷會的時候，也會發現所有支援微軟公司的硬體廠商們的展位上都有*Windows*的標誌，展位上的每一個*Windows*都會有一個號碼。在這些號碼中會有兩個相同的數字，如果誰能發現兩個相同的數位號碼就可以到微軟的展位上領取各種禮物和微軟的宣傳海報。

在拉斯維加斯電腦展銷會的中心大廳中則放置了一個矩形的*Microsoft Windows*標誌，這次在拉斯維加斯的行銷活動中，微軟一擲千金，花費了*45*萬美元。經由這樣的大手筆，微軟成功的製造了轟動效應，蓋茲宣佈在*1984*年的春天正式推出了*Microsoft Windows*作業系統，並且向使用者大力宣傳*Windows*系統的種種好處和優點，在參加拉斯維加斯的展會前，微軟公司曾經在機場做過調查，發現只有*10%*的人聽說過*Windows*，但是經過一個星期的展會，微軟再次調查時，發現有*90%*的公眾對微軟和*Windows*有了一定的認知度。

顯然微軟公司的這次宣傳活動是非常有成效的——他瓦解了對手*Visicorp*公司的宣傳計畫，因為面對微軟公司花重金宣傳的產品，人們

沒有理由不期待。在微軟接受了首次電視專訪以後，大家紛紛拋棄了
*Visicorp*公司的*vision*軟體，都期待著微軟的作業系統問世，毫無疑問，微
軟公司透過強有力的宣傳策略擊敗了*Visicorp*公司。

讓廣告產品做代言，是商業產品行銷的基本套路。讓廣告投放映射
出產品的價值，在同質化中找到屬於它的市場。蓋茲在廣告攻勢中宣傳
自己無所不能，他這種走在別人前面，永遠超前的思想逼得自己變得無
所不能。蓋茲也正是憑藉著廣告的優勢，透過先發制人的行銷方式對競
爭對手進行了致命的打擊，使得自己的產品獲得最終的勝利，逐漸確定
了微軟公司在軟體行業的霸主地位。

3. 沒有機會，那只是弱者的藉口

美國著名的蓋普洛國際諮詢中心對一些成功者進行了連續20年的追
蹤調查，並以此為基礎，做出了成功者要素的分析報告。該報告指出，
善於抓住機會被列於成功要素的第一位。抓住機會的能力是一個人取
得成功的關鍵性、決定性因素，是各種素質的核心素質。機會的本質含
義在於，它最能使你的才幹得到充分的發揮，也最能增長你的才幹。機
會，是一種最為重要的客觀因素，它是人才取得成功的催化劑。

比爾·蓋茲最初萌發創業念頭的時候，他的父母卻要蓋茲讀研究生
院，不讓他開辦公司。蓋茲順從了父母的意願，攻讀了研究生課程。但

是他感興趣的還是開辦公司。於是，他和艾倫就開始收集資料。

蓋茲和艾倫透過長時間的收集資料，認真思考，確信計算機工業的觸角即將伸向市場核心力量——廣大的平民階層。當這一點真正實現時，就會引發一場意義深遠的技術革命。他們正處在歷史即將發生巨變的關鍵時刻。正像汽車和飛機發展史上曾經歷過的那種關鍵時刻，他們預見電腦走進千家萬戶不再是瘋狂的夢想。

「電腦的普及化勢必到來。」艾倫不停地對蓋茲重複這一點。如果他們沒有順應甚至領導這一場電腦革命，就會被這一革命拋到後面去。由於比艾倫更清醒地意識到了這些，所以蓋茲更急於開辦自己的電腦公司。但蓋茲始終擔心，如果自己因開辦公司而荒廢了學業，會引起父母的不滿，而他不願意讓父母替他擔憂，也不想引起父母的不愉快。

但蓋茲後來回憶說，「艾倫看見技術條件已經成熟，正等著人們去加以利用。他老是說，再不做就遲了，我們就會失去歷史賦予我們的機遇。我們將遺憾終生，甚至被後人責備。」

於是，他們考慮製造自己的電腦。艾倫對電腦硬體感興趣，而蓋茲則對電腦軟體情有獨鍾，他認為軟體才是電腦的「生命」。

但很快，艾倫和蓋茲放棄了自己動手試製新型電腦的念頭。他們決定還是緊緊抓住他們最熟悉的東西——軟體。生產電腦花費太昂貴了，他們還沒有足夠的資金去冒險。「我們最終認為搞硬體容易虧損，不是我們可以去玩的藝術。」艾倫說，「我們倆人的綜合實力不在這上面。我們注定要搞的是軟體——電腦的靈魂。」

蓋茲和艾倫最後選擇了開發電腦軟體，創辦了微軟公司，並取得了輝煌成就。事實證明，這一切都是因為他們善於抓住身邊的機會。

「沒有機會」永遠是那些失敗者的推託之詞。失敗者之所以失敗，是不是因為他們不能得到別人所具有的機會，沒有人幫助他們，沒有人提拔他們。而是他們懶惰和一味等待的本性毀滅了他們。

有許多人已經觸著了很好很大的機會，而他們卻還在夢想著發財的、高升的更大更好的渺茫機會。有的人對於機會，眼界太高，欲望太奢，往往為著一心要摘取遠處的玫瑰，反而將近在腳下的菊花踏壞。

每個人，只要有抓得住當前機會的毅力，有為目標而奮鬥的精神，就都有獲得成功的可能。但你我們該牢記，自己你的出路就在你自己身上，在你以為出路是在別處或別人身上時，你是要失敗的。你的機會就包裹在你的人格中。你的成功的可能性，就在你自己的生命中。正像未來的參天大樹的種子隱伏在灌木叢中一樣。你唯一的成功就是你的自我的演進、展開與實現。

沒有機會，等待機會，這是怯弱者和懶怠者的藉口。對於一個有作為、有志氣的人，一經認定目標向前走去，便沒有任何東西可以阻止他的腳步。

4. 要行動，不要拖延

「要行動，不要拖延。」這句話放在微軟員工的身上非常適合。微軟公司的成功是建立在員工高效而勤懇的工作上的。在微軟公司，從公

司的「領袖」比爾·蓋茲到普通的職員，他們的工作態度都是戒驕戒躁、穩步向前的。

為了結果完美無缺，比爾·蓋茲在工作的時候很容易發脾氣，即使是面對多年的老朋友保羅·艾倫和史蒂夫·鮑爾默他也都毫不留情。同時比爾·蓋茲自己是勤勤懇懇的、沒有絲毫懈怠。

比爾·蓋茲的生活極其緊張，3天不睡覺對他來說是家常便飯。曾經有一位朋友說過，蓋茲3他36個小時不睡覺是常有的事情，然後倒頭再睡上十來個小時。比爾·蓋茲這種勤奮的態度在他小的時候就體現得淋漓盡致。在湖畔中學讀書的時候，比爾·蓋茲就被電腦深深的迷住了。那段時間，那個好動的小夥子突然安靜下來，幾乎把所有的時間都耗在了學校的機房裡。他只要一坐下，別人就很難把他從電腦前拉開，電腦前面的他時而皺眉思索，時而敲打鍵盤，反反覆覆地進行著各種操作。他透過勤奮的學習，很快學會了編寫程式碼，還因此獲得了一筆不小的收入。年輕的蓋茲總是工作到深夜，經常會在電腦前睡著，清醒過來又馬上繼續編寫程式碼。

在阿爾布基創業期間，除了談生意和出差，蓋茲通常在公司廢寢忘食地工作，有時候，秘書會發現他會在辦公室的地板上鼾聲大作。微軟在為IBM公司開發軟體的時候，任務十分艱巨，而且時間緊迫，那時候的蓋茲足不出戶，像發了狂一樣的工作。餓了，就抓起桌上的漢堡，喝幾口可樂；睏了，就躺在地板上，抓過一條毯子，蒙頭就睡。他這樣做就是為了使自己滿負荷運轉，不浪費一分鐘時間。

對於想要去幹的事情，蓋茲從來不拖拖拉拉，他認為很多事情只要一拖延就永遠不會再去做。

　　蓋茲不僅自己在工作上勤奮努力，他的員工也同樣玩命工作，不知疲倦，更奇特的是他們全都樂在其中。在微軟，投機取巧是沒有生命的。比爾·蓋茲和微軟的高層在招聘人才時會把態度作為一條非常重要的考核標準。在微軟公司，一個員工一旦懈怠，就馬上面臨被解雇的危險。在微軟公司的辦公室內，全體成員身上都煥發著比爾·蓋茲所提倡的那種精神——努力勤奮、精益求精、永遠不敗。員工們聚精會神的工作，個個孜孜以求，只聽到一片電腦鍵盤的敲擊聲。

　　在微軟，週末休息時，還有不少人加班，特別是開發程式設計時。有時候蓋茲反倒要勸說大家休息著點兒，別太玩命。甚至有時候他會採取強制措施，比如把房間門都鎖上，實行強制性休息。比爾·蓋茲說，「這些人，每天都應該一面工作，一面想著『我要贏』，這意味這在週末加班在微軟並不是什麼新鮮事兒。」

　　「你在這樣的公司工作，成天看到你身邊的人，尤其是公司老闆，都在努力工作，你難道還好意思慢吞吞地磨蹭？」一位來到微軟公司臨時打工的大學生這樣對別人說。

　　比爾·蓋茲認為，「懶惰、好逸惡勞乃是萬惡之源，懶惰會吞噬一個人的心靈，就像灰塵可以使鐵生銹一樣，懶惰可以輕而易舉地毀掉一個人，乃至一個民族。」

　　很多管理者都認同這樣的觀點：人不聰明不可怕，可怕的是做事情太懶惰。因為**懶惰是一種墮落，具有毀滅性，它就像精神腐蝕劑一樣慢慢地侵蝕你。懶惰會最終使他們陷入困頓的境地。**懶惰就是試圖逃避困難的事，圖安逸，怕艱苦，人一旦長期躲避艱辛的工作，就會形成習慣，最終形成不良性格傾向。比爾·蓋茲說：「很多人喜歡拖延，他們對

手頭的事情不是做不好，而是不去做，這是最大的惡習。」拖延會讓生命大打折扣，而且它還具有積累性。

那些對自己的事業不能勤勤懇懇的去努力的人不可能成為一個成功者，成功只會光顧那些辛勤勞動的人們。比爾·蓋茲經常引用斯坦利·威廉勳爵的這樣一段話來勉勵微軟的員工勤奮工作：「一個無所事事的人，不管他多麼和氣、令人尊敬，不管他是一個多麼好的人，不管他的名聲如何響亮，他過去不可能、現在不可能、將來也不可能得到真正的幸福。生活就是勞動，勞動就是生活……」

5.搶新還要搶「快」

盛田昭夫說：「如果你每天落後別人半步，一年後就是一百八十三步，十年後即十萬八千里。」誰快誰贏得機會，誰快誰贏得財富。

貝爾在研製電話時，另一個叫格雷的也在研究。兩人同時取得突破。但貝爾在專利局贏了——比格雷早了兩個鐘頭。當然，他們兩人當時是不知道對方的，但貝爾就因為這*120*分鐘而一舉成名，譽滿天下，同時也獲得了巨大的財富。

無論相差是*0.1*毫米，還是*0.1*秒鐘——毫釐之差，天壤之別。在競技場上，冠軍與亞軍的區別，有時小到肉眼無法判斷。比如短跑，第一名與第二名有時相差僅*0.01*秒；又比如賽馬，第一匹馬與第二匹馬相差僅半

個馬鼻子（幾釐米）……但是，冠軍與亞軍所獲得的榮譽與財富卻相差天地之遠。

全世界的目光只會聚焦在第一名的身上。冠軍才是真正的成功者。第一名之後都是輸家。時間的「量」是不會變的，但「質」卻不同。關鍵時刻一秒值萬金。競賽以快取勝，搏擊以快打慢，軍事先下手為強，商戰已從「大魚吃小魚」變為「快魚吃慢魚」。跆拳道要求心快、眼快、手快；中華武學一言以蔽之，百法有百解，惟快無解。

因為速度慢，蓋茲推行「多元計畫」的時候，他就被市場狠狠地教訓了一下。比爾·蓋茲本來想放開手腳來設計「多元計畫」，但是當時IBM公司設計了一種新的電腦，急於尋找配套軟體，因此就想把「多元計畫」用於這種電腦，而微軟與IBM又有協議，在經營專案上必須優先與IBM合作。這樣本來一款功能強大的軟體優勢沒有得到最充分的發揮。而同時，蓮花公司的「蓮花1-2-3」卻因為有著更大的優勢，搶占了市場占有率，並且超過了微軟。

這件事成為蓋茲的一個恥辱，蓋茲下定決心要和蓮花公司一決雌雄。此後的幾年裡，微軟公司潛心研究更加先進的軟體，起名「超越」。經過不斷的調整和市場競爭，「超越」打敗了「蓮花」，微軟公司再次成為人們矚目的焦點。比爾·蓋茲終於再次揚眉吐氣了！。

但是這件事也讓比爾·蓋茲深深地意識到，必須要超前才能保持成功的姿態，一旦落後就馬上會有人超過你，永遠不要被人拋在後面。只做第一，不做第二，永遠不要沉浸於眼前的狀態，每時每刻都要有居安思危的心態。

比爾·蓋茲認為，生活中處處存在競爭，就算你走路的時候，也要比

別人走得快。但是，不能沒有目的地去和別人爭奪，不如別人的時候就要抓緊時間學習趕上；和別人並肩的時候要想出別人想不到的點子爭取目光焦點；超過別人的時候也不能停下不走，要居安思危。只有這樣才能在競爭激烈的社會裡站穩腳步，立於不敗之地。

IBM和蘋果公司結成聯盟之後，形成了與微軟公司對峙的局面，這讓蓋茲壓力很大。他一邊爭分奪秒的工作，一邊盯著兩家公司的動向。他警告公司的人：「我們必須爭取多媒體，沒有理由。找出對方的破綻，獨創他們所沒有的，我們必須遙遙領先。」最終，在這輪競爭中，微軟仍然領先一步，蓋茲穩穩的坐上了世界級電腦權威的寶座。

蓋茲就是這樣一個不服輸的人。平時的生活中，你看不出來他能有多大的精力，但是一旦提到工作，他就成了一個充滿了電的機器人，思維敏捷，充滿活力。

比爾·蓋茲用他睿智而獨特的眼光和居安思危的想法時時刻刻的提醒著自己和整個微軟公司，不能坐以待斃，盲目跟風，永遠要做別人沒有的獨創產品，只有這樣，才能時時刻刻走在世界的前邊。

大而慢等於弱，小而快可變強，大而快王中王。快就是機會，快就是效率，快就是瞬間的「大」，無數的瞬間構成長久的「強」。

競爭的實質，就是在最短的時間內做最好的東西。人生最大的成功，就是在最短的時間內達成最多的目標。品質是「常量」，經過努力都可以做好以致難分伯仲；而時間永遠是「變數」，一流的品質可以有很多，而最快的冠軍只有一個——任何領先，都是時間的領先。

我們慢，不是因為我們不快，而是因為對手更快。搶快，是制勝的先決。

第八章 最不該接受的是沒有挫折

為了發現王子，你必須與無數隻青蛙接吻。

1. 不犯錯誤的人不努力

比爾·蓋茲曾經說過：「我們應該接受迅速的失敗，而不是緩慢的失敗，最不該接受的則是沒有失敗。如果有人從不犯錯誤，那麼只說明他們沒有努力，他們沒有費吹灰之力。」

在《未來之路》中，比爾·蓋茲以他超前的眼光論述了未來網路時代的特點。但是他卻錯誤的估計了網路時代來臨的速度，因此當網路興起的時候，微軟公司落後於其他公司。

IBM的董事長在1995年11月曾經提出當時已經步入以網路為中心的電

腦時代。在網景公司和SUN公司的帶領下，網際網路逐漸向資訊公路發展，並且兩年的時間裡資訊公路已經成為現實，這使得電腦行業發生了巨大的變化，結束了電腦由軟體統治的時代，而且網景公司的網路流覽器在電腦軟體市場上占據了很大的市場占有率。

這時候，人們驚奇的發現，作為軟體行業霸主的微軟公司竟然沒有參與到這次的網路大潮中，原來是比爾·蓋茲對網路時代來臨的時間做出了錯誤的估計，結果公司沒用做好應對這次網路時代大潮來臨的準備。在意識在到自己的錯誤之後，比爾·蓋茲迅速做出了反應，在落後於他人的基礎上，他對微軟產品的發展方向和計畫都重新做了定位。1996年，他將14億研究經費中的大部分和數千名程式師都投入到了開發有關網路軟體的產品裡面。在一年的時間裡，微軟公司迅速實現了轉型，並且藉由免費贈送等形式獲得了大量的市場占有率，進而超過了網景公司，成為了網路軟體產業的「領頭羊」。

每個人都會犯一些錯誤，多少都會挨過批評。比爾·蓋茲曾經說，即使是傻瓜也會為自己的錯誤辯護，但能承認自己錯誤的人，就會獲得他人的尊重，從而有一種高貴怡然的感覺。如果我們是對的，就要說服別人同意；而我們錯了，就應很快的承認。人非聖賢，孰能無過，面對別人對我們的錯誤進行批評指責時，我們要虛心的接受。比爾·蓋茲除了很重視朋友及家人的意見外，還很重視競爭對手的批評。他常常說：「競爭對手的意見常常比我們對自己的看法中肯得多。」

不怕犯錯、具有創新和冒險精神，這也是比爾·蓋茲對自己所管理的團隊的要求。比爾·蓋茲對於員工的要求十分嚴厲，甚至達到了吹毛求疵的地步。他對於員工犯下的錯誤批評起來毫不留情，任何微小的錯誤，

只要被比爾·蓋茲他看到，都會被毫不留情的地指出來並要求改正。但是這並沒有讓員工變得保守，因為在這種批評下，錯誤不會被睜一隻眼閉一隻眼的放過，但也不會把這一點小錯誤無休止的放大到對能力的質疑。

在微軟工作的人從不懼怕失敗，他們將失敗看作是任何事情走向成功的鋪墊。在微軟，只要遇到失敗，接下來不是進行批評、斥責或者評估損失，而是「殘酷無情」的剖析過程，他們認為這是對失敗的尊重。失敗的直接作用就是促使我們去嘗試新的實現可能，也正因為失敗成就了微軟一次次令對手膽寒的成功。

比爾·蓋茲非常注重容忍失敗，不計較甚至是歡迎過程中遇到的失敗，在失敗中，他們知恥而後勇，因此微軟的競爭力在失敗的考驗中得到更大的提升。比爾·蓋茲和微軟的成功正如他自己所說：「**人們所認識到的往往是成功者經歷了更多的失敗，不同的是他們從失敗中站起來並繼續向前。**」卡耐基也有類似的觀點：「跌倒了再站起來，在失敗中求勝利。」

在大家的印象中，微軟公司在軟體行業占據著絕對的優勢，一路順風順水。事實上，微軟的巨大成功的背後也有著很多的錯誤和失敗。但是每一次失敗都激勵著他們更加努力的去追求成功，失敗後的微軟取得的成功個更加強大。比爾·蓋茲說，失敗並不是一件壞事，一次失敗能教會你許多，甚至比在大學裡所學到的還有用。

頗值得玩味的是，很多人都是經過了失敗才發現了自己真正的才幹。他們如果沒有遇到極大的挫折，沒有遇到對他們生命本質的打擊，就永遠不知道怎樣發掘自己體內蘊藏的能量。

成功者不一定具有超常的智慧，也大都沒有特殊的機遇和優越的條件，更不是沒有經歷過挫折、艱難與失敗的人。相反，他們大都是能夠在不幸的境遇中奮起前行的人。他們不怕艱難，不會被困苦的處境壓垮。成功者最可貴的信念是變壓力為動力，在荊棘中開闢新的成功之路。

2. 你不能拒絕挫折，但可以超越

有這樣一句格言：「當你在面對困境，選擇了第三條道路的時候，你首先要面對的，不是困境本身，亦不是外來的壓力，而是你自己。」應該承認，遭受困境是一種痛苦，它不僅使你處於不利的發展環境之中，對你的人生亦是一種打擊，甚至是一種否定。

1984年，在蘋果公司推出麥金塔（Mac）電腦以後，在世界上引起了極大的轟動，《紐約時報》稱蘋果公司的Mac電腦是電腦界的一次革命。在蘋果電腦進入市場以後，蓋茲立刻派人買回來一台，他想把為蘋果公司開發研製了的三個應用軟體都用在Windows上面。然而這需要重新編寫整個Windows系統。

對Mac麥金塔電腦狂熱崇拜的康森調入Windows專案開發小組以後，對之前工作人員已經完成的編碼基本全盤否定，為了能使Windows與Mac電腦相容，之前的編碼中很多地方都需要重新修改。這一步一步延遲了

Windows的發行。

在1984年2月眾多軟硬體公司以為就要拿到Windows資料時，微軟宣佈又要推遲到5月份，而到了5月份，微軟又說要等到8月份，而微軟自從那次規模浩大的宣傳會以後，新聞媒體和業界從業者都對Windows保持了極大的關注。然而到了8月份，微軟依舊沒能拿出他們保證過的視窗軟體出來，因此新聞媒體紛紛嘲笑微軟公司給人們吹了一個巨大的肥皂泡，有的媒體諷刺說：「如果你想成為蓋茲那樣的百萬富翁，只需要吹一個像他一樣大的肥皂泡就可以了。」

媒體們甚至還給微軟的Windows軟體取了一個綽號，叫做「泡泡軟體」，以此來挖苦微軟公司不守承諾，這時很多人對微軟的Windows已經不抱什麼希望了，都像看馬戲一樣等待看微軟公司如何收場。這個時候，由於蓋茲在這段時間一直頂著極大的心理壓力。

上至蓋茲，下至基層的辦公人員，在所有人的努力下，Windows的開發終於取得了成功，一共花費了11萬工時的開發時間。最終在1985年5月，蓋茲在春季電腦展銷會上演示了Windows1.0作業系統，並宣佈最初的售價為100美元。

而在1986年11月，微軟公司為Windows的正式發售舉行了盛大的慶祝儀式，許多當初對蓋茲冷嘲熱諷的記者也應邀來到慶祝大會的現場，而曾經諷刺過微軟公司的軟體為「泡沫軟體」的《資訊世界》雜誌，還向蓋茲頒發了「金泡泡軟體獎」。

面對軟體發展的困境和媒體的嘲諷，蓋茲選擇了沉默，並要求軟體發展小組在最短的時間內把軟體發展出來，這是對嘲諷這最好的回擊。當蓋茲看到對手的產品比自己公司的產品更加具有優勢的時候，他並不

氣餒，而是迅速調整公司的方向，抓緊一切機會超越對手，在必要的情況他可以採取很多不一般的方式來打擊對手，讓自己獲得更多的喘息機會。

蓋茲認為：「對於一件事情的看法，人們會因切入的角度不同而產生不一樣的想法。一個悲觀的人，事事都往壞處想，於是愁眉苦臉、憤世嫉俗，但他這樣也不過是親者痛、仇者快，苦了自己。除此之外，他的生活情緒一定會大受影響，還會連帶地影響他人。」蓋茲正是憑著這種敢於面對困難的勇氣和力量，一次一次走過困境，並且超越了自己。

*3.*在所有的失敗者裡，做得最好

比爾·蓋茲曾說：**「失敗是不可避免的，但只要堅持到底，總能收到意想不到的成效。」**

「*A*」位於「*B*」之前，這是一種排列序號，也是前大於後的價值。但是，比爾·蓋茲卻無視這樣傳統的規定，專注於自己追求的夢想。

機會總是光顧那些有準備的人。一天，蓋茲接到全國最大的國防用品合同商*TRW*公司的電話，通知他南下面試。於是，比爾·蓋茲集中精力做資料的編碼工作，他成了名副其實的電腦程式師，具備了程式設計的堅實基礎和豐富經驗。

三個月後，比爾·蓋茲回到湖濱中學。他補上三個月中落下的功課，

並參加期末考試。對他來說，電腦當然不在話下，他毫不擔心。其他功課他也很快趕上了。結果他的電腦課老師只給了他一個「B」，原因當然不在於他考試成績不佳——他考了第一名——而是他從不去聽這門課，「學習態度」這條標準被扣3分。

失敗總會存在的，蓋茲認為失敗是一種需要。

對問題或系統不重視，理解不全面或輸入錯誤可能產生「臭蟲」，但毋庸置疑，把「臭蟲」放入程式的是程式設計師。人們的疏忽導致了「臭蟲」的存在，必須承認員工不可能十全十美，程式也經常會被編錯。同樣，無論什麼行業都會有這種情況。

聯邦快遞能夠在一夜之間準確遞送包裹，它的大多數員工都能將遞送工作完成得天衣無縫。但同時它也不得不承認，有些郵件不能如約送達，比如有些包裹就在路上耽擱了一個禮拜，甚至更長時間。

失敗是理所應當的，因此合理的失誤不應成為斥責他人的理由。

失敗是成功之母，比爾·蓋茲在其所著的書中寫道：「我們應該接受迅速失敗，而不是緩慢失敗，最不該接受的則是沒有失敗。如果有人從不犯錯誤，那只能說明他們努力不夠。失敗的結果是試圖去嘗試其他可能。」

在微軟，失敗屬於意料之中的事件，通向成功的大道上不可能沒有大的失誤。有時，犯錯的人反而被提升，只因為他們從錯誤中吸取了教訓。當然，由於偶爾的能力不足或愚蠢，也可能發生可以避免的失誤。總之，搞清楚錯誤產生的原因至關重要。

如果公司的激勵機制不把失敗視為應有之意，成功的機率就會大大降低。當你向管理部門彙報進展時，彙報內容應涉及專案的主要風險因

素和測試出實際風險的速度。如果一份情況報告不含風險資訊就沒有人會對它感興趣。

面對失敗要分析，而且更應找到錯誤地方及造成失敗的原因。正因為如此，微軟公司在蓋茲的領導下在失敗中找到了走向成功的經驗。

蓋茲曾經擬訂一份私人備忘錄，標題是《微軟最大的錯誤》。這張表的第一項是，讓競爭對手之一的網威拿下了網路電腦市場。但是蓋茲更新的說法是，他的公司遲於察覺因網際網路的成長與發展，才是最大的錯誤。然而，微軟向來堅持到底，蓋茲執著於電腦的執著勁最終收到了成效。

任何人做任何事都有可能失敗，這是一條不移的規律。但這並不可怕，問題的關鍵是能不能從失敗中吸取教訓和怎樣從失敗中吸取教訓。如果能從失敗中找出失敗的原因，並且從失敗中獲取成功的信念，有助於以後做事，那麼這個失敗就不是完全的失敗，至少是值得的。

*4.*保持良好勇氣和耐力

*1948*年，牛津大學舉辦了一個「成功秘訣」講座，邀請到了當時聲名顯赫的邱吉爾來演講。三個月前媒體就開始炒作，各界人士也都引頸等待，翹首以盼。這一天終於到來了，會場上人山人海，水洩不通，各大新聞機構都到齊了。人們準備洗耳恭聽這位政治家、外交家的成功秘

訣。邱吉爾用手勢止住雷動的掌聲後，說：「我的成功秘訣有三個：第一是，絕不放棄；第二是，絕不、絕不放棄；第三是，絕不、絕不、絕不能放棄！我的講演結束了。」說完就走下講臺。會場上沉寂了一分鐘後，才爆發出熱烈的掌聲，經久不息。

這種絕不放棄的勇氣和耐力讓邱吉爾成為一個優秀的政治家。比爾·蓋茲也曾經說過：獲得成功有兩個重要的前題：一是堅決，二是忍耐。堅韌勇敢，是偉大人物的特徵。沒有堅韌勇敢品質的人，不敢抓住機會，不敢冒險，一遇困難，便會自動退縮，一獲小小成就，便感到滿足。這樣的人是不會成功的。

美國3M公司有一句關於創業的「至理名言」：**為了發現王子，你必須與無數隻青蛙接吻。**

對於創業家來說，必須有勇氣直面困境，敢於與困難「接吻」。微軟公司自創業起到現在也歷經風雨，卻依然經濟的可持續增長，這與蓋茲超人的勇氣和堅定不移的忍耐力有著莫大的聯繫。

*1977*年，對蓋茲和微軟來說，是最艱難的一年。當時，微軟公司與羅伯茨公司合作，將*BASIC*編譯器授權給羅伯茨公司。但羅伯茨只是擁有銷售這個軟體的權利，微軟才是這個軟體的真正主人。

當時，市場上盜版風盛行，微軟公司已經無法從這個授權中獲得太多的利潤。蓋茲認為羅伯茨對市場上*BASIC*編譯器的盜版應該負責，因而收回了*BASIC*的授權。

羅伯茨卻聲明微軟公司自行銷售*BASIC*是違法的，如果有什麼意見，可以提交仲裁委員會來裁決。最後他們鬧上了法庭，蓋茲本來以為這場官司會很快的了結，殊不知這場曠日持久的官司讓自己陷入了經濟

困境。原來法院規定，在結案之前不允許動用軟體的銷售所得，而這正是微軟的主要經濟來源。

這個打擊非常致命，蓋茲感到非常的焦慮，然而他天生就是一個不服輸的人，他是不會這麼輕易放棄的，蓋茲和保羅都明白，現在是他們創業的攻堅階段了。

煎熬的日子是痛苦的，高昂的律師費、房子的租金、這些都需要錢，而那個暫時的限制令卻遲遲不解除，先是延遲到了7月1日，接著又拖了15天，10天，最後竟然拖到了八月底。對於這段慘澹的生活，蓋茲到現在還記得：「他們企圖把我們餓死，我們甚至付不出律師費。所以當他們有意與我們和解的時候，我們幾乎就範，事情到了如此糟糕的地步，仲裁者用了9個月才發佈那該死的裁決。」

收入的減少和龐大的開銷把微軟拖到了破產的境地。蓋茲和艾倫最困難的時候身無分文，最後蓋茲向他的員工借錢度日。但是蓋茲還是選擇堅持下來。

1977年12月，法院指派的仲裁人員終於宣佈佩特克公司和羅伯茨違背協議，羅伯茨把BASIC語言軟體的專利權賣給佩特克公司屬於「商業剽竊」，判定佩特克公司只擁有BASIC軟體的使用權，而微軟公司則享受該軟體的銷售權。正是這種敢於面對困難的勇氣和耐力讓他堅持下去，最終獲得了成功。

正如《聖經》裡所說的那樣：「你若在患難之日膽怯，你的力量就要變得微不足道。」

對蓋茲來說，堅持就是創業的助動力。在微軟的道路上蓋茲從來也沒有失卻過耐心。即使後來微軟在產業穩定之後被美國、歐盟等國家和

組織裁定為壟斷，被迫繳納巨額的罰金、進行業務拆分等等。蓋茲依然堅信：只有堅持不懈，才有可能成功。

成功源自於經驗的不斷累積，**在這個世界上，沒有人能使你倒下，如果你還有信心和勇氣的話**。馬丁路德金的這句話鼓舞了美國年輕的一代，也讓促使人們奔向理想的行程。創業過程中，只有在失敗中不斷的累積經驗，並繼續前行，才有可能踏上成功的行程。

美國知名創業教練約翰‧奈斯漢說：「造就矽谷成功神話的秘密，就是失敗。失敗的結果或許令人難堪，但卻是取之不盡的活教材，在失敗過程中所累積的努力與經驗，都是締造下一次成功的寶貴。」

矽谷在當時的美國是軟體企業的「創業大本營」，這樣積極的氛圍也對蓋茲有著很大的影響。在美國，每年都有無數的創業者倒下，也有上千上萬的創業者一夜暴富。蓋茲是個不服輸的人，也正是他又這樣的勇氣和耐心，帶著他走向成功。

第九章 別想從臥室一步爬到天堂

利用有限的條件，創造無限的可能。

沒有什麼是誰「應得」的

我們人生的初始，可能是在法國塞納河畔一間溫馨舒適的臥室，也有可能是在非洲一間用稻草編織起來的茅屋；你的父母可能是當地政府的要員，也有可能是勉強度日的臨時工；你的身體健康強魄，但也有可能患有疾病；你也許此刻正在一所貴族學校接受高等教育，不過也有能因為經濟問題而輟學。

事實上，人生的種種可能誰也沒辦法預料，就像比爾·蓋茲在出生的時候沒有人會預料他將來能成為世界首富。每個人的起點都是隨機的，

這種未知性對生命產生了深刻而複雜的影響，也因為這種貌似不平等的未知而影響著人們的心態。

面對不同的境遇，我們應該懷有一顆平常心，不要抱怨你的貧窮或者醜陋，也不要炫耀你的富有和俊美，因為這個世界上，沒有什麼是你應得的，任何一切都是自然的饋贈，不是你炫耀的資本。**只有透過自己的努力而得來的東西，你才有價資格在別人面前展示。**

比爾‧蓋茲就是這樣一個人。他出生在美國一個富裕家庭，父親是一名律師，母親是教師，而比爾‧蓋茲的先輩更是當時小有名氣的商人。可以說比爾‧蓋茲的家庭猶如蜜糖罐。

優越的家庭條件並沒有讓小小的比爾‧蓋茲認為這是一種優越性，相反他把這些條件很好的運用起來，不斷的豐富自己，提升自己。

*11*歲那年，比爾‧蓋茲被父母送到湖濱中學學習。這是當地一所有名的貴族學校，每年大約招收*300*名學生，每學期的學費達到了*5000*美元，可以說這所學校的設施和師資條件在全美國是數一數二的。

能到湖濱中學學習讓好學的比爾‧蓋茲非常高興，也讓他們的小夥伴羨慕不已。不過比爾‧蓋茲並沒有因此而炫耀，他覺得能到這麼一所一流的學校就讀是他的榮幸，也是父母的幫助，與自己無關。他唯一要做的就是利用好這個機會，勤奮學習，既不能辜負父母的苦心，也不能被夥伴們嘲笑。

至此比爾‧蓋茲憑藉著自己的勤奮成為了湖濱中學優等生中的績優生。也正是在這所學校，比爾‧蓋茲他高超的智慧和高超的創造力被激發，他的精力、智慧、理性、進取心、執著、創新精神、經商才能、管理才能都是在這一時期得到了鍛鍊。也正是在這裡，比爾‧蓋茲做了第一

筆生意，開了第一家公司，認識了日後與他一起打拼的夥伴。可以說湖濱中學的生活為今後的「微軟帝國」做好了鋪墊。

結束了湖濱中學的學習，比爾·蓋茲進入了大學，開始了他更為「瘋狂」的人生。18歲那年，比爾·蓋茲考取了享譽世界的哈佛大學，這又是一次「上天的饋贈」，但是獲得這個「禮物」更多的還是蓋茲自己的努力。比爾·蓋茲是以全優生的身分進入哈佛大學。走進哈佛的那一天，他就將自己定義為「享受哈佛自由之風」的人，他獨闢蹊徑，放棄了一些無聊的課程，一直專心於電腦的研究，與其他同伴利用哈佛得天獨厚的資源開發軟體，推廣個人電腦。漸漸，比爾·蓋茲肯定了自己的人生目標——用電腦改變世界，最後他做出了一個讓世人吃驚的決定，從哈佛這個全球最高學府退學。

在今天看來，比爾·蓋茲退學這個決定是對的，然而在當時，沒有人會人為這是件好事。常人思維會認為在哈佛就讀是他應得的機會，而比爾·蓋茲並沒有把這個機會當成理所應當，因為他發現了更大的機會，一個可以改變世界的機會。所以說，沒有什麼是應得的，如果當初比爾·蓋茲沒有做出這個決定，我們不知要用多少年才能等到一個改變世界的人。

有句名言很好的印證了比爾·蓋茲所作的一切，「利用有限的條件，創造無限的可能」。他正是有效的利用了這些「上天賜予他的條件」，才能取得巨大的成功。

人生的貧窮與富裕其實並不重要，這種分差更不能成為你抱怨人生的藉口，如果你是一個家境富裕的人，那麼請你像比爾·蓋茲那樣利用好這一恩賜，將智慧與膽識融進到你通往成功的道路上；如果你出身貧

苦，也不要自怨自艾，把它當作一種奮發的動力，學會苦中作樂，這樣你才會超越別人，達到自己想要的高度。

2. 不公平是最公正的分配法則

20世紀80年代，微軟公司發展勢頭突飛猛進，很快就成了全球最大的軟體廠商。在微軟快速發展的同時，它也引起了美國反壟斷部門的關注，因為它的很多銷售行為涉嫌不公正競爭和壟斷。

1993年，美國司法部對微軟公司是否有把DOS系統與應用軟體捆綁銷售做了調查。那時候微軟正在開發Windows作業系統，許多軟體企業認為如果微軟利用這一軟體進行競爭的話，就更具有不公平的優勢了。於是司法部將Windows作為重點進行了調查。

當年7月15日，司法部和微軟簽訂和解協定，根據協定，微軟公司在向電腦製造廠商發放Windows 95使用許可證時，不得附加其他條件。這項協議於1995年生效，微軟暫時逃脫了指控。

正當比爾·蓋茲忙於應付司法部的調查和開發Windows作業系統的時候，網際網路得到了迅速的發展，而且湧現出了一大批優秀的企業，比如網景公司和SUN公司，其中網景公司透過推出強大的Navigator網路流覽器迅速崛起。微軟公司為爭奪網際網路時代客戶平臺的控制權，開發了Internet Explorer流覽器，並且用合同限制電腦製造商在預裝作業系統

Windows 95時，只能捆綁IE流覽器。在微軟的強大攻勢下，網景公司的流覽器市占率急劇降低。

1996年，網景公司向美國司法部投訴微軟。康柏等電腦製造商也向司法部提供證據，控訴微軟強迫製造商預裝IE，以此作為預裝Windows 95的前提條件。

1997年10月，美國司法部採取了行動，他們向哥倫比亞特區聯邦法院提起訴訟，指控微軟公司將IE安裝在Windows的做法背棄1995年的協議，要求法院判處微軟消除電腦用戶桌面上的IE流覽器標誌，並處以巨額罰款。

微軟辯稱，IE是作業系統Windows 95的不可分割的整合部件，司法部是在阻撓微軟開發高新技術產品。比爾·蓋茲認為這就像是人們有了單獨的生產汽車輪胎的廠商之後就禁止汽車製造商給自己的汽車安裝輪胎。其實，比爾·蓋茲對這一訴訟案並不擔心，因為這場官司無論結果如何，這時候的網景公司的流覽器都已經不再是微軟公司的威脅了。

1997年12月，法官作出初審判決，認為沒有充分證據證明微軟違反了協議中的禁止性規定，駁回了司法部的請求。但是，法官同時宣佈了另一項臨時裁定，在做出進一步判決之前，暫時禁止微軟將Windows與IE捆綁銷售。

接到法院判決後，微軟公司提起了上訴，他們認為公司將IE與Windows 95一同銷售是在原有的軟體基礎上集成的，並不是捆綁銷售。為了確定這一說法的真偽，法院派出了專家進行調查。經過調查，法院認為微軟公司把一個新功能加在原有的產品中並沒有什麼不對。於是，哥倫比亞地方上訴法院撤銷了那項臨時裁定。

　　針對這一結果，美國司法部和20個州的總檢察官非常不滿意，他們聯合對微軟提出反壟斷訴訟，控訴微軟公司利用電腦市場上的壟斷地位來打擊其他的軟體公司，阻礙行業之間的自由競爭。而且，司法部還搜集和掌握了微軟的大量證據來指控微軟違反了美國的反壟斷法。這起訴訟案轟動全球，被稱為「世紀末的審判」。

　　1998年10月至1999年6月，美國政府和微軟公司在法庭上各顯神通，針對對方的指控提出大量證據，予以駁斥。經過哥倫比亞法院多輪的聽證、辯論和審理，1999年11月，法官公佈了「事實認定書」，法院認定微軟公司屬於壟斷公司，其行為在一定程度上壓制了市場的自由競爭，損害了消費者權益，並且指出微軟公司利用它在電腦作業系統市場上的統治地位，在競爭中傷害了其他有創造性的公司。

　　1999年11月，法院對雙方進行調解，希望使雙方達成和解。但是兩方意見分歧過大，調解失敗。2000年6月，法院作出一審判決：微軟公司停止在Windows 95的銷售中捆綁IE。另外決定將微軟一分為二，一部分專營電腦作業系統，另一部分則專營Office系列應用軟體、IE流覽器等其它軟體，10年之內兩部分不能合併。

　　微軟迅速以負責該案的法官的司法公正性有問題為由提出上訴。2001年6月，哥倫比亞特區聯邦上訴法院駁回了一審中拆分微軟的判決。8月，微軟反壟斷案的負責法官因違反司法程式、向媒體洩漏案件審理內情而被解職。微軟公司請求美國最高法院直接審理該案，但最高法院予以拒絕。全面衡量利弊後，微軟提出與司法部重新談判並作出讓步。9月6日，司法部宣佈不再要求拆分微軟，並撤銷了部分指控。

　　2002年11月，哥倫比亞特區聯邦法院批准了和解協議。微軟和美國司

法部達成妥協。此後，微軟公司陸續與哥倫比亞特區和各州達成和解，和解費用總計約18億美元。經過近十年的較量，在微軟付出高昂的代價後，它終於艱難而幸運地避免了被拆分的噩運。

競爭本身就是一種實力的比拼，比爾·蓋茲的微軟憑藉強大的創造力和影響力，成為了電子科技領域的龍頭，這種地位上的統治優勢難免會給一些後起的中小公司造成生存壓力。不過表像上的「不公平」對於中小公司來說其實是最為平等的現實，因為動力永遠都是隱藏在壓力之下，要想在激烈的競爭中生存，一味的推卸壓力是無濟於事的，只有以「巨頭」為榜樣，看到差距才能改進自身，不斷地發展、壯大。

比爾·蓋茲有一句名言：「減少不公平是人類最大的成就」。微軟本身從渺小到壯大，從默默無聞到成為「改變世界的奇蹟」，證實了世界上的「不公平」只是對那些懦弱、沒有自信的人而言。一個胸有成竹、意志堅定的人，不會把時間浪費在對「公平」的抱怨上，更不會讓自己成為別人成功的墊腳石。

3. 良好的教育背景是成功的前提

「哈佛歷史上最成功的輟學生。」這是哈佛校報對比爾·蓋茲的評價。

比爾·蓋茲沒有讀完大學，蘋果電腦的CEO沒有讀過大學，戴爾公司

的總裁邁克爾·戴爾沒有讀完大學。這些人成功的例子彷彿在印證一個道理：沒有太高的學歷，同樣可以成為一個成功者。

在2007年的哈佛大學的演講中，比爾·蓋茲說：「有一句話我等了三十年，現在終於可以說了：老爸，我總是跟你說，我會回來拿到我的學位的。我要感謝哈佛大學在這個時候給我這個榮譽。我終於可以在簡歷上寫我有一個學位。」事實上，沒有拿到大學學位，一直是蓋茲的一個遺憾。

學習，對任何一個人來說都是伴隨一生的課題。蓋茲雖然沒有讀完大學，但是他一直在不斷的地學習，他也不斷的地告誡年輕人：「**要養成每天讀十分鐘書的習慣，這樣每天十分鐘，二十年之後，他的知識水準一定前後判若兩人。只要他所讀的都是好的東西。**」對於蓋茲來說，良好的教育背景和學習能力是成功的一個大前提。

蓋茲出生在一個有著良好教育的幸福家庭。蓋茲的父親是一位有名的律師，母親是在西雅圖地區也是一個有名的社會活動家，她在1983年成為美國著名的慈善組織「美國聯合慈善總會」的首位女性董事。比爾·蓋茲有一個很寬鬆的教育和成長的環境，他的天性在這樣一個家庭裡面可以自由地發展，而不至於受到拘束。

我們從蓋茲的創業過程也可以看出，蓋茲勇於面對生活，勇於挑戰自我，不斷的超越自我，這都與他良好的家庭教育有很大的聯繫。在湖畔中學讀書時，蓋茲一直是一個成績優異的學生，他能再在最短的時間內學到最多的東西，尤其是在數學和電腦方面，蓋茲一直遙遙領先。

扎實的學業基礎和開闊的眼界讓蓋茲更有遠見。他中途退出大學，也是看到了個人電腦出現稍縱即逝的商機。蓋茲生活的中學時期，電

腦發展的正如火如荼，作為世界經濟的發展中心美國，正面臨著電腦時代的到來。蓋茲當時已經是一個出色的電腦專家，他緊跟著電腦的技術不斷的更新自己的知識。他對電腦的迷戀到了如癡如狂的地步。即使是輟學，蓋茲在電腦方面的知識也是普通人不能比的，即使是電腦專業的學生也及不上蓋茲對電腦的瞭解。蓋茲曾經坦然指出，他沒有完成大學學業，主要是公司很快上了軌道，發展迅速，讓他無暇把剩下的學業修完，其實他當初休學時並未打算就此告別大學生涯。

「不要把在學校的時間多少與學問的高低混為一談。有些人在學校念了很多書也沒有什麼學問，有些人念書不多，但學問卻非同小可。」在蓋茲的眼中，除了自己的微軟事業之外，沒有什麼比學習和教育更重要的了。

在蓋茲投資的慈善事業中，教育一直是蓋茲在美國投資的重要項目，而他最早得基金會也是為教育設立的。蓋茲為改善低收入人群的學習條件的投入十幾億美元，美國大大小小的中學都接受過蓋茲的投資和捐贈。

在人生的這場遊戲中，你應當保持生活的熱情和學習的熱情，不斷地吸取能夠使自己繼續成長的東西來充實你的頭腦。可以說，如果不繼續學習，人們就無法取得生活和工作需要的知識，無法使自己適應急速變化的時代，不僅不能做好本職工作，反而有被時代淘汰的危險。

「一個人的知識越多，就越有價值」。良好的教育背景和學習能力是成功的前提。美國人認為：年輕時，究竟懂得多少並不重要，只要懂得學習，就會獲得足夠的知識。無論從事哪一種事業，都需要不斷地學習。只有學習才能擴

大視野，獲取知識，得到智慧，把工作做得更好。一個人的知識儲備愈多，才能便愈豐富，生活就愈充實。

4.要冒險，不要冒進

不冒風險的人，永遠沒有成為富豪的可能。你想捕大魚，就必須到深水中去，你想盡快成就大事業，就必須敢於冒大風險。無數成功的富翁們正是因為識在人先，當機立斷，勇往直前，才演出了一幕幕有聲有色的話劇，成就了自己的輝煌。

當年，比爾·蓋茲和艾倫手執 *BASIC* 語言，抓住了使它大顯身手的契機，從而在電腦潮流湧動之初，便將自身融了進去。冒險一搏的念頭告訴蓋茲，暫時不能再念書了。他試探著告訴父母，他要從哈佛退學，開創他的電腦事業。父母大吃一驚。母親堅決反對，她認為這是學業上的自殺行為，是最愚蠢的行為。父親是著名律師，也極力反對兒子在畢業之前就去開公司。尤其在剛剛20歲還沒有任何人生閱歷的時候，既耽誤了學業，公司也不會辦好，最終會「雞飛蛋打」，不如學成畢業以後穩穩當當再來創建公司。

可是他說，為了一個新紀元的開啟，這沒什麼不值得的。是的，蓋茲的父母終於明白了——當一個新的行業在兒子的手中托起，當10年後兒子榮登億萬富豪榜，當15年之後兒子成為世界首富的時候，他們終於

明白了當年的阻攔並不是明智之舉。

很明顯，蓋茲的冒險精神造就了他的輝煌。這個自信心很強並具冒險精神的電腦天才，他在本行業裡的控制力量極為龐大，《資本家》雜誌1991年4月的一篇評論說：「微軟公司正在屠殺對手，看來似乎會壟斷軟體工業。」

可以想像，如果沒有當年的冒險退學，這位天才能否在競爭極為激烈的電腦行業脫穎而出還是個未知數。

但是，冒險並不等於衝動。這一點也是比爾·蓋茲所特別注意的。成功人士雖甘願冒險，但從不魯莽行事。雖說為了創造財富，冒險精神是必要的，但絕對不可以衝動。比爾·蓋茲解釋說冒險精神與衝動看起來好像差不多，其實本質上是天差地別。**財富絕對不會對懦弱的人微笑，同樣地，對於有勇無謀的衝動派也沒什麼興趣。**比爾·蓋茲認為，對於有失去一切可能性的事業，投注一生的積蓄，那就是有勇無謀。雖然沒有經驗，心生不安，但向藏有新的可能性的工作挑戰，那才是有勇氣的行為。

機遇不是一個溫文爾雅的來客，它並不會身著正裝頭戴禮帽登門拜訪。它對任何人都是公正的。它會悄悄來到所有人的身邊，有的人視若無睹，白白錯失良機；只有少數聰慧者才能眼明手快將其收入囊中。

冒險是一種經過危險可以得到，並且得到的是對自己有價值的東西的行為；而冒進則是經過危險根本不可能勝利得到的行為，或是雖然得到但所得東西對自己毫無價值的行為。

每一個成功人士都是一個冒險者，他們勇於為了達到自己的目標而冒一定的風險。他們知道世上沒有無需遭受一次損失的風險而獲得的成

功，否則所獲得的肯定不能稱其為成功。但是每一個成功人士，又都不是一個冒進者，他們在付諸行動前都能客觀地分析自己的實力，所面臨的困難、所要得到的東西對自己重要性，具有憑藉自己的能力有可能經過努力得到自己想要得到的東西時，他們才去行動。

我們只有選擇大膽嘗試，才能不斷發現自己的潛力，找到最適合自己的工作，衝破人生的難關，最後登上屬於我們自己的勝利之巔。但是，人們也不能只受眼前報酬的大小來擺佈，而不顧自己的成功概率就貿然行事，這是種賭徒般的冒進行為，也不可能獲得連續的成功。

第十章 賣技術，還要會買時間

用「分」來計算時間的人，比用「時」來計算時間的人，時間多出了59倍。

1. 小心「時間竊賊」

能量=品質x光速的平方。

這是愛因斯坦著名的質能公式。雖然是物理學的公式，但它同樣說明了成功學中關於「時間」的一個重要原理。

時間如同金錢，愈是懂得利用的人，愈感覺它的價值；愈是貧窮的人，愈感覺它的可貴。問題是當我們富有時，往往不知如何利用而任意揮霍，真正需求的時候，卻已經所餘無幾了。莫泊桑提醒我們說：「世

界上真不知有多少可以建功立業的人，只因為把難得的時間輕輕放過而默默無聞。」用「分」來計算時間的人，比用「時」來計算時間的人，時間多59倍。快速、加速、變速是這個資訊時代的顯著特徵。這種特徵只有每個敢於奮起直追的人才能真正的理解和把握。

在比爾·蓋茲創業的時候，他們的「8086」似乎還是超乎尋常的，它好像是個新類比程式合理的候選人。然而到1978年秋天，它連手冊還沒有寫出來。雷恩和奧里爾只好根據英特爾的工程師們寫的說明書來介紹他們的版本。此時，英特爾的工程師們正在設計這個晶片。

軟體走在了硬體的前頭，這樣做似乎沒有必要。但是在那一個階段，微軟公司內部有一種狂熱的工作氣氛，這種氣氛推動著所有的員工拚命工作。在這後面有一個叫作比爾·蓋茲的魔鬼，他不斷地催促員工說：「快點！快點！」

微軟公司實際上在做一次投機冒險。過去發表新項目總是等機器出來，然後各路英雄一道衝殺上去，誰做得好、做得快，誰就會成功。在同一條起跑線上，很難說誰就一定得第一。

微軟公司這一次的方法是搶在時間的前面。新的電腦若做不出來，微軟公司就是白忙了一場。但是，新型電腦做出來了，那誰也別和微軟公司爭了。微軟公司一定是第一。微軟公司的這個決策得到了回報，它又一次讓蓋茲賺到了錢。當阿爾伯克爾基的一切工作都做完後，微軟公司將做一次戰略轉移。為了永遠記住阿爾伯克爾基的日日夜夜，微軟公司的各位英豪決定在11月7日這一天照一張團體照。就在這個月，微軟公司完成了全年100萬的銷售額。精確地說，是135萬美元。

在節奏快得讓人吐血的現代社會中，只有跟得上節奏，立志於走在

時間前面的人才能取得成功。比爾·蓋茲的創業成功就證實了這一點。

美國著名的管理學大師杜拉克曾說過：「時間是世界上最短缺的資源，除非嚴加管理，否則就會一事無成。」

生命的時間有限，而人們的時間往往就是在盲目和無所事事中被「時間竊賊」偷走。

英國文學史上著名女作家艾米莉·勃朗特在年輕的時候，除了寫作小說，還要承擔繁重的家務勞動，例如烤麵包、做菜、洗衣服等。她在廚房勞動的時候，每次都隨身攜帶鉛筆和紙張，一有空隙，就立刻把腦子裡湧現出來的思想寫下來，然後再繼續做飯。善於利用時間的人，也能把握住時間。

時間管理學研究者認為：

在確定每天具體做什麼之前，要問自己三個問題：

①我需要做什麼？明確那些非做不可，又必須自己親自做的事情。

②什麼能給我最高回報？人們應該把時間和精力集中在能給自己最高回報的事情上。

③什麼能給我們最大的滿足感？在能給自己帶來最高回報的事情中，優先安排能給自己帶來滿足感和快樂的事情。

隨時警惕你的「時間竊賊」，切記珍惜時間就是珍惜生命。時間是生命的本錢，一個人浪費了時間就像是送掉了自己的生命。時間來得匆匆去得也匆匆，要想使自己的生活更有意義，就應該珍惜屬於自己短暫的時間。

時間對每個人來說都是平等的，珍惜時間的人就會得到無窮無盡的財富，而浪費時間的人將一無所有。

2. 生活不分學期，你並沒有寒暑假可以休息

比爾·蓋茲從小就有充足的精力為自己所愛的事業奮鬥拼搏。在很小的時候時，他可以一頭紮在父親的書房中一連幾個小時、十幾個小時不休息的閱讀；再大些，當比爾·蓋茲自從接觸電腦以後，他對電腦就更是陷入一種狂熱，他總是有旺盛的精力，甚至達到廢寢忘食的地步。

作為美國電腦軟體界的先驅之一，比爾·蓋茲，應該是一位科技奇才。傑伊·倫諾開玩笑說：「他和我們其他人不一定有什麼不同。昨夜我走進他房間看到他的錄影機上的時鐘仍閃著十二點。」

保羅·艾倫的鄰居萊蒙特·班森回憶說：「我記得總是看到保羅的房間凌晨3點燈還亮著。他和那個叫蓋茲的小子在那熬夜，研究電腦。」

比爾·蓋茲旺盛的精力大部分用在電腦上，正如他在湖濱中學讀書一樣。他瞭解他對什麼東西有真正的熱情，電腦就像一個會施魔法的巫師一樣，把他給迷住了。為了在電腦上模擬棒球比賽，他可以一連幾個星期擺弄著電腦，試圖設計出一套電腦程式，在螢幕上用數字顯示出擊球、扔球和接球時的情形。即使他蒙著電熱毯睡覺時，腦海裡也全都是蓋茲也在夢見電腦。有一次在凌晨3點，蓋茲在夢中說夢話時，不停地說一些電腦操作的術語。

許多夜晚，他都是在哈佛的阿肯電腦中心度過的。電腦中心擁有許

多不同型號的電腦，其中包括蓋茲最喜歡使用的*POP-10*號機型。茲萊梅爾有時路過電腦中心，順便走進大樓，一定會發現蓋茲在某個房間玩著電腦。那時人們常常用電腦玩幾種遊戲，如斯蒂文·拉塞爾設計的「太空大戰」，蓋茲和茲萊梅爾總是玩這種遊戲直到第二天凌晨才肯罷手。

比爾·蓋茲後來回憶說：「為阿爾塔編寫的*BASIC*真是令人精疲力竭。當我思考的時候，我時常前後搖晃或踱步，因為這樣有助於把精力集中於一個想法上，排除干擾。我和保羅的睡眠很少，可謂夜以繼日。我常常好些日子既不吃東西也不會見任何人。」

他們廢寢忘食地幹了兩個月，*BASIC*語言的編寫已經基本完成。到二月底，他們覺得一切就緒，為了談判成功，蓋茲讓保羅·艾倫回家休息養足精力，而他仍然留在電腦房間對程式作做最後的檢查，他在凌晨的時候剛好做完一切。為了這個*BASIC*，他們曾一天工作二十個小時，有時甚至還要長一些，就這樣工作了八個多星期。中國有句古話：「種瓜得瓜，種豆得豆。」他們終於成功了。

蓋茲也許不是哈佛大學數學成績最好的學生，但他在電腦方面的才能卻無人可以匹敵。他的導師不僅為他的聰明才智感到驚奇，更為他那旺盛而充沛的精力而讚嘆。他說道：「有些學生在一開始時便展現出在電腦行業中的遠大前程，毫無疑問，蓋茲會取得成功的。」在阿爾伯克爾基創業時期，除了談生意、出差，蓋茲就是在公司裡通宵達旦地工作，有時，秘書會發現他竟然在辦公室的地板上鼾聲大作。不過為了能休息一下，蓋茲和他的合夥人艾倫經常光顧阿爾伯克爾基的晚間電影院。「我們看完電影後又回去工作。」艾倫說。

*1979*年，微軟公司遷到了貝爾維尤，*1983*年，微軟公司宣佈了要開發

WINDOWS的消息。一位曾到過蓋茲住所的人驚訝地發現，他的房間中不僅沒有電視機，甚至連必要的生活傢俱都沒有。

蓋茲常在夜晚或凌晨向其下屬發送電子郵件，程式設計人員常可在上班時發現蓋茲凌晨發出的電子郵件，內容是關於他們所編寫的電腦程式。蓋茲經常在夜晚檢查程式設計人員所編寫的程式，再提出自己的評價。蓋茲位於華盛頓湖畔對岸的辦公室距其住所只有10分鐘的駕車路程。一般的情況是，他於凌晨開始工作，至午夜後再返回家。他每天至少要花費數小時時間來回覆員工的電子郵件。

儘管許多人認為，微軟公司的成功很大程度上是歸功於「上帝的光環」罩在比爾蓋茲的頭上，但當我們回顧微軟公司的歷史時，不難發現微軟公司並非是一個一帆風順的企業，在成功的背後也灑滿淚水。

同比爾·蓋茲先生一起工作的人都說他是世界上最繁忙的企業主管之一。比爾·蓋茲在1978年至1984年間，只休假十五天，包括他在附近一座網球場消磨的那四天。

《跨國企業》雜誌編輯發表的一篇文章上問道：「微軟如何保持這種優勢？」

「總的來說，比爾·蓋茲很少睡覺。他不斷尋覓新的來源，甚至在他現有的產品仍賺進大把鈔票的時候也不例外。」

然而蓋茲卻不這麼認為，他認為，**「成功的焦點，應該瞭解你的能力範圍，及你最擅長的事情，然後把你的時間和精力投注其中。」**

*3.*技術是「護身符」，時間是「搖錢樹」

比爾·蓋茲曾說，**時間管理不僅是獨樂，也是眾樂的一場賽事，和時間賽跑，人人都有可能是勝利者。只有不參加的人，才是失敗者。**

凡是將應該做的事拖延而不立刻去做，而想留待將來再做的人總是弱者。凡是有力量、有能耐的人，都會在對一件事情充滿興趣、充滿熱忱的時候，就立刻迎頭去做。在時間面前，弱者是無能的，時間一分一秒、甚至整天整夜地從他眼前白白地流逝，他既無力挽留，也無法運用。而強者總是時間的主人，他會十分地珍惜時間，高效地利用時間。而蓋茲就是一個善於利用時間的人。

蓋茲一直認為：速度是企業成功的關鍵。所以，微軟在企業競爭中，一直保持搶快搶先的戰略方針。*2004*年，微軟和*Firefox*爭奪最佳流覽器的位置，蓋茲表示，競爭是無處不在的，微軟公司要做的是將產品做到最好。他還說「我們參與的每一個市場領域都存在著競爭。我們在流覽器領域的市占率也達到了*90*％，不過這並不妨礙*Firefox*的出現。儘管輿論對其創意讚譽有佳，而我們的原則仍然是讓我們的流覽器在與*Firefox*的競爭中脫穎而出——無論是在性能還是安全方面。」

要脫穎而出不僅要靠技術，時間也是關鍵。微軟的團隊根據市場的變化，整合所有的銷售方式，向銷售者發動強烈的快節奏和高強度的攻

擊。在技術上的創新和在時間的搶險性讓微軟在流覽器的競爭中獲得了
領先者得地位。

蓋茲在搶占時間的策略上海常常使用先聲奪人的方式，這也是微軟
在市場上的一個競爭優勢。1990年，微軟與IBM公司合作，推出了一個
OS/2網路軟體。不久，蓋茲得知3C公司也準備開發一種名為「管理者」
的軟體。這個軟體已一經推出，將會對OS/2的發行造成很大的影響。這
個資訊對蓋茲來說是一個很打大的衝擊，但他很快找到應對方案。蓋茲
主動找到3C表示願意合作，但是他投下鉅資只是為了牽制3c公司，讓自
己即將推行的WINDOWS產品獲得更大的市場。

在蓋茲的眼中，商業利益遠遠高於私人感情。他為了使微軟能走在
行業的前列，商業計謀和手腕都是他成功的方式。有試圖和微軟競爭的
公司或者公司能力崛起比較快的公司都遭受到了微軟的衝擊。

矽谷的go公司要開發一種手寫輸入電腦的軟體，蓋茲得到這個消
息後，馬上召開新聞發佈會，公開宣佈微軟已經開發出確認手寫字體的
軟體系統，很快就要投放市場。一個月後，蓋茲又對外宣佈，說微軟公
司正在和二十多家電腦製造商談論開發硬體設定，以和這個軟體匹配。
其實，微軟公司對這個軟體的設計連基本的構思框架都沒有。蓋茲這樣
做，是要起到先聲奪人的作用，先搶個先手，然後在搶時間處理問題。
這樣不僅打退了與微軟競爭的那些公司的競爭信心，還讓用戶轉而期待
微軟的產品。

在這個競爭過程中，蓋茲和他的微軟王國形成了一整套的時間競爭
策略。並且充分利用時間戰術，在市場中做出快速反應，贏得市場。

時間是「搖錢樹」，這是比爾·蓋茲的一個賺錢強有力的理論。搶

得住時間才能搶得住賺錢的機會。要想生存和獲勝，取得較大的市場占有率，必須具備時間競爭能力，否則不但無法在市場中站穩腳跟，也失去了賺錢的機會。迅速適應市場環境的變化，搶得住時間，就能占領市場，贏得競爭。

4. 一次機會就能異軍突起

法國一位總統有句名言：命運就是一種機會以及捕獲機會的能力。有時候，憑你多大的勇氣，憑你多勤勉的實幹精神，憑你多強烈的進取精神，沒有機會的配合，要想大獲成功也是難上加難的。世上有許多人，他們什麼條件都具備，但是就是做事太慎重了，對每一件事都經過長時間的考慮，結果許多的大好機會都失之交臂。在商業競爭中，抓住機遇是絕對重要的。

一個抓不住機會的人，一個抓不住機會的企業，在競爭中是永遠無法獲勝的。對一個企業和一個有眼光的領導者來說，一次機會就能異軍突起。比爾·蓋茲之所以成為資訊產業的代言人，不是因為他有很強的創新能力，不是因為他是專業技術的領先者，而是因為他抓住了一次又一次的機會。正像蓋茲自己自己所說：**每一天都會有一個機遇，每一天都會有一個對某個人有用的機遇，每一天都會有一個前所未有的、絕不會再來的機會。**

　　微軟享有當今的發展實力與自己多年的經營和知識的累積有著密切
的關係，但是這一切的發展都離不開對一次次機遇的把握，微軟的起步
就是打上了藍色巨人微軟的起步就是搭上了藍色巨人IBM的戰車。與這家
電腦公司的合作讓蓋茲認識到，有了系統的操作不僅可以建立人們交流
的平臺，還將改變個人電腦的而發展走向。

　　蓋茲看到了這個發展機遇，並且很好的抓住了這一機遇。「我們瘋
狂地編寫程式、銷售軟體，我們幾乎沒有時間做其他的事。值得慶幸的
是，我們的客戶都是狂熱的電腦愛好者，不會被功能的弱小、手冊的簡
單和先進的使用者介面所影響。這就是電腦軟體當時的狀況。」這是蓋
茲最初開發軟體的真實寫照。

　　1986年，微軟公司決定將股票上市，沒想到，剛一上市，微軟就上
演了一場「股票也瘋狂」。蓋茲更是沒有放過在近期內能給自己和公司
帶來巨大經濟效益的機會。他馬不停蹄地開始了向集團購買者巡迴推銷
股票。

　　蓋茲首先讓公司的財務長去找合適的中立銀行來合作。最終分析之
下，選定的是薩奇公司作為其主要承銷商，桑斯公司為其機構購買承銷
商。同時，微軟還使用其慣用的新聞宣傳的方式。1985年底，各個新聞媒
體分別發佈消息，聲稱微軟公司將於近期上市。同時，美國《財富》雜
誌的一名記者追蹤報導微軟公司股票上市的情況。這引來世人的關注，
大家時刻關注著最新的股市資訊。到1986年2月份的時候，微軟公司已經
印出了將近4萬份公告，分送給監督委員會和代理商們。

　　這些充足的準備為微軟的上市提供了契機，等待微軟公司的股票
正式上市，第一天，開盤價為每股25.17美元，收市時已經到了29.25美元

了，當天共成交360萬股。人們以極大的熱情支持著微軟股票。

當天開盤，別的公司幾乎被人們遺忘，人們瘋狂地擁擠在微軟股票的旁邊。到1987年，微軟的股票每股已經達到90.75美元，這在很多類似的上市公司中排名是比較靠前的，此外其速度之快也讓人咋舌不已，而且這個價值還有進一步攀升之勢。

1987年3月20日，華爾街日報正式承認微軟公司總裁蓋茲為10億級富翁，而且是歷史上最年輕的白手起家的10億級富翁。這不僅代表股票的升值，而且更重要的是體現了公司的發展速度和現狀。

一個人培養自己捕捉機會的能力，每天甚至每時都張開你渴求成功的貪婪的網，等待偶然事情的到來。也許，就在這時候，你的網中已經有了一條成功的大魚了。一次機會就能促使一個人願望成為現實。

當然，偶然來臨的機會與成功畢竟還是兩碼事。偶然的機會只是為你提供一個有意義的線索，一種或許可以成功的可能。正像比爾·蓋茲所說的：「機會並不會自動地轉化為鈔票——其中還必須有其他因素。簡單地說，你必須能夠看到它，然後必須相信你能抓住它。」比爾·蓋茲正是抓住了微軟上市的機會，做好股票的宣傳，利用股市鞏固了自己在軟體行業的基礎地位。在這個機會面前，蓋茲成為最大的贏家。

第十一章 為他人創造走到前臺的機會

千萬不要錯過那些好小子。

1. 不擔任全職工作，微軟才會新人輩出

發展需要創新，創新需要人才，新鮮的血液才能使微軟鞏固「霸主」地位，持續性發展。

2000年1月，比爾·蓋茲和史蒂夫·鮑爾默共同出席了微軟在西雅圖為「*Windows 2000*」舉行的新聞發佈會。會後，比爾·蓋茲宣佈了一個讓人震驚的決定：他將不再擔任微軟公司首席執行長職務，從而公司日常事務管理中脫出身來，集中精力關注更多的技術問題。為此他給自己設計了一個「首席軟體架構師」職位。

技術和對未來的把握能力向來是比爾·蓋茲的強項,因此他在業界被譽為管理公司的「商業天才」和「技術天才」,但是行政方面的工作確實是他的「軟肋」。新上任的鮑爾默身兼微軟總裁和首席執行長於一身,他比比爾·蓋茲小一歲,相對於蓋茲專注於技術和商業策略,鮑爾默則更關注於其他的方面,是個全才。因此,比爾·蓋茲才會放心的把自己辛辛苦苦打造的微軟公司交給鮑爾默。

到了2006年,比爾·蓋茲對外宣佈,他將在兩年之後隱退,到那時他將辭去公司的首席軟體架構師一職,並且將結束在微軟的全職工作。宣佈這個消息的時候,蓋茲竭力使自己顯得相對鎮定,但是卻掩蓋不了哀傷的氣氛,一些員工在聽到這個消息的時候甚至淚流滿面。他還說自己隱退後將專心經營自己的慈善基金會,並將自己幾百億的身家捐獻給慈善基金會,只給自己的孩子留很少的錢。

2008年6月,蓋茲宣佈離開微軟,以後他每週只在微軟工作一天,其他的時間都會在比爾·梅琳達·蓋茲慈善基金會工作。但是蓋茲作為公司的創始人,他將繼續作為公司的形象代言人。

為了歡送和表彰比爾·蓋茲對微軟公司做出的巨大貢獻,微軟在全球的所有副總裁以上的核心管理團隊以及所有的微軟戰略技術專家為比爾·蓋茲舉行了盛大的歡送會。

歡送會上除了比爾·蓋茲的家人——父親、妻子和三個孩子,其他的全都是公司乃至美國的重量級人物,其中包括保羅·艾倫、華倫·巴菲特以及微軟董事會的其他成員。當天到會的人數超過了800人,更多的人則是在電腦前面觀看了網上直播。

蓋茲在微軟的歡送會上對微軟未來的發展提出了自己的建議。他將

微軟的成功歸因於人才。他說：「雷‧奧茲和克瑞格‧蒙迪，他們出色的技術領導讓我感到十分幸運，他們足可以代替我來完成工作。20年前，我和雷‧奧茲相識，他為業界的發展做出了巨大貢獻。我與克瑞格‧蒙迪也一起工作了將近十四年，他用非常專業的眼光做出決策，他們現在已經是帶領微軟未來技術發展的重要成員。

而六年前，我和史蒂夫進行了身分的轉變，史蒂夫成為了微軟的CEO，過去的這段日子，他的工作十分出色，不管是他管理公司的策略，還是制定出的六年業績成長一倍的目標，這些舉動都帶動了微軟的發展。Xbox主機、商務軟體、即使通訊、Live平臺還有包括IPTV在內的其他東西，這些都是史蒂夫的功勞。在我看來，史蒂夫最適合擔當CEO這一職位，他對微軟未來發展的判斷，絕不僅僅局限於今天。史蒂夫在公司裡設有三個總裁的職位，分別由羅比‧巴赫、傑夫‧雷克斯和凱文‧詹森擔任，每個總裁都有一定的自主權力，這讓公司提高了效率，凱文‧特納團隊的加盟更是令我們無比強大。

我認為，微軟的成功一是憑藉強大技術實力的保障，二就是人才所發揮的作用，除了科瑞迪‧雷‧里克和大衛這樣優秀的技術人才外，史蒂夫還讓史蒂文‧斯諾夫斯基和J阿拉德擔任著技術戰略策劃以及公司業務的重要角色，讓技術人員融入到團隊之中，我敢保證，這些技術天才們會將他們的聰明才智發揮得淋漓盡致。」

比爾‧蓋茲在離開微軟的時候特別強調人才的重要性，也印證那句經典的電影臺詞：「21世紀什麼最貴？人才！」錯過一個擁有才華的人是最愚蠢也是最危險的錯誤。但是有的人讓這種事情發生了很多次，他們所面對的結果只能是眼睜睜地看著別人成功。沒有好的人才儲備機制，

對於微軟這種高科技領的「霸主」來說無異於自掘墳墓。只有網羅最出色的人才，發揮他們無限的潛能，才能利於不敗之地，也才可能持續的發展。

2. 把人用在真正行之有效的地方

「**人是世界上最寶貴的東西，只要有了『人』，什麼人間奇蹟都可以創造出來。**」企業的競爭歸根到底是人才的競爭。每個企業都在尋找那些能夠推動企業發展、為公司創造最佳業績的員工。企業所需要的人才並不是牛頓、愛因斯坦那樣的高端學者，而是能積極找方法解決問題和困難的員工。因為只有能夠積極找方法的員工才能夠為企業更好地創造出效益，才能成為推動公司發展的關鍵力量。

雖然微軟公司在人才招聘方面求賢若渴，但是進入微軟之後壓力卻非常大，微軟經常被員工稱為「腦力壓榨機」。很多人這樣評價比爾·蓋茲：「充分利用員工，直到榨不出一滴油為止。」有時候為了開發員工的潛力，有時候需要5個人做的工作，蓋茲會故意安排4個人去做，透過這種方式讓團隊中的每個人都最大限度的發揮自己的潛力。

公司以效益為重，為了充分的利用每一個員工的才能，公司對人才的管理是嚴格的，競爭機制也是殘酷的。適者生存，這是達爾文提出的自然界的生存法則，但是它同樣適用於微軟公司。軟體行業日新月異，

稍有不慎就會被甩在後面，再也沒有翻身的機會。

　　微軟公司實行的是高壓的管理風格。比爾·蓋茲對員工的批評遠遠多餘對員工的讚揚，他對公司的員工期望值很高，因此一旦出現錯誤，他就會不留情面的批評，有時候甚至會威脅開除他們。在這種環境下，員工通常都承受著很大的壓力。

　　微軟公司一直保持著員工的固定淘汰率。微軟的每個員工都有自己需要負責的一部分工作，員工所需要做的也就是將這份工作做得足夠好。微軟公司每半年考評一次，按照業績和效率給員工打分，打分之後，效率差的5%的員工會被淘汰。有能力的人不僅可以生存下來，而且可以獲得高額的獎勵。而水準差的只能帶著羨慕的目光離開公司。

　　微軟的用人理念是「擇人任事，用人得當，人盡其才」。

　　1981年，微軟已控制了個人電腦的作業系統，並決定進軍應用軟體領域。蓋茲決定把微軟公司變成為開發軟體和具有很強行銷能力的公司。這讓蓋茲他感到很頭痛，微軟的人才都是軟體設計高手，但是在市場行銷方面，他們似乎都不是內行。最終比爾·蓋茲經過篩選，挖來了羅蘭德·漢森。他一進微軟就決定以後所有的微軟產品都以「微軟」為商標。不久以後，「微軟」就成為在美國、歐洲甚至全球都家喻戶曉的品牌。

　　比爾·蓋茲的擇人、用人標準都是尋找適合微軟某個工作崗位的人，而不一定是看起來最好的人。他們最初創業時期的秘書也是一個40多歲的女性，但是這位秘書加入後，整個公司變得井井有條。所以在微軟，即使你很普通，但是如果你能在你的工作崗位上發揮最大的作用，為公司創造出了最大的效益，你就是微軟不可或缺的人才。

正是在比爾·蓋茲「擇人任事、用人得當、人盡其才」的人才觀的指導下，微軟公司才實現了迅速的騰飛。

3. 獲得最多的人，也被寄予更多

在聚集了大量的優秀人才的同時，如何讓這些人才通力合作也是微軟要解決的重大問題。

為了增強員工間的凝聚力，使他們為微軟的發展齊心協力，微軟努力地消除了不同等級間的隔膜。首先公司採取了無差別的辦公環境，就算是比爾·蓋茲的辦公室也比其他員工的大不了多少。每個員工，即使是剛入職的新人，他也可以獲得一間工作室。而辦公室的分配採用的也是抽籤的方式。對你的辦公室不滿意？那可以等下次抽籤的時候再換。

在員工的辦公室，他們是完全自由的，可以放音樂、塗鴉，光著腳丫走路，完全隨自己心意。公司至今也沒有為管理層設置專門的停車場和休息室，每個人都是自己接聽電話，自己寫備忘錄。

剛進公司的新員工，會在老員工的帶領下掌握業務技術，熟悉公司環境，瞭解公司的制度，而且隨著新員工的成長，不同的階段會有不同的人來幫他更好更快的成長。因此新員工進入公司完全不會有陌生、被孤立的感覺。

另外，比爾·蓋茲雖然在工作上是嚴厲的，有的時候會對員工大吼

大叫，但是如果員工有理，你完全可以選擇和他對吼而不必擔心比爾·蓋茲會在背後打擊報復你或者將你「掃地出門」，他可能會因此更加欣賞你。

微軟公司每次開會的時候，清潔部的人都會很頭疼，因為在開會的時候，你會看到成群的人在吵架，甚至在廝打，文件像雪花一樣在會議室上空砸來砸去，但這僅僅是一次普通的意見交換會議而已。你不必為自己的文件砸到了上司而懊惱，也許這正是微軟吸引人才的魅力之一。

公司內部的溝通採取網路溝通的形式，員工完全可以知曉和理解自己上級的意圖，明確自己的責任。利用電腦網路，蓋茲可以給公司的員工直接下達命令或者討論，員工也可以藉由網路直接與蓋茲進行對話而不需要透過中間層層的領導進行傳達。這樣大家都很快的知道對方的想法，既可以節省公文傳遞的時間，達到最高的工作效率，也可以簡化企業內部的管理結構，使管理更有成效。

微軟公司為了緩解員工時刻緊繃的神經，還專門為員工創造了像大學一樣寬鬆的工作環境。比爾蓋茲說：「我們有這樣多的年輕人，他們在進大學前幾乎足不出戶，現在又把他們帶到這樣一個幾乎是荒郊野外的地方，怎麼能不盡量讓他們舒服一些呢？」

在公司商業樓的外邊有一個很大的公園，裡面樹木茂密，有池塘、噴泉，綠地，還有一個能游泳的湖。微軟的員工在休息時間可以到這裡來彈奏樂器，引吭高歌，各顯神通。

在辦公大樓裡面環境同樣是寬鬆的。他們的辦公室裡邊堆滿了動物標本、養金魚的水箱或者弓箭等各種各樣的收藏品。他們衣著隨便，生活不拘小節。

你可能再也找不到比這裡微軟更愉快、更有家庭溫暖的公司了。休息的時候，有人拿著玩具飛鏢進行飛鏢比賽，有人騎著單車在辦公室走道閒逛，甚至有人在辦公室養了幾隻小鴨子。公司還考慮到過分的腦力勞動會感到疲憊，因此很多人需要體育運動來放鬆繃緊的神經，所以公司給每個員工配備了一張體育健身卡，讓他們可以隨時去公司附近的俱樂部運動、健身。

另外對於員工的個性和愛好，比爾·蓋茲也是非常鼓勵的。微軟的員工並不是我們所想像的那種呆頭呆腦的程式師，他們的愛好也很廣泛。有的人喜歡溜冰、攀岩，有的人喜歡釣魚、郊遊，甚至還有人擅長製作銀器。

雖然比爾·蓋茲在工作上對員工的要求是嚴格的，甚至是吹毛求疵的，但是在生活中他很平易近人。有一次一個新進的員工在午飯時間和周圍的同事談笑，結果一轉身發現蓋茲正站在他的身後，一激動就把咖啡弄灑了，濺了蓋茲一身。他緊張的不知所措，結結巴巴的道歉，周圍的同事善意的笑了，蓋茲沒有批評他，甚至擦都沒擦，還誇他工作幹得不錯。他會在週五晚上舉辦的瘋狂舞會上與員工一起狂歡，他也會跟他們一起去溜冰，參加各種體育活動。在員工餐廳，也經常可以看到比爾·蓋茲與員工聊天的場景。

微軟正是依靠傑出的管理制度和獨特的企業文化才吸引和留住了很多世界上頂尖的人才，這些人為微軟服務，不但讓微軟提高了公司在市場上的競爭力，而且是微軟在競爭中能夠立於不敗之地的保證。

4. 讓員工坐在正確的位置上

比爾·蓋茲說：「**對人才的運用，僅僅限於蒐羅是遠遠不夠的，重要的是對人才不僅要善於識別其長處，而且要敢於大膽地使用，以讓其充分顯示自己的才能**。」充分信任自己的員工，讓員工站在正確的位置上，發揮自己的才能，使得比爾·蓋茲在各種市場的轉變中都非常成功地領先。

比爾·蓋茲甚至沒有規定工作時間，他讓員工自己來選擇工作時，微軟要求的是完成工作，而不是工作時間的長短。公司的員工甚至有人是晚上9點鐘來公司上班，早上5點下班。

在微軟研究院，微軟從不規定研究人員的研究期限，只是對開發產品的技術人員規定了期限。「真正的研究是無法限定期限的，因為都是一些未知的東西，但開發必須有期限，這是研究與開發的最根本的區別。但是，我如果花了兩年時間還沒有研究出結果的話，我就會認為這個題目可能不是一個非常好的題目，我往往會放棄它。」比爾·蓋茲說。

微軟的首席技術官的巴特對比爾·蓋茲在員工信任方面的做法頗有感觸。52歲的他在比爾·蓋茲的親自出馬面試下進入微軟公司。在微軟，他得到了寬鬆的工作環境，除了比爾·蓋茲有時會向他請教一些問題外，幾乎沒有別的人來打擾他。他對此非常感激地說道：「微軟也不給我安派

什麼任務，也不規定研究的期限，我可以一門心思地鑽研一些我感興趣的問題。有時，蓋茲來問我一些很難解答的問題，但是我一般都不能馬上回答，而要在一兩個月之後才能給答覆，因為我必須要整理一下資料和思路。」

在這種得到充分信任的環境下，巴特既不須要從事繁重的產品開發，也不需要進行煩瑣的行政管理，只要安安心心從事自己喜愛的科學研究就可以了。大多數時間他都待在微軟研究院裡，即使幾個月、一兩年都沒有研究成果，他的薪水和股份都不會受到影響。

比爾·蓋茲的充分信任取得非常好的效果。員工們有了足夠的空間去發展自己的才能，追求自己的夢想。他們在開發產品上都有一種永不知足的精神，他們總是覺得產品還有可改進的地方，不能只滿足於「足夠好」，而必須達到「非常好」，這也是微軟能始終保持成功的原因之一。

比爾·蓋茲對每一個員工都能充分授權，對他們的工作不做任何限定，而且員工們有權對自己的工作做任何決定，同時有足夠的空間和自由去發展自己的才能。微軟對員工強調的是對結果負責，微軟會給每一個員工都制定一個切實可行的目標，而員工只需要對自己的目標負責就可以，由於微軟會根據員工最終是否能完成目標來對員工進行獎勵或者懲罰，所以員工對工作有足夠的熱情和動力，能夠不知疲倦的為公司工作，而且他們從不滿足現狀，總是努力的把工作做好，這也是微軟的產品始終保持成功的一個重要原因。

同時，蓋茲還非常重視聽取員工的意見和建議，能夠及時與企業各部門的員工交換意見，進而使得微軟能夠及時適應市場的需求和變化，

在公司進行重大的策略調整時，蓋茲除了徵求管理層的意見以外，還會透過電子郵件和公司員工進行溝通，在微軟公司，無論身處什麼職位的員工都可以充分發表自己的意見和建議，並且可以透過郵件的方式直接發給蓋茲。

這讓微軟上下層之間形成了一種非常有效的溝通方式，公司高層能夠知道員工真實的想法和在工作中遇到的問題，進而使問題得到及時有效的解決。找到正確的位置，才能夠發揮更好的作用。蓋茲正是認識到這一點的重要性，也正是在他的帶領下，在微軟形成了一個個高效率的團隊，這也是為微軟發展的核心所在。

5.千萬不要錯過那些好小子

比爾·蓋茲說：「微軟只要堅持大力網羅一流人才的傳統，就可以進軍世界上任何一塊領地或行業。」

微軟的用人制度非常嚴格，這使得微軟能夠招聘到全球最頂尖的人才。公司每年都能收到來自全世界的求職簡歷12萬份，但是比爾·蓋茲並不滿足，他認為很多令人滿意的人才並沒有注意到微軟。

「千萬不要錯過那些好小子，一旦發現必須下定決心，不然你會與他們失之交臂！」比爾·蓋茲這樣說。

據說，無論世界上哪個角落有他心儀的人才，他都會千方百計的把

他弄到微軟公司。

在加利福尼亞州的「矽谷」有兩位電腦奇才，微軟千方百計無所不用其極地希望他們同意為微軟工作，但是他們不喜歡微軟總部的天氣，比爾·蓋茲說，這好辦，在「矽谷」給他們建一個研究院。

當年比爾·蓋茲為了邀請微軟公司最重要的領導和產品研發大師吉姆·阿爾琴加入微軟可謂費盡心思。比爾·蓋茲透過朋友多次聯繫他，吉姆·阿爾琴都置之不理。可是最後禁不住比爾·蓋茲的再三邀請，他終於答應面談。他一見到比爾·蓋茲就毫不客氣地說：「微軟的軟體是世界上最爛的軟體，實在不懂你們請我來做什麼。」

比爾·蓋茲不但不介意他的評價，反而謙虛地對他說：「正是因為微軟的軟體存在各種缺陷，微軟才需要你這樣的人才。」

吉姆·阿爾琴被比爾·蓋茲的誠心感動，答應到微軟工作。進入微軟工作後，吉姆·阿爾琴成為了Windows系統開發的負責人，正是因為比爾·蓋茲愛惜人才，求賢若渴，世界上最普遍的作業系統才得以誕生。

2008年2月，微軟曾經計畫收購雅虎。當媒體問比爾·蓋茲「為什麼雅虎值400億美元」時，比爾·蓋茲的回答令人驚訝：「我們看重的並非該公司的產品、廣告主或者市場占有率，而是雅虎現有的工程師。」他表示，這些人才是微軟未來扳倒Google的關鍵。

應聘微軟的人員要面對眾多的考官，但是不是同時面對一大堆考官，而是提供給面試者一長串考官的名單和時間表。每個考官都有不同的側重面讓面試者回答，而且在面試者離開後，上一個面試官會馬上把面試的情況用電子郵件發送給下一個面試官。一般情況下，面試者見到的面試官越多，應聘成功的希望就越大。

在招聘時，如果必要，比爾·蓋茲會親自參加到招聘過程中。例如當一個特別有才華的程式師猶豫著要不要加入微軟公司的時候，比爾·蓋茲就會親自給他打電話說服他。一般來說，天才都願意與領域中最出色的人一起工作，然後他們會再說服以前的同事朋友加盟微軟。

「我們如何聘用到這些偉大的天才呢？當然是靠人們的口耳相傳了。」比爾·蓋茲說，「人們都說，到微軟來吧，這兒工作還不錯。」

比爾·蓋茲還說，「與這樣有才能的人共事讓我受益匪淺，他不僅使工作變得有趣，而且還會給你帶來許多商業上的成功。」

另外，微軟公司衡量一個人最重要的標準並不是考試的成績，只要你的成績不在「平均線」以下就有資格進入微軟參加面試。教授導師極力推薦的人也不一定能夠通過面試，而教授導師竭力說「不」的人，也不一定就不能走進微軟的大門。

微軟的人事變動也非常頻繁，升職的依據完全依靠個人的能力和是否適合那個崗位，絕對不會出現「按資排輩」的現象。也許今天坐在考官對面的面試者在不久的將來就會成為考官的領導，因為微軟的用人制度從來都不是資歷，而是「誰比我更聰明。」

微軟帝國到現在已經走過了30多年的歷程。從最初的兩個人發展到現在的3萬多人，微軟一直創造著知識和經濟的神話，微軟公司之所以一路高歌猛進，與比爾·蓋茲唯才是舉、求賢若渴的態度是分不開的。對比爾·蓋茲來說，一個寶貴的人才甚至比一個客觀的市場更具有吸引力，因為有了人才，什麼樣的市場都可以開發創造出來。

微軟還不斷向海外擴張，公司在近六十個國家設有辦事處，國際員工達六千兩百名。比爾·蓋茲說：「我們借助外國技術員工的數學、科學

和創意能力，以及他們的文化認識，來協助我們針對世界各地的市場推出本土化的產品。」

比爾·蓋茲預測，百年之後，在電腦網路走向衰落的時候，必將是生物工程興起的年代。那時的微軟，生物工程將是其主營業務。

比爾·蓋茲相信不管時代發生怎樣的變遷，微軟公司都能持續興旺，因為「最重要的資源是人類的智慧、技巧及領導能力」，微軟只要堅持大力網羅一流人才的傳統，就可以進軍世界上任何一塊領地或行業。

第十二章 回饋是一門優雅的藝術

把所有聰明的大腦和人才聚集起來，讓他們去幫助那些需要幫助的人們。

1. 錢花在現在，卻贏在未來

1994年，比爾·蓋茲在父親威廉·蓋茲的建議下，拿出9400萬美元，創立了威廉·蓋茲基金會。

1997年，比爾·蓋茲創立了蓋茲圖書館基金會，後來更名為蓋茲學習基金會。

2000年，比爾·蓋茲將威廉·蓋茲基金會和蓋茲學習基金會合併為比爾和梅琳達·蓋茲基金會。比爾·蓋茲說，在今後的幾年裡，他將給他的慈善

基金會捐款33.5億美元。這是當時美國最大的一筆捐款。此時，比爾與梅林達·蓋茲基金會原有資產270億美元，加上這筆33億美元的捐款，比爾和梅琳達·蓋茲基金會成為美國規模最大的慈善基金會。

2005年10月28日，比爾·蓋茲在英國倫敦慶祝自己50歲生日的時候宣佈，自己不會從政，自己數百億美元巨額財產也將捐獻給社會，不會作為遺產留給子孫。同一年，「股神」巴菲特旗下的投資公司向比爾和梅琳達·蓋茲基金會捐贈價值300億美元的股票。

2008年6月，比爾·蓋茲正式宣佈退休，退休時蓋茲的財產總數是580億美元，他在遺囑中聲明，他將拿出其中的98％捐贈給以他和自己妻子命名的基金會。這筆錢將用於愛滋病和瘧疾疫苗的研發，並為世界上的貧困國家提供幫助。他說「慈善事業把我推向一個嶄新的領域，這是自從我17歲以來第一次真正意義上的換工作。此前，我完全沉浸於軟體發展之中。」

擁有精明的商業頭腦的蓋茲在運作基金會時也有著自己獨特的做法。蓋茲基金會與其他單純捐款的人不同，它是以「投資」的眼光來看待慈善事業。受捐助團體必須做出預定的成績，而基金會會定期進行考核，作為是否繼續捐助的依據。同時他也是提議「富豪們捐出自己50％的身家」的發起者，引領著「超級富豪做慈善」的風潮。

比爾和梅琳達·蓋茲基金會目前主要集中在幫助發展中國家解決飢餓與貧困和在美國發展教育專案。在這些慈善投資方面，蓋茲與他在微軟公司時一樣具有勇氣和魄力。在發展中國家，基金會主要關注提高人們的健康水準，並創造機會讓他們自己擺脫飢餓和極端貧窮的狀況。他們贊助農業新技術和新產品的研發，到現在為止，蓋茲基金會已經投入了

15億美元。隨後，他們又啟動了幫助非洲農民種植優質咖啡和打入發達國家市場的計畫。

蓋茲基金會目前承擔的是那些真正的難題，蓋茲似乎永遠不會忘記巴菲特捐贈財富時對他說的話，「不要只做那些保守的項目，要敢於創新，去承擔那些真正的難題。」這不僅是巴菲特的願望，而且是蓋茲的心思。

現在，這個基金會是全球規模最大的慈善基金會，卓有成效地處理著「消除全球性的貧困、疾病控制」、「美國教育制度改革」等聯合國都難以「操作」、美國政府都不敢動刀、商業機構更無心插手的問題。

蓋茲基金會選擇的項目很多都是立足長遠的，因此基金會在短期內拿不出太多可以看到的明顯的成果，而且其中也有可能會出現失敗的探索。但是這是蓋茲基金會選擇「探索一些比較難走的路」的代價，如果這些探索能夠取得成功，就可以使更多的力量參與進來。

目前，蓋茲基金會積極的與商業機構合作，不僅是宣導各個超級富豪捐出身家，還積極支持那些比較小的商業機構進行創新性研究，進而幫助貧困地區的人。此外，蓋茲基金會與政府機構和研究機構以及學術團體都有廣泛的合作。蓋茲認為，在解決某些問題方面，各個機構之間的合作顯得十分重要，而蓋茲基金會很榮幸能夠成為一個使這些團體聯合在一起的紐帶。

蓋茲夫婦堅信每個生命都有同樣的價值，比爾和梅琳達·蓋茲基金會將致力於幫助所有人獲得健康的生活。自從比爾·蓋茲正式退休，並且全心的投入到新的事業上來的時候，他就為自己設定了一個更加偉大的夢想，他要將「所有聰明的大腦和人才聚集起來，讓他們去幫助那些需要

幫助的人們。」

　　未來的20年，蓋茲基金會將致力於消除非洲國家的幾種疾病，他說，希望「每個人都能得到平等的對待，使整個世界變得更加公平。」如果能夠取得這樣的結果，即使他的「千金散盡」，他也會覺得心滿意足。

2. 「巴比晚宴」帶來的慈善風潮

　　如果世界上最富有的兩個人秘密碰面，他們會談些什麼呢？2009年3月，比爾·蓋茲在奧馬哈市機場附近的一家餐廳和巴菲特共進午餐，最後巴菲特買單。無數的記者和電視臺都在猜測他們究竟談了些什麼。後來，5月5日星期二的下午3點，由巴菲特和蓋茲召集的秘密會議在紐約洛克菲勒大學的校長室裡召開，洛克菲勒家族第三代掌門人大衛·洛克菲勒、紐約市長邁克爾·布隆伯格、脫口秀女王歐普拉·溫弗瑞和投資大亨喬治·索羅斯等全美最為富有的人悉數出席。媒體不依不饒的打探內幕，他們最終得到了一個答案，但是很模糊：「他們彼此交換了一些關於慈善的想法」。

　　過了一年，答案揭曉。比爾·蓋茲和巴菲特聯名發出倡議，號召美國的億萬富翁們公開承諾在有生之年或死後將半數以上的財產捐獻給慈善事業。這也叫做「日落條款」，即捐贈人設定一個最後期限，屆時他們

比爾蓋茲的成功課

或者其繼承人必須將資產直接支付給慈善機構。而在過去的一年裡，比爾·蓋茲與巴菲特就是在為此而奔走，這是史上最大規模的募款活動，它將大大改變美國的慈善事業，成為一股強勁的慈善風暴，席捲全球。

作為這項活動的發起人，蓋茲基金會表示將在蓋茲夫婦逝世50年之後散盡資財進行清算，巴菲特捐贈的財富則在其資產清價後十年內分發出去。而蓋茲基金會在此之前也早已收到來自「股神」巴菲特一項個人捐贈，這也是目前美國最大的一筆私人捐贈。

巴菲特選擇了比爾和梅琳達·蓋茲基金會進行捐贈的原因是他與比爾·蓋茲互相信任，是最好的朋友，而且他相信比爾·蓋茲的能力。

巴菲特和蓋茲身上有如此多的共同點，都是白手起家，熱衷冒險，不怕犯錯……

就在巴菲特與蓋茲第一次見面的宴會上，巴菲特被眾人擁到演講臺上，他的開場白是：「在開始講話之前，我想說的是，今天我第一次和比爾·蓋茲交談，他是一個比我聰明的人……」

隨著交往的深入，蓋茲認識到巴菲特是個不可多得的「真人」：他不是一毛不拔的「鐵公雞」，而對金錢有著超凡脫俗的深刻見解，他認為「財富應該用一種良好的方式回饋社會，而不是留給子女……」；他的家庭生活幸福美滿，每當愛人危難的時候，他就守候在妻子的身邊；為記錄三個孩子成長的經歷，他堅持寫了30本日記；他不但支持妻子從事慈善事業，而且身體力行，計畫在自己離世後，將全部遺產留給妻子，由她把這些財產捐獻給慈善事業；他助人為樂，對待朋友非常真誠，他的人格魅力足以打動任何一個與之交往的人。

同樣，在巴菲特眼裡，蓋茲也是個年輕有為的「真人」。*2006年6*

月15日，蓋茲宣佈將逐步退出微軟，專心從事慈善基金會的事業。6月25日，巴菲特因為妻子過早去世，決定把370億美元的財產捐給蓋茲的慈善基金會，他動情地說：「我之所以選擇比爾和梅琳達慈善基金會，一方面是因為我認為它是世界上最健全的慈善組織，另外就是我十分信任蓋茲和梅琳達，他們是我最好的朋友。」

英國的雜誌《經濟學人》半開玩笑地說，「如果你是世界上第二富有的人，照看你的財富的最佳人選無疑是那個唯一比你更善於賺錢的人。當然，嚴肅地說，他們應該得到讚譽，不僅僅因為他們天文數字似的捐助金額，更因為他們開創了一條慈善新路。」

巴菲特說蓋茲基金會是世界上最大的基金會，它已花出去將近百億美元，主要用於健康和教育。善於投資的巴菲特認為將幾百億美金交給這家基金會是最好的選擇。相比於自己創建一個基金會，蓋茲基金會則能更好地照料這筆財富，並把它分配出去，蓋茲夫婦已經證明了他們的能力。正是因為如此，巴菲特選擇了一條與大多數超級富豪不同的慈善道路，他不是設立以自己名字命名的基金會試圖留名後世，而是把財富交給合適的人去處理。人們都開玩笑的說：「當比爾·蓋茲與巴菲特再度在天堂相遇，他們做的第一件事情應該會是坐下來仔細研究蓋茲基金會的『慈善報告書』吧。」

「帶錢入棺材，死也不光彩」。卡耐基的《財富的福音》中的一句箴言，蓋茲將這句話奉為自己的座右銘。正像比爾·蓋茲自己所說的「我深愛著微軟……但是現在我更集中於疫苗的事務……慈善已經是我的全職工作了，而且將是我畢生的工作，是與眾不同的。它意味著，我得捨棄一些別的事情。」

3. 財富應以最好的方式回饋社會

2007年，比爾·蓋茲在哈佛大學的演講禮上說：「我面臨的問題是如何能將我們擁有的資源發揮出最大的作用？」

「把錢花到更符合納稅人價值觀的地方。」是他在最後給自己的答案。財富本身沒有價值，它的價值需要在有價的地方體現出來。

比爾·蓋茲的慈善之行，源自於一場非洲之旅。

1993年的秋天，比爾·蓋茲與幾個朋友一起到非洲的薩伊去旅遊。這次到非洲旅遊，本來只是一次休假，一次輕鬆愉快的遊玩。但誰也沒想到，當地人的生活給他們的心靈帶來了巨大的衝擊，也從此改變了許多人的命運。

比爾·蓋茲的妻子梅琳達後來在接受《商業週刊》記者採訪時回憶說：「看著婦女們走啊走，那種景象確實震撼了我們。我們曾經一路上用目光搜尋走路的婦女，就是為了看她們是否穿著鞋——沒有，她們全是赤腳。」

婦女的困境使包括比爾·蓋茲在內的每一個人終生難忘。蓋茲簡直不能相信眼前看到的一切，此時，年僅38歲的他已經坐擁數十億美元的財富，卻沒想到這個地球上還有人連鞋都沒得穿。

在非洲其他地方，他們在路上還看到了無數餓得皮包骨的孩子……

這一切讓蓋茲比爾和梅琳達心煩意亂。

梅琳達回憶當時的情形時，曾感慨萬千地說：「當我走進村子裡時，看到的最多的情景就是無數赤裸著身子的婦女和光著腳丫跑來跑去的骨瘦如柴的孩子。但是讓我感動的就是，雖然那些婦女壓根就不知道美國，也不知道外面的世界是什麼樣子，但是她們愛自己的孩子與那些美國的母親對自己的孩子的愛並沒有什麼差別，看到孩子一個個餓死或病死的時候，她們和我們哭得一樣傷心。從那時起，我就下決心，我一定要幫助這些無助的母親。」

梅琳達說：「每個人都清楚，我們取自社會的東西終究還是要還給世界的，只是方式和方法不同。我和丈夫的哲學是：『我們要把世界首富的身分和作用發揮到極致，要採取最有效的方式把我們的錢花到最恰當的地方，那就是慈善事業。』」

這位世界首富的妻子認為，他們有義務讓那些可憐的孩子生活得好一些：「所有的慈善人士要做的不僅僅是拿出錢來，更重要的是，要讓那些需要幫助的人知道我們真心地想要他們幸福。」

2000年，威廉·蓋茲基金會和蓋茲學習基金會合併成為「比爾和梅琳達·蓋茲基金會」，工作重點也合併在一起。比爾和梅琳達·蓋茲基金會成立後，蓋茲又向基金會捐助了60億美元，現在這個基金會已經成為世界上最大的慈善基金會，基金會所擁有的資金是「洛克菲勒基金會」的10倍、「福特基金會」的3倍。

在基金會成立之初，梅琳達和蓋茲曾經向非洲資助過電腦，但是後來他來到南非一個貧困地區考察時發現，他資助的電腦在當地根本沒人用。這是因為對當地居民來說，飢餓和疾病讓他們的生存都成問題，他

們根本沒有心情關注電腦。

當他看到非洲的很多孩子死於腹瀉或者其他非常普通的疾病時,他意識到自己對非洲的援助應該轉向消除飢餓和防治疾病等專案。

梅琳達說:「我們為了把錢用在效果最顯著的項目上,經常研究世界上最欠缺平等地區的清單。」

2003年,比爾·蓋茲再次來到非洲。比爾·蓋茲和梅琳達訪問了非洲當地的很多醫院,並且與當地的醫護人員和患者進行了親切的交談。在當地一個診所裡,蓋茲懷抱著一個嬰兒與媽媽們圍坐在蘆葦席上聊天,詢問當地的醫療情況,以便確定自己要資助的專案。隨行的媒體報導了當地的情況後引起了有關政府對此類問題的關注,蓋茲在這次「非洲之行」中宣佈要捐資1.68億美元用來幫助非洲大陸防治瘧疾。一些歐洲國家政府也紛紛回應,決定捐資參與這個專案。

1999年,老蓋茲接受採訪時曾經披露比爾·蓋茲打算給每個孩子留下1000萬美元,其餘的財產全部用來救助那些遭受愛滋病和瘧疾困擾的病人。

在哈佛大學的演講禮上,比爾·蓋茲還說:「如果我們能夠找到這樣一種方法,既可以幫到窮人,又可以為商人帶來利潤,為政治家帶來選票,那麼我們就找到了一種減少世界性不平等的可持續的發展道路。這個任務是無限的。它不可能被完全完成,但是任何自覺地解決這個問題的嘗試,都將會改變這個世界。」

財富應以良好的方式回饋社會。比爾·蓋茲正以這種慈善的方式改變世界。

4. 讓需要幫助的人知道我們真心想要他們幸福

　　如果你相信每個生命都是平等的，那麼當你發現某些生命被挽救了，而另一些生命被放棄了，你會感到無法接受。我們對自己說：「事情不可能如此。如果這是真的，那麼它理應是我們努力的頭等大事。」

　　這是2007年比爾·蓋茲在哈佛大學的一段演講。事實上，他也正努力的將幫助需要幫助的人作為人生的頭等大事。

　　蓋茲夫婦曾經說過，自己死後之後只會給孩子留下很少的錢。有記者問他們會不會擔心將來孩子們會因此怨恨他們。梅琳達笑著回答說：「他們現在還小。現在只能和他們談談吃的、穿的東西。將來等他們長大些，我會跟他們談論這個。我們相信，如果父母教育得當，那麼孩子們對待財富的看法不會和父母有什麼不同。」

　　雖然現在「比爾和梅琳達·蓋茲慈善基金會」已經成為世界上最大的慈善基金會，而且他們在為第三世界弱勢群體改善生活環境、為貧窮學生提供獎學金和全球愛滋病防治方面貢獻卓著，但是對於他們的善舉，人們依然褒貶不一。有些人認為蓋茲這樣做僅僅是為了挽回近年來因打官司而被損毀的微軟形象；也有人認為，他們這樣做只不過是為了逃避高額的遺產稅。

　　造成這種非議的原因一方面是比爾·蓋茲的基金會走上正軌的時候正

是微軟與其他的電腦公司因為各種糾紛惹上官司最多的時候，那時候微軟的企業形象落到谷底，蓋茲這時候創立基金會轉向慈善方向難免有作秀的嫌疑。

而招致非議最多的莫過於基金會的運作模式。從一開始，蓋茲基金會就將商業化的運作模式引入到基金會的管理中。蓋茲基金會設有理事會，作用相當於商業公司的董事會，理事會下還設有首席執行長，負責具體工作的執行。目前基金會的首席執行長是傑夫·萊克斯，他曾經是微軟公司的高管。

美國慈善基金會的運作方式與國內是不同的，他們並不是直接捐出手中的錢給窮苦的人。美國的慈善基金會是要賺錢的，是可以減免稅額的，這就是其最基本的運作規則。

也正是這一運作規則讓很多人懷疑比爾·蓋茲成立基金會只是為了免交巨額的遺產稅。像多數慈善機構一樣，蓋茲基金會每年將總資產的5%用於捐贈以避免支付更多的稅收，另外95%的資產用於投資。很多人說，比爾·蓋茲用了家族資產收益的一部分進行捐贈，並因此而免稅，而自己家族的資金是完好無損的保留在基金會裡面的，既然不用花自己的錢，又換來了好名聲，何樂而不為呢？

然而，蓋茲的基金會是透明而高效率的。為了確保基金能夠用得其所。基金會制定了一系列規章制度。蓋茲夫婦制定了「15條軍規」。如：工作人員不能接受受益方贈送的任何禮品，遇到利害關係必須迴避，工作人員家人不得申請基金會獎金；透過熱線電話等形式接受外部監督；不得捲入政治事務，不向宗教組織和個人捐贈等。並明確規定基金會不得有傲慢的「施捨者心理」：「我們必須言行謹慎而虔誠，對

於外部的建議我們應該歡迎並且傾聽；我們應視受益方為尊貴的合作夥伴，對他們保持最高的尊重。」

西方有諺語說：「給一個人一條魚，你可以讓他吃飽一天；教他捕魚技術，則會保證他一輩子的溫飽。」這與中國的「授人以魚不如授人以漁」同一個道理。

蓋茲清楚的明白市場機制可以促成各個領域的創新，但是自由運轉的市場機制本質上是一個「為有錢人打工」的東西，因為窮人沒有消費能力，無法形成市場。

在高速運轉的市場中，全球近10億日支出不足1美元的貧困人口是被市場離心力不斷邊緣化甚至甩出去的那部分人。在這種情況下，直接提供給他們所需要的產品和服務，是一種解決辦法，但是這並不能從根本上改變他們落後的局面。

比爾·蓋茲的想法是建立一種制度體系，讓這個體系吸引創新者和企業，讓這些人贏利的同時，又讓那些無法充分享受市場經濟益處的人群生存境遇得到改善。他把這稱之為「創意資本主義」，慈善是給他一條魚，捐善則是教他怎麼捕魚。也只有這樣才能讓人們找到一個真正解決貧困的路。這也是慈善與捐善的區別。

慈善不是富人的專業，它應該像血液一樣滲透到每一個細胞。蓋茲曾說：人，尤其是富人，他們必須繼續慷慨解囊，否則，這個世界將會變得更不平等，健康和教育的分配不均，人們改善生活的機會也將變得越來越少。

《大西洋》月刊忍不住頌稱蓋茲，「就像柏拉圖的理想國需要哲人來統治一樣，如果我們這個時代有一個像蓋茲一樣的主宰者——同時他

也十分積極接受這份使命的話，他會讓世界變得更加美好。」

　　幫助是為了這個世界變得更美好。這個願望對普通人來說，聽起來很奢華。但是對比爾·蓋茲來說，任何事情都是有可能的，他也正以自己最大的力量去真心的幫助那些需要幫助的人。

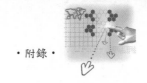

附 錄

附錄一 賈伯斯與比爾‧蓋茲傳奇

1955年

◆2月24日，出生在舊金山，出生後被保羅‧賈伯斯和克拉拉‧賈伯斯收養。當時賈伯斯一家住在舊金山的日落區。

◆10月28日：蓋茲出生於西雅圖，全名為威廉‧亨利‧蓋茲三世。

1967年

◆賈伯斯一家搬到洛斯阿爾托斯的克里斯特路11161號，這所房子也

是後來蘋果電腦的誕生地。先後在位於庫比蒂諾的兩家中學——庫比蒂諾中學和霍姆斯泰德高中讀書。

◆秋季，蓋茲的父母將其轉至湖濱中學，這是一所位於西雅圖的男校。蓋茲是班級最小的學生。

1968年

◆中學時經常在課後到位於帕洛阿爾托的*HP*惠普公司聽講座。

◆成為惠普公司的夏季實習生。

◆蓋茲和中學同學保羅艾倫開始透過一本手冊自學*Basic*語言。在幾週內，兩人就耗光了學校每年價值*3000*美元的*PDP-10*電腦上機時間。不過，蓋茲和阿倫迅速與電腦中心公司達成協議，透過報告*PDP-10*電腦的軟體缺陷以換取上機時間。

1971年

◆比爾·費爾南德斯（*Bill Femandez*）給*16*歲的賈伯斯介紹了*21*歲的史蒂夫·沃茲，這是蘋果雙雄的第一次會面。另一種說法是*1968*年，賈伯斯*13*歲時遇見沃茲。

◆與沃茲一起設計銷售盜打電話的電子設備「藍盒子」。

◆蓋茲為湖濱中學開發了多款程式，包括創建課程表的程式等。

1972年

◆高中畢業，進入理德大學。一學期後退學，過著嬉皮士的生活。

◆諾蘭·布希內爾創建了雅達利公司，開發電視遊戲機。

◆爾·蓋茲和保羅·艾倫花*376*美元買了一顆*8008*微處理器晶片進行開發。

1973年

◆*1月*，沃茲在惠普找到了一份工作。

◆退學後，仍在理德大學旁聽課程，閒逛，蹭吃蹭宿舍。

◆*9月*，蓋茲進入哈佛大學。蓋茲的學業表現不佳，經常缺課，把大量時間用於程式設計和打撲克之中。

1974年

◆年初回到加州，在雅達利公司得到了一個職位。

◆籌到足夠的錢後，與理德大學時的朋友，後來的蘋果員工丹尼爾·科特肯一起到印度旅行，求佛問道。返回美國後，繼續在雅達利公司工作。

◆比爾·蓋茲和保羅·艾倫獲得了*MITS*「牛郎星電腦」的訂單，做成了第一筆大生意，入帳*17萬*美元

1975年

◆*1月*，*Altair 8800*發佈。

◆在洛斯阿爾托斯的禪宗中心學禪，受該中心禪師乙川弘文的影響很大。

◆*3月5日*，一群個人電腦愛好者在戈登·弗倫奇和弗雷德·摩爾的組織下成立自製電腦俱樂部。

◆與沃茲一起參加自製電腦俱樂部的活動。

◆*6月29日*，沃茲成功地組裝好了一台電腦（後來的*AppelI*）。這也是歷史上第一台可以用鍵盤輸入並即時顯示到螢幕上的電腦。

◆*9月*，*MOS*科技公司發佈*6502 CPU*，該*CPU*很快成為*AppleI*和*Apple*II的核心。

◆沃茲向惠普和雅達利推銷新設計的電腦，失敗。

◆*11*月，感恩節前後，賈伯斯與沃茲決定自己開公司，生產和銷售*AppleI*的印刷電路板。

◆*1*月，艾倫無意中看到《大眾電子》雜誌的封面，包括*Altair 8800*電腦的圖片以及「全球第一台對抗商業模式的微型電腦」的大標題。艾倫購買了這本雜誌並衝向蓋茲的宿舍。幾天後，蓋茲致電*MITS*，告訴該公司他和艾倫能夠為*8800*開發*Basic*程式。

◆蓋茲和保羅·艾倫成立微軟公司。蓋茲為此從哈佛退學，全心投入到微軟營運中。他將成為哈佛歷史上最成功的輟學生，但也必須到*32*年後才獲得哈佛的名譽學位。

1976年

◆*4*月，賈伯斯與史蒂夫·沃茲、羅奈爾得·韋恩三人共同創建了蘋果公司。

◆*5*月，在亞特蘭大首屆個人電腦節和費城電腦展銷會上推銷蘋果電腦。

◆*8*月，沃茲完成了*Apple* II 的設計。

◆*8*月，雅達利公司老闆諾蘭·布希內爾推薦了紅杉資本的投資人唐·瓦倫丁，瓦倫丁又推薦了邁克·馬庫拉。馬庫拉隨即決定以個人名義投資蘋果。

◆*11*月，蓋茲和艾倫註冊了名為「微軟」的商標。他們曾經考慮將公司命名為「艾倫及蓋茲公司」，隨後又提出「*Micro-Soft*」的名字，不過最後他們決定將商標中的橫線去掉。當時艾倫*23*歲，蓋茲*21*歲。

1977年

◆*1*月，沃茲放棄了自己在惠普的職位，全職為蘋果工作。

◆*1月3日*，蘋果公司正式註冊。

◆*2月*，賈伯斯聘請來自國家半導體公司的邁克·斯科特出任蘋果公司*CEO*。

◆*4月16日*，賈伯斯參加首屆西海岸電腦展銷會，正式推出*Apple* II。

◆*1月*，蓋茲離開哈佛大學，並在新墨西哥州*MITS*公司總部所在地建立微軟。

◆蓋茲的秘書多次發現蓋茲躺在辦公室的地上睡著了。蓋茲依然以比薩餅為生，並且對下屬要求嚴厲，甚至經常與同事打架。蓋茲當時的一句口頭禪是：「這是我聽過的最愚蠢的事情。」

◆下半年，由於駕駛保時捷*911*汽車超速，蓋茲被多次逮捕，有一次甚至被吊銷駕照。這幾次事件中，蓋茲至少有一次是被艾倫保釋出來的。

1978年

◆*1月*，賈伯斯在拉斯維加斯舉辦的美國消費電子展上，帶磁碟機的*Apple* II引起了轟動。

◆蘋果啟動*Lisa*專案，最初的目標是*Apple* II的換代產品。

◆*12月*，微軟當年的年終銷售額超過*100*萬美元。

1979年

◆*6月*，蘋果發佈*Apple* II *Plus*。

◆*6月*，傑夫·拉斯金開始設計一款新電腦，名為*Macintosh*。

◆*8月*，蘋果公司從微軟獲得*AppleSoftBASIC*的使用授權。

◆*10月*，由丹·布里克林和鮑勃·弗蘭克斯頓開發的歷史上第一個試算表程式*VisiCalc*上市，並最先支持蘋果電腦。

◆*11月*，賈伯斯訪問施樂，將圖形化使用者介面的概念帶回蘋果。

◆*12月*，賈伯斯帶著蘋果高級管理人員再次造訪施樂。

◆*1月1日*，微軟將總部搬遷至華盛頓州的*Bellevue*。

1980年

◆*5月19日*，蘋果發佈*Apple*Ⅲ。

◆夏天，施樂*15*名技術人員加盟蘋果，到*Lisa*團隊工作。

◆*12月12日*，蘋果公司上市。

◆*4月28日*，蓋茲與*IBM*簽署合約，同意為*IBM*的*PC*機開發軟體。蓋茲以*5*萬美元的價格收購了一個名為*QDOS*的作業系統，對其加以改進後命名為*DOS*，隨後授權給*IBM*使用。

1981年

◆*1月*，*Lisa*團隊將賈伯斯趕出專案組，賈伯斯接手管理*Macintosh*團隊。

◆沃茲駕駛飛機起飛時墜毀，沃茲大難不死。

◆*2月25日*，「黑色星期三」，斯科特認為公司人員冗餘，解雇了*40*餘名員工。

◆*3月*，馬庫拉接替斯科特出任蘋果*CEO*，斯科特轉任董事會主席。

◆*7月10日*，斯科特辭去董事會主席職務，離開蘋果。

◆*8月12日*，*IBM*開始銷售採用*MS-DOS 1.0*系統的*PC*機。

1982年

◆*2月15日*，賈伯斯登上了《時代》週刊封面。

◆在投入市場的第一年，*MS-DOS*被授權給*50*家硬體廠商使用。

1983年

◆1月，《時代》週刊評選「電腦」為1982年年度人物。

◆1月19日，Lisa正式發佈，這是市場上第一台擁有圖形化使用者介面的個人電腦。

◆4月8日，聘請來自百事可樂公司的約翰·斯庫利出任蘋果CEO。

◆5月，蘋果公司進入財富500強榜單，排名第411位，成為歷史上成長最快的公司。

◆蘋果發佈AppleⅡ。AppleⅡ成為歷史上第一種銷量超過100萬台的電腦。

◆2月18日，由於染上霍奇金氏症，艾倫辭去了微軟執行副總裁的職務。他隨後收購了一家籃球隊，建立了一家音樂博物館，並擁有全球第三大的遊船。

◆11月10日，微軟發佈Windows。這一產品在MS-DOS的基礎上進行擴展，從而支援圖形介面。

1984年

◆1月24日，蘋果正式發佈Macintosh。

◆2月，賈伯斯將Lisa團隊合併人Macintosh團隊，遣散了四分之一的Lisa員工，合併後的團隊仍有約300人。

◆4月，AppleⅢ正式停產。

◆4月24日，蘋果發佈Apple Iic。

◆年底，Macintosh銷量銳減，賈伯斯和斯庫利的關係開始惡化。

◆1月24日，蓋茲參加了一場Macintosh系統的推介會，微軟也稱為蘋果機第一批軟體發展商。

1985年

◆賈伯斯與沃茲一起獲得雷根總統頒發的國家技術獎。

◆2月，沃茲從蘋果離職，但離職後仍保留了蘋果公司顧問的身分。

◆4月，賈伯斯和斯庫利之間的鬥爭愈演愈烈，董事會試圖調解未果。

◆5月，賈伯斯試圖趕走斯庫利。在一場內部權力鬥爭之後，獲得董事會支持的斯庫利解除了賈伯斯在*Macintosh*部門的職務，該部門轉由法國人讓—路易·凱西負責。

◆5月31日，蘋果公佈第一季度大幅虧損及大裁員，同時對外宣佈解除賈伯斯的所有職務。

◆9月13日，正式從蘋果離職，創立新公司*Next*。

◆有傳言稱蓋茲惡劣的辱罵了一名女性管理人員，後者要求換崗。

◆8月12日，微軟成立10年後，銷售額達到1.4億美元。

1986年

◆設計師保羅·蘭德為賈伯斯的新公司設計了商標。根據蘭德的建議，新公司名字改為*NeXT*。

◆2月，收購盧卡斯影業的圖形工作組，新公司被命名為皮克斯。

◆8月17日，皮克斯發佈動畫短片《頑皮的跳跳燈》。

◆9月15日，蘋果發佈*Apple II GS*。

◆3月13日，微軟以每股21美元的價格上市。上市當天的收盤價為28美元。微軟透過上市籌集到6100萬美元資金。

1987年

◆富翁羅斯·佩羅投資*NeXT*公司。

◆賈伯斯獲得傑弗遜獎。

◆在曼哈頓的一次微軟新聞活動中，蓋茲認識了梅琳達·弗朗奇。

1988年

◆9月，蘋果發佈*Apple II cPlus*。

◆10月12日，*NeXT*展示了*NeXT*電腦的原型。

1989年

◆2月，披頭士的同名唱片公司起訴蘋果公司侵權。

◆9月，蘋果銷毀了最後2700台左右的*Lisa*電腦，*Lisa*專案從此終結。

◆9月，蘋果發佈*MacintoshPortable*。

◆9月18日，*NeXT*發佈作業系統*NEXTSTEP*，這時*NeXT*電腦才真正可用。

◆8月1日，微軟*Offcie*正式發佈。

1990年

◆4月，由於皮克斯圖形電腦的銷售狀況不佳，賈伯斯賣掉了皮克斯的硬體部門。

◆9月18日，*NeXT*公司發佈*NeXT Cube*和*NeXT Station*。

◆5月13日，蓋茲在母親節當天提出微軟管理層的退休時間表。

◆6月，聯邦貿易委員會就微軟和*IBM*在電腦軟體市場的衝突展開調查。

1991年

◆皮克斯與迪士尼簽署了拍攝動畫電影的合同。第一部電影計畫是《玩具總動員》。

◆蒂姆·伯納斯·李使用一台*NeXT*電腦在歐洲核子研究中心搭建了世界上第一個*Web*伺服器。

◆*10月*，蘋果發佈第一款*PowerBook*。

◆*10月2日*，蘋果與*IBM*、*Motorola*結成*AIM*聯盟。

1992年

◆*1月22日*，*NeXT*發佈可運行在*PC*機上的*NeXTSTEP*。

◆設計師喬納森·艾維從倫敦來到美國，加入蘋果公司，但直到賈伯斯返回蘋果後，設計才能才完全顯現。

1993年

◆*2月10日*，在只銷售了大約*5*萬台電腦後，*NeXT*公司改名又*NeXT*軟體公司，徹底放棄了硬體業務。

◆*6月*，因業績下滑，斯庫利被停職，邁克爾·斯平德勒擔任蘋果新*CEO*。蘋果大幅度裁員。

◆*10月15日*，斯庫利離開蘋果。

◆*11月*，*Apple*Ⅱ*e*停產。

◆*4月11日*，在從佛羅里達到西雅圖的一次包機飛行中，蓋茲向梅琳達求婚。飛機隨後在奧馬哈臨時降落，在巴菲特的陪伴下，蓋茲帶梅琳達前往選購鑽戒。

◆*8月20日*，美國司法部接替聯邦貿易委員會，展開對微軟的調查。

1994年

◆*3月14日*，蘋果發佈了使用*PowerPC*的*Macintosh*電腦，這也是*AIM*聯盟的第一個合作成果。

◆吉爾·阿梅里奧加入蘋果董事會。

◆*4月*，蓋茲首次登上《連線》雜誌封面。而美國政府針對微軟的反壟斷調查仍在繼續。

◆7月，微軟同意接受美國政府的要求，承諾放棄一些比較明顯的壟斷行為。

1995年

◆*11月22日*，皮克斯公司出品的電影《玩具總動員》上映。

◆*11月29日*，皮克斯公司上市。

◆蘋果決定合法授權其他廠商生產*Macintosh*克隆電腦。

◆*7月17日*：蓋茲在*39*歲時成為全球首富，財富總額達*129*億美元。微軟*1995*年的營收為*59*億美元，擁有*17801*名員工。

◆*8月24日*：微軟推出*IE*流覽器。

1996年

◆*1月*，蘋果公司因虧損嚴重，進行大規模裁員。

◆*2月2日*，阿梅里奧成為蘋果的新一屆*CEO*。

◆*3月25日*，皮克斯公司的《玩具總動員》獲得第*68*屆奧斯卡特別成就獎，另獲*3*項提名。

◆*12月20日*，蘋果公司宣佈收購*NeXT*公司，賈伯斯成為蘋果公司的顧問。

◆*6月*，《連線》雜誌第二次使用蓋茲作為封面人物。這一次，蓋茲的照片被*PS*成身著泳褲的形象。這是對微軟剛剛開展的媒體業務最好的寫照。

◆*12月*，微軟股價的漲幅達到*88*％。帳面顯示，蓋茲*1996*年每一天的收入都在*3000*萬美元。

1997年

◆*6月*，賈伯斯賣掉了因出售*NeXT*而獲得的全部*150*萬股蘋果股票，

僅剩下象徵性的*1*股。

◆*7月4日*，蘋果*CEO*阿梅里奧被迫辭職。

◆*7月26日*，*MacOS 8*發佈。

◆*8月*，微軟注資蘋果*1．5*億美元，並為蘋果開發*Office*和*IE*流覽器。

◆*8月6日*，蘋果宣佈賈伯斯成為董事會成員。

◆*9月16日*，被正式任命為蘋果公司臨時*CEO*。

◆*11月10日*，蘋果發佈線上商店*AppleStoreo*。

◆*10月20日*，由於涉嫌違反*1994*年的法令，微軟被要求支付每天*100*萬美元的罰款。美國司法部表示，當硬體廠商申請*Windows 95*授權時，微軟要求必須在硬體產品中加入*IE*。

1998年

◆*1月*，賈伯斯在*MacWorld*大會上宣佈蘋果公司再次盈利的消息。

◆*3月*，賈伯斯終止了*Newton*，*Cyberdog*，*Open Doc*等項目。

◆*8月15日*，蘋果發佈*iMac*電腦，獲得成功。並開始採用新的單色商標。

◆*5月18日*，由於微軟將*IE*與*Windows*捆綁，美國司法部連同*20*個州的首席檢察官聯合對微軟提起訴訟。

◆*1月9日*，在一段作證錄影中，當蓋茲表示自己從未蓄意阻止競爭對手進入軟體市場時，他的身子微微顫抖。醫生認為蓋茲可能患有亞斯伯格綜合症。

1999年

◆*3月16日*，基於*NeXT*作業系統內核的*Mac OS X Serverl．0*發佈。

◆*7月21日*，蘋果發佈*iBook*便攜電腦。

◆蓋茲和梅琳達將威廉·亨利·蓋茲基金會改名為比爾與梅琳達·蓋茲基金會，並將基金會的目標定為減少世界上的不平等現象。

2000年

◆*1月15日*，賈伯斯對外宣佈去掉自己頭銜中的「臨時」字樣，成為蘋果公司正式*CEO*。賈伯斯也於當年被授予*1000*萬股蘋果股票。

◆*9月13日*，蘋果發佈桌上出版*Mac OS X*作業系統的公開測試版。

◆*1月13日*，蓋茲辭去微軟*CEO*一職，並將該職位移交鮑爾默。

◆*6月7日*，美國地區法官*Thomas Jackson*要求將微軟一分為二。

◆*11月*，因微軟反壟斷案，蓋茲再次登上《連線》雜誌封面。

2001年

◆*3月24日*，桌上出版*Mac OS X*正式發佈。

◆*5月19日*，弗吉尼亞州的泰森斯角和加州的格倫代爾出現最早的蘋果專賣店。

◆*10月23日*，蘋果發佈*iPod*。

◆*6月28日*，美國哥倫比亞地區上訴法庭推翻了*Jackson*對微軟的判決。

2002年

◆*1月7日*，蘋果發佈全新的*LCD*版的*iMac*，即*iMacC4*。

◆*4月*，反壟斷案差點讓微軟一分為二。

2003年

◆*4月28日*，蘋果發佈*iTunes*音樂商店，即後來的*iTunes*商店。

2004年

◆*1月6日*，蘋果發佈*iPodmini*。

◆1月，皮克斯與迪士尼的續約談判破裂，皮克斯將另尋合作夥伴。

◆賈伯斯被查出患有胰腺癌。

◆7月底，賈伯斯進行了胰十二指腸切除術。

◆8月1日，賈伯斯透過電子郵件向員工宣佈自己的病情，並離職休養。離開期間，由蒂姆·庫克負責公司營運。

2005年

◆1月15日，蘋果發佈iPodshuffle。

◆6月6日，蘋果宣佈將生產基於英特爾晶片的電腦。

◆6月，賈伯斯在史丹佛畢業典禮上發表激動人心的演講。

◆9月7日，蘋果發佈iPodnano，用於替代iPodmini。

◆3月2日，英國女王在白金漢宮授予蓋茲騎士勳章。

◆12月，蓋茲夫婦和U2樂隊主唱波諾成為《時代》週刊2005年度人物。

2006年

◆1月10日，蘋果發佈最早兩款使用英特爾CPU的蘋果電腦。

◆1月24日，迪士尼宣佈收購皮克斯。賈伯斯成為迪士尼董事會成員和最大個人股東。

◆8月，賈伯斯在全球開發者大會上發表主題演講，人們發現賈伯斯明顯消瘦了。

◆6月15日，蓋茲宣佈將在兩年內逐漸退出公司的日常營運。

◆6月26日，比爾與梅琳達-蓋茲基金會得到巴菲特300多億美元捐贈，規模擴大一倍，成為世界最大的透明營運的慈善組織。

2007年

◆*1月9日*，蘋果發佈*iPhone*和*AppleTV*。

◆*4月*，*iPod*全球銷量超過*1*億台。

◆*6月29日*，*iPhone*開始發售。

◆*9月5日*，蘋果發佈*iPodTouch*。

2008年

◆*1月15日*，蘋果發佈*MacBookAir*。

◆*6月9日*，賈伯斯在公開場合露面時顯得異常消瘦。

◆*7月10日*，蘋果發佈應用程式商店*AppStore*。

◆*7月11日*，蘋果發佈*iPhone 3G*。

◆*9月9日*，為回應大家的質疑，賈伯斯引用馬克·吐溫的話說：「關於我的死亡的報導是被極度誇大了的。」

◆*3月*，在連續*13*年保持全球首富的地位後，蓋茲在*08*年「富比士富豪榜」上以*580*億美元的資產總額下滑至第三的位置。而蓋茲的牌友巴菲特則成為全球首富。

◆*6月27日*，比爾·蓋茲正式退出微軟日常工作。其表示，退休後將把*20*％的時間用在微軟專案上，剩餘*80*％的時間從事慈善事業，其*580*億美元的身家也贈與慈善基金會。

2009年

◆*1月14日*，在一份內部備忘上，賈伯斯宣佈為期*6*個月的離職治療，仍由蒂姆·庫克負責公司營運。

◆*4月*，賈伯斯接受肝移植手術。

◆*6月8日*，蘋果發佈*iPhone 3GS*。

◆*6月30日*，賈伯斯返回工作崗位。

◆*11月5日*，《財富》雜誌評選賈伯斯為「十年最佳*CEO*」。

2010年

◆*1月27日*，蘋果發佈*iPad*。

◆*5月*，蘋果超越微軟，成為全球市值最高的科技公司。

◆*6月24日*，蘋果發佈*iPhone4*。

◆*9月29日*，蓋茲和巴菲特在北京舉辦慈善晚宴。

2011年

◆*1月17日*，賈伯斯再次離職治療，仍由蒂姆·庫克負責公司營運。

◆*3月2日*，蘋果發佈*iPad 2*，賈伯斯作主題演講。

◆*6月6日*，賈伯斯在*WWDC*大會上作主題演講，發佈*iCloud*雲計算服務。截至*2011年6月*，使用*iOS*的*iPhone*、*iPad*、*iPod touch*三大設備，累計銷量達到了驚人的*2億台*。

◆*8月25日*，蘋果董事會宣佈，蘋果*CEO*史蒂夫·賈伯斯辭職，*CEO*由蒂姆·庫克接任。

◆*10月6日*，蘋果董事會宣佈前*CEO*賈伯斯於當地時間*10月5日*逝世，終年*56歲*。

◆*9月*，《富比士》美國富豪榜發佈，蓋茲以*590億美元*居首。

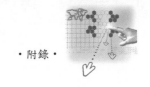

附錄二 賈伯斯史丹佛大學演講

今天，很榮幸來到各位從世界上最好的學校之一畢業的畢業典禮上。我從來沒從大學畢業過，說實話，這是我離大學畢業最近的一刻。

今天，我只說三個故事，不談大道理，三個故事就好。

第一個故事，是關於人生中的點點滴滴如何串連在一起。

我在理德學院待了六個月就辦休學了。到我退學前，一共休學了十八個月。那麼，我為什麼休學？

這得從我出生前講起。

我的親生母親當時是個研究生，年輕未婚媽媽，她決定讓別人收養我。她強烈覺得應該讓有大學畢業的人收養我，所以我出生時，她就準備讓我被一對律師夫婦收養。但是這對夫妻到了最後時刻反悔了，他們想收養女孩。所以在等待收養名單上的一對夫妻，我的養父母，在一天半夜裡接到一通電話，問他們「有一名意外出生的男孩，你們要認養他嗎？」而他們的回答是「當然要」。後來，我的生母發現，我現在的媽

媽從來沒有上過大學，而我現在的爸爸則連高中畢業也沒有。她拒絕在認養文件上做最後簽字。直到幾個月後，我的養父母保證將來一定會讓我上大學，她的態度才軟化。

十七年後，我上大學了。但是當時我無知地選了一所學費幾乎跟史丹佛一樣貴的大學，我那工人階級的父母將所有積蓄都花在我的學費上。六個月後，我看不出念這個書的價值何在。那時候，我不知道這輩子要幹什麼，也不知道念大學能對我有什麼幫助，只知道我為了念這個書，花光了我父母這輩子的所有積蓄，所以我決定休學，相信船到橋頭自然直。

當時這個決定看來相當可怕，可是現在看來，那是我這輩子做過最好的決定之一。

當我休學之後，我再也不用上我沒興趣的必修課，把時間拿去聽那些我有興趣的課。

這一點也不浪漫。我沒有宿舍，所以我睡在友人家裡的地板上，靠著回收可樂空罐的退費五分錢買吃的，每個星期天晚上得走七哩的路繞過大半個鎮去印度教的*Hare Krishna*神廟吃頓好料，我喜歡*Hare Krishna*神廟的好料。

就這樣追隨我的好奇與直覺，大部分我所投入過的事務，後來看來都成了無比珍貴的經歷。舉個例來說。

當時理德學院有著大概是全國最好的書寫教育。校園內的每一張海報上，每個抽屜的標籤上，都是美麗的手寫字。因為我休學了，可以不照正常選課程序來，所以我跑去上書寫課。我學了*serif*與*sanserif*字體，學到在不同字母組合間變更字間距，學到活字印刷偉大的地方。書寫的

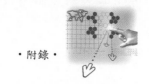

美好、歷史感與藝術感是科學所無法掌握的，我覺得這很迷人。

我沒預期過學這些東西能在我生活中產生些什麼實際作用，不過十年後，當我在設計第一台Mac時，我想起了當時所學的東西，所以把這些東西都設計進了Mac裡，這是第一台能印刷出漂亮東西的電腦。

如果我沒沉溺於那樣一門課裡，Mac可能就不會有多重字體跟等比例間距字體了。又因為Windows抄襲了Mac的使用方式，因此，如果當年我沒有休學，沒有去上那門書寫課，大概所有的個人電腦都不會有這些東西，印不出現在我們看到的漂亮的字來了。當然，當我還在大學裡時，不可能把這些點點滴滴預先串連在一起，但在十年後的今天回顧，一切就顯得非常清楚。

我再重複一次，你無法提前把點點滴滴串連起來；只有在未來回顧時，你才會明白那些點點滴滴是如何串在一起的。所以你得相信，眼前你經歷的種種，將來多少會連結在一起。你得信任某個東西，直覺也好，命運也好，生命也好，或者因果報應。這種作法從來沒讓我失望，我的人生因此變得完全不同。

我的第二個故事，是有關愛與失去。

我很幸運－年輕時就發現自己愛做什麼事。我二十歲時，跟Steve Wozniak在我爸媽的車庫裡開始了蘋果電腦的事業。我們拚命工作，蘋果電腦在十年間從一間車庫裡的兩個小夥子擴展成了一家員工超過四千人、市價二十億美金的公司，在那事件之前一年推出了我們最棒的作品－Mac電腦，那時我才剛邁入三十歲，然後我被解雇了。

我怎麼會被自己創辦的公司給解雇了？

嗯，當蘋果電腦成長後，我請了一個我以為在經營公司上很有才幹的傢伙來，他在頭幾年也確實幹得不錯。可是我們對未來的願景不同，最後只好分道揚鑣，董事會站在他那邊，就這樣在我30歲的時候，公開把我給解雇了。我失去了整個生活的重心，我的人生就這樣被摧毀。

有幾個月，我不知道要做些什麼。我覺得我令企業界的前輩們失望－我把他們交給我的接力棒弄丟了。我見了創辦HP的David Packard跟創辦Intel的Bob Noyce，跟他們說很抱歉我把事情給搞砸了。我成了公眾眼中失敗的示範，我甚至想要離開矽谷。

但是隨著時間的推移，我發現，我還是喜愛那些我做過的事情，在蘋果電腦中經歷的那些事絲毫沒有改變我的熱愛。雖然我被否定了，可是我還是愛做那些事情，所以我決定從頭來過。

當時我沒發現，但現在看來，被蘋果公司開除，是我所經歷過最好的事情。成功的沉重被從頭來過的輕鬆所取代，每件事情都不那麼確定，讓我自由進入這輩子最有創意的年代。

接下來五年，我開了一家叫做NeXT的公司，又開一家叫做Pixar的公司，也跟後來的老婆談起了戀愛。Pixar接著製作了世界上第一部全電腦動畫電影，玩具總動員，現在是世界上最成功的動畫製作公司。然後，蘋果電腦買下了NeXT，我回到了蘋果，我們在NeXT發展的技術成了蘋果電腦後來復興的核心部份。

我也有了個美妙的家庭。

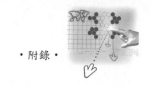

　　我很確定，如果當年蘋果電腦沒開除我，就不會發生這些事情。這帖藥很苦口，可是我想蘋果電腦這個病人需要這帖藥。有時候，人生會用磚頭打你的頭。不要喪失信心。我確信我愛我所做的事情，這就是這些年來支持我繼續走下去的唯一理由。

　　你得找出你的最愛，工作上是如此，人生伴侶也是如此。

　　你的工作將占掉你人生的一大部分，唯一真正獲得滿足的方法就是做你相信是偉大的工作，而唯一做偉大工作的方法是愛你所做的事。

　　如果你還沒找到這些事，繼續找，別停頓。盡你全心全力，你知道你一定會找到。而且，如同任何偉大的事業，事情只會隨著時間愈來愈好。所以，在你找到之前，繼續找，別停頓。

我的第三個故事，是關於死亡。

　　在我十七歲時，我讀到一則格言，似乎是「把每一天都當成生命中的最後一天，你就會自由快樂。」

　　這句話對我影響很深，在過去的33年裡，我每天早上都會對著鏡子，問自己：「如果今天是這一生最後一天，我今天要做些什麼？」每當我連續太多天都得到一個「沒事做」的答案時，我就知道我必須開始改變了。

　　提醒自己快死了，是我在人生中面臨重大決定時，所用過最重要的方法。因為幾乎每件事——所有外界期望、所有的名聲、所有對困窘或失敗的恐懼——在面對死亡時，都消失了，只有最真實重要的東西才會留下。提醒自己將要死去，是我知道的避免掉入畏懼失去的陷阱裡最好

的方法。人生不帶來、死不帶去，沒理由不能順心而為。

　　一年前，我被診斷出癌症。我在早上七點半作斷層掃描，在胰臟清楚出現一個腫瘤，我連胰臟是什麼都不知道。醫生告訴我，那幾乎可以確定是一種不治之症，預計我大概活不了三到六個月。醫生建議我回家，好好跟親人們聚一聚，這是醫生對臨終病人的標準建議。那代表你得試著在幾個月內把你將來十年想跟小孩講的話講完。那代表你得把每件事情搞定，家人才會盡量輕鬆。那代表你得跟人說再見了。

　　我整天想著那個診斷結果，那天晚上做了一次切片，從喉嚨伸入一個內視鏡，穿過胃進到腸子，將探針伸進胰臟，取了一些腫瘤細胞出來。我打了鎮靜劑，不醒人事，但是我老婆在場。她後來跟我說，當醫生用顯微鏡看過那些細胞後，他們都哭了，因為那是非常少見的一種胰臟癌，可以用手術治好。所以我接受了手術，康復了。

　　這是我最接近死亡的時候，我希望那會繼續是未來幾十年內最接近的一次。經歷此事後，我可以比先前死亡只是純粹想像時，要能更肯定地告訴你們下面這些：

　　沒有人想死。即使那些想上天堂的人，也想活著上天堂。

　　但是死亡是我們一致的終點，沒有人能逃過。這是注定的，因為死亡很可能就是生命中最好的發明，是生命交替的媒介，送走年老的人，給新生代開出道路。現在你們是新生代，但是不久的將來，你們也會逐漸變老，被送出人生的舞臺。抱歉講得這麼戲劇化，但是這是真的。

　　你們的時間有限，所以不要浪費時間活在別人的生活裡。不要被教

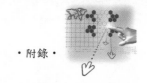

條所束縛——盲從教條就是活在別人思考結果裡。不要讓別人的意見淹沒了你內心的聲音。最重要的，擁有追隨自己內心與直覺的勇氣，你的內心與直覺多少已經知道你真正想要成為什麼樣的人，任何其它事物都是次要的。

在我年輕時，有本神奇的雜誌叫做《*Whole Earth Catalog*》，當年這可是我們的經典讀物。那是一位住在離這不遠的*Menlo Park*的*Stewart Brand*發行的，他把雜誌辦得很有詩意。那是*1960*年代末期，個人電腦跟桌上出版還沒出現，所有內容都是打字機、剪刀跟拍立得相機做出來的。雜誌內容有點像印在紙上的平面*Google*，在*Google*出現之前*35*年就有了：這本雜誌很理想主義，充滿新奇工具與偉大的見解。

*Stewart*跟他的團隊出版了好幾期的《*Whole Earth Catalog*》，然後很自然的，最後出了停刊號。當時是*1970*年代中期，我正是你們現在這個年齡的時候。在停刊號的封底，有張清晨鄉間小路的照片，那種你四處搭便車冒險旅行時會經過的鄉間小路。

在照片下印了一行小字：**求知若飢，虛心若愚。**

那是他們親筆寫下的告別訊息，我總是以此自許。當你們畢業，展開新生活，我也以此祝福你們。

求知若飢，虛心若愚。

非常謝謝大家。

附錄三 比爾·蓋茲哈佛大學演講

尊敬的*Bok*校長，*Rudenstine*前校長，即將上任的*Faust*校長，哈佛集團的各位成員，監管理事會的各位理事，各位老師，各位家長，各位同學：

有一句話我等了三十年，現在終於可以說了：「老爸，我總是跟你說，我會回來拿到我的學位的！」

我要感謝哈佛大學在這個時候給我這個榮譽。明年，我就要換工作了（注：指從微軟公司退休）……我終於可以在簡歷上寫我有一個本科學位，這真是不錯啊。

我為今天在座的各位同學感到高興，你們拿到學位可比我簡單多了。哈佛的校報稱我是「哈佛大學歷史上最成功的輟學生」。我想這大概使我有資格代表我這一類學生發言……在所有的失敗者裡，我做得最好。

但是，我還要提醒大家，我使得史蒂夫·鮑爾默也從哈佛商學院退學了。因此，我是個有著惡劣影響力的人。這就是為什麼我被邀請來在你們的畢業典禮上演講。如果我在你們入學歡迎儀式上演講，那麼能夠堅

持到今天在這裡畢業的人也許會少得多吧。

對我來說，哈佛的求學經歷是一段非凡的經歷。校園生活很有趣，我常去旁聽我沒選修的課。哈佛的課外生活也很棒，我在*Radcliffe*過著逍遙自在的日子。每天我的寢室裡總有很多人一直待到半夜，討論著各種事情。因為每個人都知道我從不考慮第二天早起。這使得我變成了校園裡那些不安分學生的頭頭，我們互相粘在一起，做出一種拒絕所有正常學生的姿態。

*Radcliffe*是個過日子的好地方。那裡的女生比男生多，而且大多數男生都是理工科的。這種狀況為我創造了最好的機會，如果你們明白我的意思。可惜的是，我正是在這裡學到了人生中悲傷的一課：機會大，並不等於你就會成功。

我在哈佛最難忘的回憶之一，發生在*1975年1月*。那時，我從宿舍樓裡給位於阿爾布開克的一家公司打了一個電話，那家公司已經在著手製造世界上第一台個人電腦。我提出想向他們出售軟體。

我很擔心，他們會發覺我是一個住在宿舍的學生，從而掛斷電話。但是他們卻說：「我們還沒準備好，一個月後你再來找我們吧。」這是個好消息，因為那時軟體還根本沒有寫出來呢。就是從那個時候起，我日以繼夜地在這個小小的課外專案上工作，這導致了我學生生活的結束，以及通往微軟公司的不平凡的旅程的開始。

不管怎樣，我對哈佛的回憶主要都與充沛的精力和智力活動有關。哈佛的生活令人愉快，也令人感到有壓力，有時甚至會感到洩氣，但永遠充滿了挑戰性。生活在哈佛是一種吸引人的特殊待遇……雖然我離開得比較早，但是我在這裡的經歷、在這裡結識的朋友、在這裡發展起來

的一些想法，永遠地改變了我。

但是，如果現在嚴肅地回憶起來，我確實有一個真正的遺憾。

我離開哈佛的時候，根本沒有意識到這個世界是多麼的不平等。人類在健康、財富和機遇上的不平等大得可怕，它們使得無數的人們被迫生活在絕望之中。

我在哈佛學到了很多經濟學和政治學的新思想。我也瞭解了很多科學上的新進展。

但是，人類最大的進步並不來自於這些發現，而是來自於那些有助於減少人類不平等的發現。不管透過何種方式——民主制度、健全的公共教育體系、高品質的醫療保健、還是廣泛的經濟機會——減少不平等始終是人類最大的成就。

我離開校園的時候，根本不知道在這個國家裡，有幾百萬的年輕人無法獲得接受教育的機會。我也不知道，發展中國家裡有無數的人們生活在無法形容的貧窮和疾病之中。

我花了幾十年才明白了這些事情。

在座的各位同學，你們是在與我不同的時代來到哈佛的。你們比以前的學生，更多地瞭解世界是怎樣的不平等。在你們的哈佛求學過程中，我希望你們已經思考過一個問題，那就是在這個新技術加速發展的時代，我們怎樣最終應對這種不平等，以及我們怎樣來解決這個問題。

為了討論的方便，請想像一下，假如你每個星期可以捐獻一些時間、每個月可以捐獻一些錢——你希望這些時間和金錢，可以用到對拯救生命和改善人類生活有最大作用的地方。你會選擇什麼地方？

對梅琳達和我來說，這也是我們面臨的問題：我們如何能將我們擁

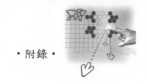

有的資源發揮出最大的作用。

在討論過程中，*Melinda*和我讀到了一篇文章，裡面說在那些貧窮的國家，每年有數百萬的兒童死於那些在美國早已不成問題的疾病。麻疹、瘧疾、肺炎、乙型肝炎、黃熱病、還有一種以前我從未聽說過的輪狀病毒，這些疾病每年導致50萬兒童死亡，但是在美國一例死亡病例也沒有。

我們被震驚了。我們想，如果幾百萬兒童正在死亡線上掙扎，而且他們是可以被挽救的，那麼世界理應將用藥物拯救他們作為頭等大事。但是事實並非如此。那些價格還不到一美元的救命的藥劑，並沒有送到他們的手中。

如果你相信每個生命都是平等的，那麼當你發現某些生命被挽救了，而另一些生命被放棄了，你會感到無法接受。我們對自己說：「事情不可能如此。如果這是真的，那麼它理應是我們努力的頭等大事。」

所以，我們用任何人都會想到的方式開始工作。我們問：「這個世界怎麼可以眼睜睜看著這些孩子死去？」

答案很簡單，也很令人難堪。在市場經濟中，拯救兒童是一項沒有利潤的工作，政府也不會提供補助。這些兒童之所以會死亡，是因為他們的父母在經濟上沒有實力，在政治上沒有能力發出聲音。

但是，你們和我在經濟上有實力，在政治上能夠發出聲音。

我們可以讓市場更好地為窮人服務，如果我們能夠設計出一種更有創新性的資本主義制度——如果我們可以改變市場，讓更多的人可以獲得利潤，或者至少可以維持生活——那麼，這就可以幫到那些正在極端不平等的狀況中受苦的人們。我們還可以向全世界的政府施壓，要求他

們將納稅人的錢，花到更符合納稅人價值觀的地方。

如果我們能夠找到這樣一種方法，既可以幫到窮人，又可以為商人帶來利潤，為政治家帶來選票，那麼我們就找到了一種減少世界性不平等的可持續的發展道路。這個任務是無限的。它不可能被完全完成，但是任何自覺地解決這個問題的嘗試，都將會改變這個世界。

在這個問題上，我是樂觀的。但是，我也遇到過那些感到絕望的懷疑主義者。他們說：「不平等從人類誕生的第一天就存在，到人類滅亡的最後一天也將存在。——因為人類對這個問題根本不在乎。」我完全不能同意這種觀點。

我相信，問題不是我們不在乎，而是我們不知道怎麼做。

此刻在這個院子裡的所有人，生命中總有這樣或那樣的時刻，目睹人類的悲劇，感到萬分傷心。但是我們什麼也沒做，並非我們無動於衷，而是因為我們不知道做什麼和怎麼做。如果我們知道如何做是有效的，那麼我們就會採取行動。

改變世界的阻礙，並非人類的冷漠，而是世界實在太複雜。

為了將關心轉變為行動，我們需要找到問題，發現解決辦法的方法，評估後果。但是世界的複雜性使得所有這些步驟都難於做到。

即使有了網際網路和24小時直播的新聞台，讓人們真正發現問題所在，仍然十分困難。當一架飛機墜毀了，官員們會立刻召開新聞發佈會，他們承諾進行調查、找到原因、防止將來再次發生類似事故。

但是如果那些官員敢說真話，他們就會說：「在今天這一天，全世界所有可以避免的死亡之中，只有0.5%的死者來自於這次空難。我們決心盡一切努力，調查這個0.5%的死亡原因。」

顯然，更重要的問題不是這次空難，而是其他幾百萬可以預防的死亡事件。

我們並沒有很多機會瞭解那些死亡事件。媒體總是報告新聞，幾百萬人將要死去並非新聞。如果沒有人報導，那麼這些事件就很容易被忽視。另一方面，即使我們確實目睹了事件本身或者看到了相關報導，我們也很難持續關注這些事件。看著他人受苦是令人痛苦的，何況問題又如此複雜，我們根本不知道如何去幫助他人。所以我們會將臉轉過去。

就算我們真正發現了問題所在，也不過是邁出了第一步，接著還有第二步：那就是從複雜的事件中找到解決辦法。

如果我們要讓關心落到實處，我們就必須找到解決辦法。如果我們有一個清晰的和可靠的答案，那麼當任何組織和個人發出疑問「如何我能提供幫助」的時候，我們就能採取行動。我們就能夠保證不浪費一丁點全世界人類對他人的關心。但是，世界的複雜性使得很難找到對全世界每一個有愛心的人都有效的行動方法，因此人類對他人的關心往往很難產生實際效果。

從這個複雜的世界中找到解決辦法，可以分為四個步驟：確定目標，找到最高效的方法，發現適用於這個方法的新技術，同時最聰明地利用現有的技術，不管它是複雜的藥物，還是最簡單的蚊帳。

愛滋病就是一個例子。總的目標，毫無疑問是消滅這種疾病。最高效的方法是預防。最理想的技術是發明一種疫苗，只要注射一次，就可以終生免疫。所以，政府、製藥公司、基金會應該資助疫苗研究。但是，這樣研究工作很可能十年之內都無法完成。因此，與此同時，我們必須使用現有的技術，目前最有效的預防方法就是設法讓人們避免那些

危險的行為。

要實現這個新的目標，又可以採用新的四步循環。這是一種模式。關鍵的東西是永遠不要停止思考和行動。我們千萬不能再犯上個世紀在瘧疾和肺結核上犯過的錯誤，那時我們因為它們太複雜，而放棄了採取行動。

在發現問題和找到解決方法之後，就是最後一步——評估工作結果，將你的成功經驗或者失敗經驗傳播出去，這樣其他人就可以從你的努力中有所收穫。

當然，你必須有一些統計數字。你必須讓他人知道，你的項目為幾百萬兒童新接種了疫苗。你也必須讓他人知道，兒童死亡人數下降了多少。這些都是很關鍵的，不僅有利於改善項目效果，也有利於從商界和政府得到更多的幫助。

但是，這些還不夠，如果你想激勵其他人參加你的項目，你就必須拿出更多的統計數字；你必須展示你的項目的人性因素，這樣其他人就會感到拯救一個生命，對那些處在困境中的家庭到底意味著什麼。

幾年前，我去瑞士達沃斯旁聽一個全球健康問題論壇，會議的內容有關於如何拯救幾百萬條生命。天哪，是幾百萬！想一想吧，拯救一個人的生命已經讓人何等激動，現在你要把這種激動再乘上幾百萬倍……但是，不幸的是，這是我參加過的最最乏味的論壇，乏味到我無法強迫自己聽下去。

那次經歷之所以讓我難忘，是因為之前我們剛剛發佈了一個軟體的第13個版本，我們讓觀眾激動得跳了起來，喊出了聲。我喜歡人們因為軟體而感到激動，那麼我們為什麼不能夠讓人們因為能夠拯救生命而感

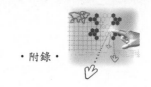

到更加激動呢？

除非你能夠讓人們看到或者感受到行動的影響力，否則你無法讓人們激動。如何做到這一點，並不是一件簡單的事。

同前面一樣，在這個問題上，我依然是樂觀的。不錯，人類的不平等有史以來一直存在，但是那些能夠化繁為簡的新工具，卻是最近才出現的。這些新工具可以幫助我們，將人類的同情心發揮最大的作用，這就是為什麼將來同過去是不一樣的。

這個時代無時無刻不在湧現出新的革新——生物技術，電腦，網際網路——它們給了我們一個從未有過的機會，去終結那些極端的貧窮和非惡性疾病的死亡。

六十年前，喬治·馬歇爾也是在這個地方的畢業典禮上，宣佈了一個計畫，幫助那些歐洲國家的戰後建設。他說：「我認為，困難的一點是這個問題太複雜，報紙和電臺向公眾源源不斷地提供各種事實，使得大街上的普通人極端難於清晰地判斷形勢。事實上，經過層層傳播，想要真正地把握形勢，是根本不可能的。」

馬歇爾發表這個演講之後的三十年，我那一屆學生畢業，當然我不在其中。那時，新技術剛剛開始萌芽，它們將使得這個世界變得更小、更開放、更容易看到、距離更近。

低成本的個人電腦的出現，使得一個強大的網際網路有機會誕生，它為學習和交流提供了巨大的機會。

網路的神奇之處，不僅僅是它縮短了物理距離，使得天涯若比鄰。它還極大地增加了懷有共同想法的人們聚集在一起的機會，我們可以為了解決同一個問題，一起共同工作。這就大大加快了革新的進程，發展

速度簡直快得讓人震驚。

　　與此同時，世界上有條件上網的人，只是全部人口的六分之一。這意味著，還有許多具有創造性的人們，沒有加入到我們的討論中來。那些有著實際的操作經驗和相關經歷的聰明人，卻沒有技術來幫助他們，將他們的天賦或者想法與全世界分享。

　　我們需要盡可能地讓更多的人有機會使用新技術，因為這些新技術正在引發一場革命，人類將因此可以互相幫助。新技術正在創造一種可能，不僅是政府，還包括大學、公司、小機構、甚至個人，能夠發現問題所在、能夠找到解決辦法、能夠評估他們努力的效果，去改變那些馬歇爾六十年前就說到過的問題——飢餓、貧窮和絕望。

　　哈佛是一個大家庭。這個院子裡在場的人們，是全世界最有智力的人類群體之一。

　　我們可以做些什麼？

　　毫無疑問，哈佛的老師、校友、學生和資助者，已經用他們的能力改善了全世界各地人們的生活。但是，我們還能夠再做什麼呢？有沒有可能，哈佛的人們可以將他們的智慧，用來幫助那些甚至從來沒有聽到過「哈佛」這個名字的人？

　　請允許我向各位院長和教授，提出一個請求——你們是哈佛的智力領袖，當你們雇用新的老師、授予終身教職、評估課程、決定學位頒發標準的時候，請問你們自己如下的問題：

　　我們最優秀的人才是否在致力於解決我們最大的問題？

　　哈佛是否鼓勵她的老師去研究解決世界上最嚴重的不平等？哈佛的學生是否從全球那些極端的貧窮中學到了什麼……世界性的飢荒……清

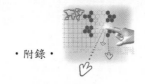

潔的水資源的缺乏……無法上學的女童……死於非惡性疾病的兒童……哈佛的學生有沒有從中學到東西？

那些世界上過著最優越生活的人們，有沒有從那些最困難的人們身上學到東西？

這些問題並非語言上的修辭。你必須用自己的行動來回答它們。

我的母親在我被哈佛大學錄取的那一天，曾經感到非常驕傲。她從沒有停止督促我，去為他人做更多的事情。在我結婚的前幾天，她主持了一個新娘進我家的儀式。在這個儀式上，她高聲朗讀了一封關於婚姻的信，這是她寫給梅琳達的。那時，我的母親已經因為癌症病入膏肓，但是她還是認為這是又一個傳播她的信念的機會。在那封信的結尾，她寫道：「對於那些接受了許多幫助的人們，他們還在期待更多的幫助。」

想一想吧，我們在這個院子裡的這些人，被給予過什麼——天賦、特權、機遇——那麼可以這樣說，全世界的人們幾乎有無限的權力，期待我們做出貢獻。

同這個時代的期望一樣，我也要向今天各位畢業的同學提出一個忠告：你們要選擇一個問題，一個複雜的問題，一個有關於人類深刻的不平等的問題，然後你們要變成這個問題的專家。如果你們能夠使得這個問題成為你們職業的核心，那麼你們就會非常傑出。但是，你們不必一定要去做那些大事。每個星期只用幾個小時，你就可以透過網際網路得到資訊，找到志同道合的朋友，發現困難所在，找到解決它們的途徑。

不要讓這個世界的複雜性阻礙你前進。要成為一個行動主義者。將解決人類的不平等視為己任。它將成為你生命中最重要的經歷之一。

在座的各位畢業的同學，你們所處的時代是一個神奇的時代。當你們離開哈佛的時候，你們擁有的技術，是我們那一屆學生所沒有的。你們已經瞭解到了世界上的不平等，我們那時還不知道這些。有了這樣的瞭解之後，要是你再棄那些你可以幫助的人們於不顧，就將受到良心的譴責，只需一點小小的努力，你就可以改變那些人們的生活。你們比我們擁有更大的能力；你們必須儘早開始，盡可能長時期堅持下去。

　　知道了你們所知道的一切，你們怎麼可能不採取行動呢？

　　我希望，30年後你們還會再回到哈佛，想起你們用自己的天賦和能力所做出的一切。我希望，在那個時候，你們用來評價自己的標準，不僅僅是你們的專業成就，而包括你們為改變這個世界深刻的不平等所做出的努力，以及你們如何善待那些遠隔千山萬水、與你們毫不涉及的人們，你們與他們唯一的共同點就是同為人類。

　　最後，祝各位同學好運。

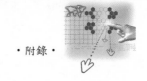

附錄四 賈伯斯與蓋茲同台採訪實錄

主持人：你們二人分別對於電腦行業有過怎樣的貢獻？

賈伯斯：比爾建立了行業中第一家軟體公司，而且是間大公司。我想他在業內的所有人還不知道什麼是軟體公司的時候就建立起了第一家軟體企業。比爾完全專注於軟體行業。

蓋茲：首先，我需要澄清，我不是假賈伯斯。賈伯斯的成就非常的顯著。他擁有難以置信的品味和高雅。他永遠活在未來，能夠明確指出明天的方向。蘋果一直在追尋這樣的夢想，打造我們想要用的產品。他總是能指出行業的下一步動作，整個行業都能從他的工作中受益。

主持人：*Apple II*型電腦，其中安裝了微軟的軟體。

賈伯斯：*Steve Wozniak*（另一蘋果創始人）開發了它的作業系統，但只能支援定點數，不支援浮點運算。我們希望他能修改支持浮點運算，但他始終沒有做到。微軟擁有非常好的浮點*Basic*，因此我們走到了一起。

蓋茲：我把我們的未來都賭在了*Apple II*會獲得成功上。因此我們同心協力。

賈伯斯：要知道當年微軟並沒有進入應用軟體市場，因此這對他們來說確實是一場賭博。

蓋茲：我們把賭注壓在了蘋果作業系統會是圖形化上。最初的*Mac OS*只有*14K*。

賈伯斯：稍微大一點，*20K*。蘋果自己開發了它，但比爾和他的團隊編寫了應用程式。

主持人：比爾，當你看到賈伯斯離開蘋果的時候，你覺得會發生什麼？

蓋茲：我很擔心蘋果會和其他作業系統趨於同化，比如*Windows*和*DOS*。當他們推出512K Mac的時候，整個產品線已經偏離了方向，如果賈伯斯在肯定不會發生這種情況。我曾經在週末給*Gil Amelio*（時任蘋果*CEO*，下臺後即賈伯斯回歸）打電話，希望提醒他。然後有一天，賈伯斯打電話給我，說：「不要再擔心*Amelio*的事情了。」

主持人：*1997*年賈伯斯發表了同微軟競爭將是毀滅性的言論。

賈伯斯：如果蘋果和微軟競爭，蘋果想要贏，微軟必須要輸，然後蘋果也會輸。蘋果不需要打敗微軟，他必須要知道自己是誰，應該做什麼。微軟是最強大的軟體發展商，蘋果處於弱勢。這是我找到比爾的原因。

主持人：有關蘋果的「*I'm a Mac, and I'm a PC*」廣告，其中兩人分辨扮演*Mac*和*PC*，*PC Guy*洋相百出，充滿了對*PC*和*Windows*作業系統的諷刺。

賈伯斯：這些廣告的本意沒有那麼邪惡，兩個角色都喜歡對方。*PC Guy*很棒，正是他讓整個廣告充滿生機。

蓋茲：*PC Guy*的媽媽愛死他了。

主持人：下一個問題，蘋果怎麼看微軟？

賈伯斯：蘋果是一家把美麗的軟體裝進美麗的盒子裡的公司，蘋果從本質上來說和微軟一樣也是一家軟體公司。*Alan Kay*說過：「熱愛軟體的人會希望製造自己的硬體。」除了微軟以外，我看不到任何一個例子將硬體和軟體結合的這麼好。

主持人：曾經有什麼機會但是你錯過了，可以讓*Mac*機的市占率更大？你做過什麼後悔的事嗎？

賈伯斯：有很多的事情我原本可以做得更出色，你必須讓過去的都過去。我回到蘋果的第一件事就是把蘋果博物館交給了史丹佛大學。我們必須向前看，而不是盯著昨天。

主持人：你們如何看待目前的科技發展？

賈伯斯：我想現在有許多令人激動的新一代產品正在製造過程中。

蓋茲：這是個令人激動的年代。未來我們將把現在這個年代看作是發明創造的黃金時代。

主持人：你們的公司都代表了胖客戶機，或者說龐大的作業系統。但近來有一種概念，將大部分內容都放在網路上。在五年之內，大家的*PC*本身還會這麼複雜麼？

蓋茲：你還記得曾經出現過的單一功能電腦和*Larry Ellison*的網路電腦麼。汽車上的電腦才會出現那樣的情況，但回到大螢幕，回到家中，我們不會離開目前的理念。

賈伯斯：有個例子，我們為*iPhone*編寫的*Google Maps*軟體比通常的*Google Maps*要好得多，為什麼？因為你是在本地運行的。在胖客戶機

的概念下，你可以比單單使用流覽器能做的多得多。而且在目前的狀況下，胖客戶機正在發展，價格也在降低。將這些網路服務和強力的用戶端相結合才是正道。

主持人：從今開始的五年後，你們會隨身攜帶什麼樣的設備？

蓋茲：我想你會攜帶一系列設備，一台平板電腦和一台較小的可以裝在口袋裡的設備，這會是一種普遍的形態。

賈伯斯：*PC*的生命力非常強，它已經被預言死亡很多次了，*Internet*的出現喚醒了，數位多媒體再次給它鼓舞。我想*PC*會繼續伴隨著我們。但*PC*外的其他設備正在茁壯成長，將會有一些設備不在擁有通用性。他們更加專注於某一功能，這一類設備將會快速發展。

主持人：這些可攜式裝置的核心應用將會是什麼？

蓋茲：我們有很多種選擇，但要受限於其體積。到時候你仍然沒辦法在手機上做家庭作業。

賈伯斯：我不清楚這些設備會用來做什麼。因為在五年之前，我們絕不會想到可攜式裝置上會有地圖，但現在它們確實存在。

主持人：網際網路的哪些領域令你激動？

賈伯斯：網際網路上由數不清的有趣玩意，許多圍繞著娛樂這個主題。而那些能夠指導你生活的內容無疑更具實效性。人們希望能夠在想要的時間，以想要的方式，在喜歡的設備上享受娛樂。如果你是一間內容提供者，這是一件很棒的事情。但在這些設備當中轉換並不容易。

主持人：未來的作業系統和使用者介面會是怎樣？

蓋茲：我們很快就將看到*3D*使用者介面和觸摸操作的大幅度進步，而且能夠迅速降低成本並普及。

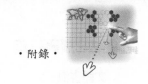

主持人：你們之間最大的誤解是什麼？

賈伯斯（一臉正經的）：我們互相隱瞞了關於婚姻的秘密，長達10年。

蓋茲：我想我們不存在什麼隔閡。有史蒂夫在感覺很棒。

賈伯斯：當我和比爾剛剛進入這一行業的時候，我們是最前年輕的，現在我們是最老的。披頭士的歌裡這樣唱道：「你和我，擁有比漫長的公路更長遠的回憶。」

文經閣　圖書目錄

文經書海

01	厚黑學新商經	史　晟	定價：169元
02	卓越背後的發現	秦漢唐	定價：220元
03	中國城市性格	牛曉彥	定價：240元
04	猶太人新商經	鄭　鴻	定價：200元
05	千年商道	廖曉東	定價：220元
06	另類歷史-教科書隱藏的五千年	秦漢唐	定價：240元
07	新世紀洪門	刁　平	定價：280元
08	做個得人疼的女人	趙雅鈞	定價：190元
09	做最好的女人	江　芸	定價：190元
10	卡耐基夫人教你作魅力的女人	韓　冰	定價：220元
11	投日十大巨奸大結局	化　夷	定價：240元
12	民國十大地方王大結局	化　夷	定價：260元
13	才華洋溢的昏君	夏春芬	定價：180元
14	做人還是厚道點	鄭　鴻	定價：240元
15	泡茶品三國	秦漢唐	定價：240元
16	生命中一定要嘗試的43件事	鄭　鴻	定價：240元
17	中國古代經典寓言故事	秦漢唐	定價：200元
18	直銷寓言	鄭　鴻	定價：200元
19	直銷致富	鄭　鴻	定價：230元
20	金融巨鱷--索羅斯的投資鬼點子	鄭　鴻	定價：200元
21	定位自己—千萬別把自己當個神	鄭正鴻	定價：230元
22	當代經濟大師的三堂課	吳冠華	定價：290元
23	老二的智慧--歷代開國功臣--	劉　博	定價：260元
24	人生戒律81	魏　龍	定價：220元
25	動物情歌	李世敏	定價：280元
26	歷史上最值得玩味的100句妙語	耿文國	定價：220元
27	正思維PK負思維	趙秀軍	定價：220元
28	從一無所有到最富有	黃　欽	定價：200元
29	孔子與弟子的故事	汪　林	定價：190元
30	小毛病大改造	石向前	定價：220元
31	100個故事100個哲理	商金龍	定價：220元

商海巨擘

《匯率戰爭》

誰擁有了貨幣霸權，誰主導了匯率沉浮，誰就統治了世界

在全球化的今天，面對匯率戰爭的威脅，各國既無法超脫也不能迴避，
只能急流勇進，奮力一搏。
在強權和霸氣的夾縫中，唯有用智慧和勇氣，
為國家的生存闖出一片自由新天地。

從現代社會起源至今，匯率一直是人類歷史上最重要的一股暗流。本文從宏觀角度介紹了匯率的本質以及影響匯率的因素，並詳盡介紹了歷代以來匯率的變遷。同時，文章剖析了近幾十年匯率在美國、英國、日本、拉美、亞洲、俄羅斯等地引起的諸多金融風暴，並以史為鑑，分析了中美匯率、歐元危機、世界貨幣等熱門話題的未來走勢。

匯率戰爭　　　　　　　　　　　王暘　　　　　　定價：280元

國家圖書館出版品預行編目資料

賈伯斯的創新課：比爾蓋茲的成功課 /

朱娜 喬麥 編著一 版.

-- 臺北市 :廣達文化, 2011.12

; 公分. --（文經閣）（文經書海 64）

ISBN 978-957-713-486-8(平裝)

1.賈伯斯(Jobs, Steven, 1955-2011) 2.蓋茲

(Gates, Bill, 1955-) 3.企業家 4.成功法

490.99   100022415

賈伯斯的創新課
比爾蓋茲的成功課

榮譽出版：文經閣

叢書別：文經書海 64

作者：朱娜 喬麥 編著
出版者：廣達文化事業有限公司
Quanta Association Cultural Enterprises Co. Ltd
發行所：臺北市信義區中坡南路路 287 號 4 樓
電話：27283588 傳真：27264126　　　E-mail：*siraviko@seed.net.tw*
劃撥帳戶：廣達文化事業有限公司　帳號：19805170

印　刷：卡樂印刷排版公司　　　　　裝　訂：秉成裝訂有限公司

代理行銷：創智文化有限公司
23674 新北市土城區忠承路 89 號 6 樓
電話：02-2268-3489　傳真：02-2269-6560

CVS 代理：美璟文化有限公司
電話：02-27239968　傳真：27239668

一版一刷：2011 年 12 月

定　價：380 元

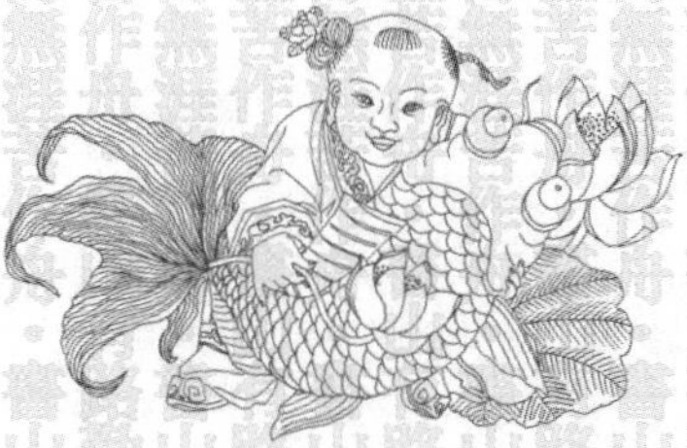